U0958207

现代有色金属冶金科学技术丛书

镓冶金

翟秀静　吕子剑　编著

北京
冶金工业出版社
2010

内 容 提 要

本书系统地介绍了稀散金属——镓，全书共8章，包括概述、镓的资源、冶金过程中镓的富集与走向、镓的提取冶金技术、金属镓、镓合金、镓的再生资源回收技术和镓与新材料。重点介绍了该领域国内外的研究进展，包括技术原理、工艺流程、设备和发展趋势。

本书适用于从事有色金属冶金、新材料制备和相关领域的科研工作者、高校师生和企事业单位的工程技术人员参考阅读。

图书在版编目(CIP)数据

镓冶金/翟秀静，吕子剑编著. —北京：冶金工业出版社，2010.5

(现代有色金属冶金科学技术丛书)

ISBN 978-7-5024-5200-1

Ⅰ.①镓… Ⅱ.①翟…②吕… Ⅲ.①镓—有色金属冶金 Ⅳ.①TF843.1

中国版本图书馆CIP数据核字(2010)第037226号

出 版 人 曹胜利

地　　址 北京北河沿大街嵩祝院北巷39号，邮编100009

电　　话 (010)64027926 电子信箱 postmaster@cnmip.com.cn

责任编辑 杨盈园 美术编辑 李 新 版式设计 孙跃红

责任校对 侯 瑂 责任印制 牛晓波

ISBN 978-7-5024-5200-1

北京百善印刷厂印刷；冶金工业出版社发行；各地新华书店经销

2010年5月第1版，2010年5月第1次印刷

787mm×1092mm 1/16；13.5印张；322千字；202页

45.00元

冶金工业出版社发行部 电话：(010)64044283 传真：(010)64027893

冶金书店 地址：北京东四西大街46号(100711) 电话：(010)65289081

(本书如有印装质量问题，本社发行部负责退换)

前　言

镓是稀散金属家族(包括镓、铟、铊、锗、硒、碲和铼7个元素)中的重要成员，是当代高新技术的支撑材料，主要应用于电子工业、化学工业、冶金工业、新能源、仪器工业和医学等领域。

金属镓用于光电子器件和集成电路占很大比例，GaN高亮度蓝色发光二极管的产业化带动了镓在光电子器件领域的需求，移动电话的高速发展拉动了GaAs芯片的增长。各国纷纷开发GaN固态发光源，美国于2007年和2010年两个财政年度拨款5000万美元来开发新一代光源，日本已规划实施新一代光源工程。2003年，我国政府启动了“国家半导体照明工程”。

我国镓的储量列世界首位，近年来在内蒙古准格尔旗发现富含镓的煤矿，使世界镓的预期储量成倍增长。

目前，我国的镓产能约为160t/a，镓的主要生产厂家为氧化铝的生产厂家。我国年产氧化铝超过3×10^7t，镓产量将十分巨大。提高镓的综合回收水平仍有很大的发展空间。镓的综合回收已取得了较大进展，从废砷化镓晶片中回收高纯镓达到15~20t/a的水平。

镓的回收集中于主体金属(主要是氧化铝生产和锌冶炼)冶金过程中富集的部分。按目前的技术水平，可经济回收的数量仅是储量的极小部分。因此，保护资源和提高资源的回收率是镓冶金的主要任务。

目前，我国的镓产量已对国际市场具有举足轻重的影响。同时也必须看到，发展无序、产品单一和回收程度较低等因素在严重制约着镓产业的发展。在世界经济一体化和科技高速发展的大环境下，必须努力调整与实施好自身的资源战略，加速新技术的应用，开发高附加值产品，重视回收再生资源，提高我国镓的产品质量、参与国际竞争和在高端材料产业中竞争的能力。

作者在总结国内外镓冶金技术进展的基础上，结合自己的科研成果与积累，编著了《镓冶金》。全书共8章，包括镓的资源、冶金过程中镓的走向与富集、镓的冶金提取技术、金属镓的制备技术、镓合金、镓的二次资源和镓与新材料等，对镓的冶金过程作了系统论述。

作者感谢冶金工业出版社的支持，感谢给予本书启示及参考的有关文献作者。由于时间仓促，加上作者水平有限，不当之处恳请读者批评指正。

作　者

2009年11月

目　　录

1 概　　述

1871 年,元素周期律的发现者门捷列夫就曾预言“类铝”(镓)元素的存在。1875 年,法国化学家 P. E. L. de Boishaudran(布瓦博德朗)在用光谱法分析比利牛斯的闪锌矿时,在提取物中发现两条从未见过的新谱线,其波长在 417nm 处。经过进一步分析后,化学家 Boishaudran 确定,这是一新元素。随后,他采用电解的方法制备出金属镓。为了纪念发现者的故乡 Gallia,将其发现的新元素命名为 Gallium,元素符号为 Ga,中文译为镓。

1.1　镓的性质

1.1.1　镓的物理性质

金属镓的熔点仅为 29.78℃,被称为放在人的手中即可熔化的金属。镓的熔点随压力增大而降低,在 0.608GPa 时为 17.0℃,而在 1.22GPa 时,其熔点仅为 2.52℃。镓的物理性质见表 1-1。

表 1-1　镓的物理性质

物理性质	数　值
密度/$g \cdot cm^{-3}$	5.91
莫氏硬度	1.5~2.5
熔点/℃	29.78
沸点/℃	2403
升华热/$J \cdot mol^{-1}$	(10.79~16.26)±0.2
氧化点/℃	>260
蒸气压/Pa	0.0013(1273K)
熔化潜热/$kJ \cdot mol^{-1}$	0.549(α-Ga),0.500(γ-Ga)
挥发潜热/$kJ \cdot mol^{-1}$	270.3
线膨胀系数/K^{-1}	$11.5(a)\times10^{-6}$,$31.5(b)\times10^{-6}$,$16.5(c)\times10^{-6}$
拉伸强度极限/MPa	0.2~0.38
相对伸长率/%	2~40
热容(0~100℃)/$J \cdot (mol \cdot ℃)^{-1}$	$(4.81\sim3.92)\times10^{-3}$
导热系数/$W \cdot (m \cdot K)^{-1}$	28.1(l)
电阻温度系数(0~100℃)	3.96
电阻率(20℃)/$\Omega \cdot cm$	27×10^{-6}
磁化率(20℃)	$-24.4(s)\times10^{-6}$
压缩系数(20℃)/$cm \cdot kg^{-1}$	2×10^{-6}
金属色泽	蓝白(固),银白(液)

固态金属镓呈淡蓝色，液态金属镓呈银白色。金属镓到2200℃才会汽化，故镓的液态区相当长。镓的沸点高与其晶体结构相关，固态镓存在内部结合力强的原子对，同时原子对之间的结合力相对弱，镓熔化时要克服原子对内部强大的结合力，这需要较高的能量。金属镓的蒸气压与温度的关系曲线如图1－1所示。

镓为菱形结晶构造，其晶格由双原子分子（d为0.244nm）所构成，这种分子镓既可存在于熔融态镓，也可存在于气态镓中。双原子镓的密度随温度升高而降低，如由25℃时的5.990g/cm^{3}降到1100℃时的5.445g/cm^3，电阻率也相应由$44.9\times10^{-6}\Omega\cdot cm$降到$25.7\times10^{-6}\Omega\cdot cm$。液态镓为六边形结晶构造，镓的状态如图1－2所示。

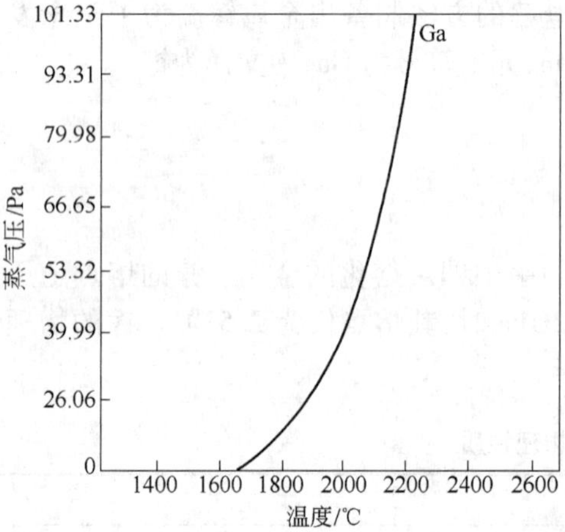

图1－1　金属镓的蒸气压与温度的关系曲线

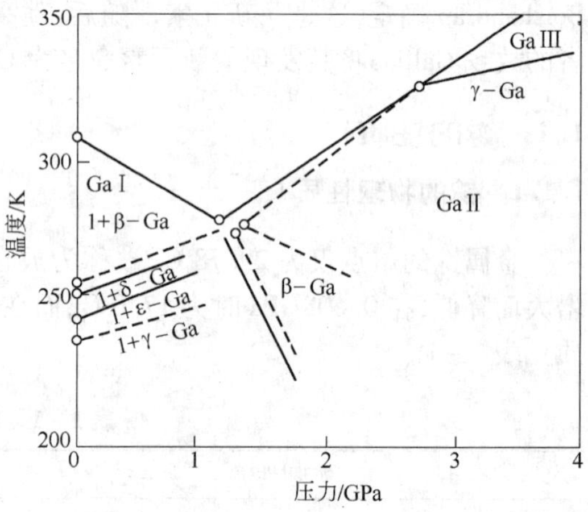

图1－2　镓的状态

将液态镓冷至0℃也不固化。当激烈过冷到－17℃时，可结晶出α－Ga（见图1－2中的GaⅠ区，α－Ga在凝固时会膨胀3.2%。），且形成介稳态的β－Ga。由图1－2可见，还存在γ－Ga、δ－Ga和ε－Ga。在高压的状态区中，出现了GaⅡ、GaⅢ区，形成了β－Ga与γ－Ga。有关常压下各种形态镓的参数见表1－2。

表1－2　常压下各种形态镓的参数

镓的形态	晶胞参数/nm			单位晶胞中的原子数 Z	熔点/℃
	a	b	c		
α－Ga	0.452	0.766	0.425	8	29.78
β－Ga	0.317	0.290	0.813	4	16.3
γ－Ga	1.010	1.356	0.519	4	35.6
δ－Ga	—	—	—	—	19.4
ε－Ga	—	—	—	—	28.6

镓的硬度（莫氏硬度1.5～2.5）和铅（莫氏硬度1.5）相近，用小刀可以切开。镓在低温时有良好的超导性，镓与钒、铌和锆形成的合金也具有超导性。镓能润湿非金属表面，镓在520℃时可着火燃烧。

镓和大多数金属相反，液态镓的密度比固态镓大。当液态镓凝固时，体积会增大3.2%，因此金属镓应装在有弹性的塑料瓶里保存。镓具有吸收中子的能力，在原子反应堆中镓可以用来控制中子数量和反应速度。

镓互溶于同周期的锌、硒和钛等金属中，同时还溶于铝、铟、铋、锗、铊、镉、锡和汞等金属中。表1-3列出了镓在部分金属中的溶解度。镓溶入金属后，会改变该金属的物理性能并使其受到腐蚀，如铝与液态镓接触后，其莫氏硬度会相对降低，高温下腐蚀会加速。

表1-3 镓在部分金属中的溶解度

金 属	Au	Ag	Cu	Ge	Pd	K	Mn	Fe	As	V
溶解度/%	80	57	28	18	18	6.9	5.8	0.12	0.02	0.01

1.1.2 镓的化学性质

镓的原子序数是31，在元素周期表中位于ⅢA族。镓属于两性物质，溶于强酸和强碱。镓的化学性质见表1-4。

表1-4 镓的化学性质

化 学 性 质	数 值
原子序数	31
相对原子质量	69.72
原子半径/nm	0.122
离子半径/nm	0.062(+3)，0.113(+1)
标准电位/V	0.56
表面张力/$N\cdot m^{-1}$	0.704~0.735
电子构型	$(Ar)3d^{10}4s^{2}4p^{1}$
电导率/$S\cdot cm^{-1}$	58×10^{-8}
第一电离势/$kJ\cdot mol^{-1}$	579
电子亲和势/$kJ\cdot mol^{-1}$	0.37
电负性	1.82
主要氧化数	1，3
放射性同位素	^{69}Ga，^{71}Ga
配位数	3，(4)，6
离子势$\left(\frac{中心离子电荷 Z}{离子半径 d(nm)}\right)$	Ga^{3+} 0.49

镓在室温下较稳定，但在高于1000℃氧或空气中会氧化，且杂质越多越易氧化。镓的低价氧化物呈黑色，到高价时显灰色。镓在约1000℃的空气中燃烧成为Ga_2O_3，当表面形成低价氧化物GaO或GaO的薄膜后，就会保护镓免受继续氧化。

镓在室温下可与氯气和溴水剧烈作用，镓在氯气中燃烧生成$GaCl_2$。在加热的硫蒸气中生成Ga_2S_3。在氨中加热到997℃时形成GaN。镓在200℃经水化压煮可形成$Ga_2O_3\cdot$

H_2O。镓溶于硫酸形成 $Ga_2(SO_4)_3 \cdot 16H_2O$。常温下镓不与水作用。在水的温度达到100～200℃时，镓与水作用可形成 $Ga(OH)_3$，当水温高于200℃时，镓在水中会完全氧化。图1－3所示为25℃时镓－水系的 E－pH 值平衡图，图1－4所示为在25℃时，镓的腐蚀、高耐蚀和钝化的理论条件。

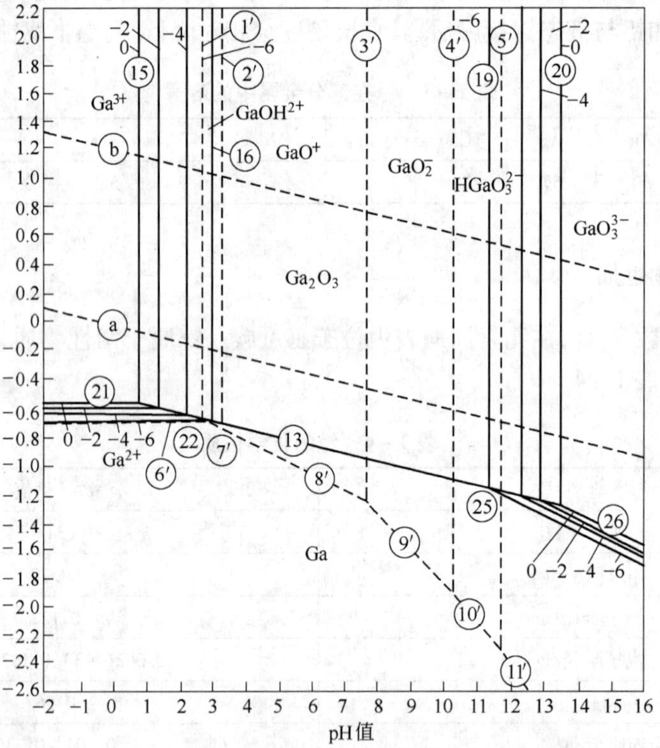

图1－3　镓－水系的 E－pH 值图(25℃)

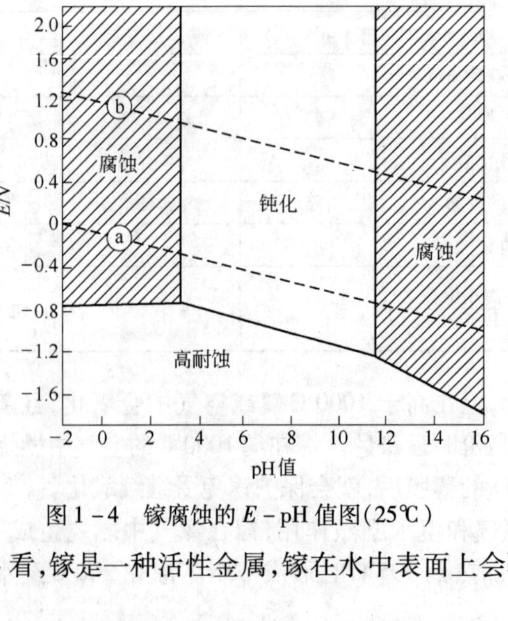

图1－4　镓腐蚀的 E－pH 值图(25℃)

从图1－3和图1－4看，镓是一种活性金属，镓在水中表面上会覆盖一层氧化物，但是这层氧化物起到的保护作用并不完整。镓在室温下与浓的无机酸作用缓慢,在加热时能溶于王水、盐酸和硫酸中。镓在硝酸中最初形成氧化物,然后才缓慢溶解。镓易溶于碱及氨中,但也容易钝化。加热条件下,镓与卤素作用形成相应的卤化物。

1.2 镓的热力学性质

1.2.1 镓的标准电极电势

镓的标准电极电势见表1-5。

表1-5 镓的标准电极电势

反 应 式	电势/V
$H_2GaO_3^- + H_2O + 3e = Ga(s) + 4OH^-$	-1.22
$Ga^{3+} + 3e = Ga(s)$	-0.53
$Ga^{2+} + 2e = Ga(s)$	-0.45

1.2.2 镓的热力学数据

表1-6~表1-43为镓及化合物的热力学数据,包括热容、熵、焓和吉布斯自由能等。

1.2.2.1 Ga

表1-6 Ga的热力学数据

数 据	*a*	*b*	*c*	*d*
s(298.15~303)	-51.647	260.939		
l(303~700)	24.389	2.289	3.105	
g(700~2478)	21.259			
T	C_p	*H*	*S*	*G*
298	26.15	0.00	40.83	-12.17
303	28.46	5.72	59.71	-12.37
400	27.24	8.41	67.42	-18.56
600	26.62	13.78	78.31	-33.21
700	26.62	16.44	82.41	-41.25
700	26.57	16.44	82.41	-41.25
800	26.57	19.10	85.96	-49.67
1000	26.57	24.41	91.89	-67.48
1200	26.57	29.72	96.73	-86.36
1400	26.57	35.04	100.83	-106.12
1600	26.57	40.35	104.38	-126.65
1800	26.57	45.66	107.50	-147.85
2000	26.57	50.98	110.30	-169.63
2200	26.57	56.29	112.84	-191.95
2400	26.57	61.61	115.15	-214.75
2478	26.57	63.68	116.00	-223.77
2600	21.26	324.99	221.43	-250.72
2800	21.26	329.24	223.01	-295.16

注:热容(C_p)的单位为J/(K·mol),焓(*H*)和自由能(*G*)的单位为kJ/mol,熵(*S*)的单位为J/(T·mol),*a*,*b*,*c*,*d*为常数。

表 1-7　Ga(g) 的热力学数据

数　据	a	b	c	d
g	24.866	-1.381	2.510	
T	C_p	*H*	*S*	*G*
298	27.28	270.59	168.93	220.22
400	25.88	273.28	176.72	202.60
600	24.73	278.33	186.96	166.15
800	24.15	283.21	193.99	128.02
1000	23.74	288.00	199.34	88.66
1200	23.38	292.17	203.63	48.35
1400	23.06	297.36	207.21	7.26
1600	22.75	301.94	210.27	-34.50
1800	22.46	306.46	212.94	-76.83
2000	22.17	310.92	215.59	-119.65
2200	21.88	315.33	217.39	-162.92
2400	21.60	319.67	219.28	-206.59
2600	21.31	323.96	220.99	-250.62
2800	21.03	328.20	222.56	-294.98
3000	20.75	332.38	224.01	-339.64

1.2.2.2　卤化镓

表 1-8　GaF(g) 的热力学数据

数　据	a	b	c	d
g	36.497	1.063	-3.050	
T	C_p	*H*	*S*	*G*
298	33.38	-232.63	227.81	-300.55
400	35.02	-229.14	237.88	-324.29
600	36.29	-221.98	252.36	-373.40
800	36.87	-214.66	262.89	-424.97
1000	37.26	-207.25	271.16	-478.47
1200	37.56	-199.77	277.98	-533.34
1400	37.83	-192.23	283.79	-589.53
1600	38.08	-184.64	288.86	-646.81
1800	38.32	-177.00	293.36	-705.04
2000	38.55	-168.31	297.41	-764.12

表 1-9　GaF_2(g) 的热力学数据

数　据	a	b	c	d
g	55.220	181.841	-7.360	
T	C_p	*H*	*S*	*G*
298	47.49	-536.81	279.50	-620.14
400	51.36	-531.75	294.08	-649.38
600	54.28	-521.13	315.56	-710.46
800	55.54	-510.14	331.36	-775.23
1000	56.33	-498.94	343.85	-842.79
1200	56.92	-487.62	354.17	-912.62
1400	57.42	-476.18	362.98	-984.36
1600	57.88	-464.65	370.68	-1057.74
1800	58.31	-453.03	377.52	-1132.57
2000	58.72	-441.33	383.69	-1208.70

表 1-10 GaF_3 的热力学数据

数 据	*a*	*b*	*c*	*d*
s	77.848	37.430		
g(298.15~1350)	79.086	2.360	-12.3000	
T	C_p	*H*	*S*	*G*
298	89.01	-1174.87	96.00	-1203.49
400	92.82	-1165.61	122.69	-1214.68
600	100.31	-1146.29	161.74	-1243.34
800	107.79	-1125.49	191.62	-1278.78
1000	115.28	-1103.18	216.48	-1319.66
1200	122.76	-1079.37	238.16	-1365.17
1350	128.38	-1060.54	252.94	-1402.01
1400	81.76	-846.74	411.26	-1422.50
1600	82.38	-830.32	422.22	-1505.87
1800	82.95	-813.79	431.95	-1591.31
2000	83.50	-797.14	440.72	-1678.59

表 1-11 GaF_3(g)的热力学数据

数 据	*a*	*b*	*c*	*d*
s	79.086	2.360	-12.300	
T	C_p	*H*	*S*	*G*
298	65.95	-932.84	292.95	-1020.18
400	72.34	-925.75	313.35	-1051.09
600	77.09	-910.72	343.76	-1116.98
800	79.05	-895.09	366.23	-1188.07
1000	80.22	-879.15	384.01	-1263.16
1200	81.06	-863.02	398.71	-1341.47
1400	81.76	-846.74	411.26	-1422.50
1600	82.38	-830.32	422.22	-1505.87
1800	82.95	-813.79	431.96	-1591.31
2000	83.50	-797.14	440.72	-1678.59

表 1-12 GaCl(g)的热力学数据

数 据	*a*	*b*	*c*	*d*
g	37.999		-2.013	
T	C_p	*H*	*S*	*G*
298	35.74	-81.76	239.99	-153.31
400	36.74	-78.06	250.66	-178.32
600	37.44	-70.62	265.72	-230.05
800	37.68	-63.11	276.53	-284.33
1000	37.80	-55.56	284.95	-340.51
1200	37.86	-47.99	291.85	-398.21
1400	37.90	-40.42	297.68	-457.18
1600	37.92	-32.84	302.75	-517.23
1800	37.94	-25.25	307.21	-578.28
2000	37.95	-17.06	311.21	-640.08

表 1-13　$GaCl_2$(g)的热力学数据

数　据	a	b	c	d
g(298.15～839)	57.589	0.435	-4.060	
	57.589	0.435	-4.060	
T	C_p	H	S	G
298	53.15	-241.25	301.02	-331.00
400	55.23	-235.71	316.97	-362.50
600	56.72	-224.49	339.71	-428.32
800	57.30	-213.08	356.12	-497.97
839	57.38	-210.85	358.84	-511.92
1000	57.62	-210.59	368.94	-570.53
1200	57.83	-190.04	379.46	-645.40
1400	57.99	-178.46	388.39	-722.21
1600	58.13	-166.85	396.15	-800.68
1800	58.25	-155.21	403.00	-880.60
2000	58.36	-143.55	409.14	-961.83

表 1-14　$GaCl_3$ 的热力学数据

数　据	a	b	c	d
s(298.15～351)	118.407			
l(298.15～839)	128.030			
T	C_p	H	S	G
289	188.41	-524.67	135.14	-564.97
351	188.41	-518.42	154.47	-572.63
400	128.03	-500.64	203.98	-582.23
575	128.03	-478.23	250.44	-622.23

表 1-15　$GaCl_3$(g)的热力学数据

数　据	a	b	c	d
g	344.866	1.858	-28.368	
T	C_p	H	S	G
298	313.51	-1769.33	1360.42	-2174.94
351	322.49	-1752.51	1412.35	-2248.24
400	327.88	-1736.57	1454.86	-2318.51
474	333.12	-1712.09	1510.98	-2428.30
600	338.10	-1669.77	1590.14	-2623.85
800	341.92	-1601.72	1688.00	-2952.12
1000	343.89	-1533.12	1764.52	-3297.65
1200	345.13	-1464.21	1827.34	-3657.02
1400	346.02	-1395.09	1880.61	-4027.95
1600	346.73	-1325.82	1626.86	-4408.80
1800	347.33	-1256.41	1967.74	-4798.34
2000	347.87	-1186.89	2004.36	-5195.61

表 1-16 $(GaCl_3)_2(g)$的热力学数据

数　据	a	b	c	d
g(298.15~351)	181.460	0.904	-14.900	
T	C_p	H	S	G
298	164.97	-951.58	500.52	-1100.81
351	169.68	-942.73	527.85	-1128.00
400	172.58	-934.33	550.23	-1154.42
474	175.35	-921.45	579.77	-1196.26
600	177.98	-899.17	621.43	-1272.03
800	180.01	-863.35	672.95	-1401.71
1000	181.06	-827.23	713.24	-1540.47
1200	181.74	-790.95	746.31	-1686.53
1400	182.23	-754.55	774.37	-1838.67
1600	182.63	-718.07	798.73	-1996.03
1800	182.97	-681.51	820.26	-2157.97
2000	183.27	-644.88	839.55	-2323.99

表 1-17 GaBr(g)的热力学数据

数　据	a	b	c	d
g	37.413			
T	C_p	H	S	G
298	37.41	-49.80	252.00	-124.93
400	37.41	-45.99	262.99	-151.18
600	37.41	-38.50	278.16	-205.40
800	37.41	-31.02	288.93	-262.16
1000	37.41	-23.54	297.27	-320.81
1200	37.41	-16.06	304.09	-380.97
1400	37.41	-8.57	309.86	-442.38
1600	37.41	-1.09	314.86	-504.86
1800	37.41	6.39	319.26	-568.28
2000	37.41	13.87	323.21	-632.54

表 1-18 $GaBr_3$ 的热力学数据

数　据	a	b	c	d
s	78.576	77.404		
I	125.520			
T	C_p	H	S	G
298	101.65	-386.60	179.91	-400.24
396	109.23	-376.28	209.79	-459.36
400	125.52	-364.07	240.63	-460.32
587	125.52	-340.59	288.78	-510.11

表 1-19　$GaBr_3$(g)的热力学数据

数　据	a	b	c	d
g	81.170			
T	C_p	H	S	G
298	81.17	-306.99	330.91	-405.65
396	81.17	-299.05	353.95	-439.21
400	81.17	-298.72	354.77	-440.63
552	81.17	-286.38	380.91	-496.65
600	81.17	-282.49	387.68	-515.09
800	81.17	-266.25	411.03	-595.08
1000	81.17	-250.02	429.14	-679.16
1200	81.17	-233.78	443.94	-766.51
1400	81.17	-217.55	456.45	-856.58
1600	81.17	-201.32	467.29	-948.98
1800	81.17	-185.08	476.85	-1043.42
2000	81.17	-168.85	485.40	-1139.66

表 1-20　$(GaBr_3)_2$(g)的热力学数据

数　据	a	b	c	d
g	182.841			
T	C_p	H	S	G
298	182.84	-686.18	535.54	-845.85
396	182.84	-668.29	587.43	-900.91
400	182.84	-667.55	589.27	-903.26
552	182.84	-639.76	648.16	-997.55
600	182.84	-630.99	663.41	-1029.03
800	182.84	-594.42	716.01	-1167.22
1000	182.84	-557.85	756.81	-1314.65
1200	182.84	-521.28	790.75	-1469.45
1400	182.84	-484.71	818.33	-1630.37
1600	182.84	-448.14	842.74	-1796.53
1800	182.84	-411.58	864.28	-1967.28
2000	182.84	-375.01	883.54	-2142.09

表 1-21　GaI(g)的热力学数据

数　据	a	b	c	d
g	3.911	0.661	-1.510	
T	C_p	H	S	G
298	36.49	17.24	259.85	-60.15
400	37.31	21.00	270.43	-87.14
600	37.97	28.54	285.70	-142.88
800	38.28	36.17	296.67	-201.17
1000	38.50	43.85	305.24	-261.39
1200	38.68	51.57	312.28	-323.17
1400	38.84	59.32	318.25	-386.23
1600	38.99	67.10	323.45	-450.41
1800	39.13	74.91	328.05	-515.57
2000	39.28	82.75	332.18	-581.60

表 1-22　GaI_3 的热力学数据

数　据	a	b	c	d
s	117.152			
l	128.449			
T	C_p	H	S	G
298	117.15	-239.32	203.76	-300.08
400	117.15	-227.39	238.19	-322.67
486	128.45	-195.14	306.63	-344.17
600	128.45	-180.50	333.70	-380.72
618	128.45	-178.19	337.49	-386.76

表 1-23　GaI_3(g)的热力学数据

数　据	a	b	c	d
g	82.760	0.205	-5.690	
T	C_p	H	S	G
298	76.42	-137.56	385.98	-252.64
400	79.29	-129.61	408.90	-293.17
486	80.45	-122.73	424.46	-329.02
600	81.30	-113.51	441.51	-378.41
618	81.40	-112.04	443.92	-386.38
800	82.03	-97.16	465.01	-469.18
1000	82.40	-80.72	483.36	-564.08
1200	82.61	-64.22	498.41	-662.30
1400	82.76	-47.68	511.15	-763.29
1600	82.87	-31.12	522.21	-866.65
1800	82.95	-14.53	531.98	-972.09
2000	83.03	2.07	540.72	-1079.37

表 1-24　$(GaI_3)_2$(g)的热力学数据

数　据	a	b	c	d
g	182.442	0.264	-10.210	
T	C_p	H	S	G
298	171.04	-324.09	667.73	-523.17
400	176.17	-306.37	718.81	-593.89
486	178.25	-291.12	753.34	-657.24
600	179.76	-270.70	791.07	-745.35
618	179.93	-267.47	796.38	-759.63
800	181.06	-234.60	842.99	-908.99
1000	181.69	-198.32	883.46	-1081.79
1200	182.05	-161.95	916.62	-1261.89
1400	182.28	-125.51	944.70	-1448.10
1600	182.47	-89.04	969.06	-1639.53
1800	182.60	-52.53	990.56	-1835.53
2000	182.71	-16.00	1009.80	-2035.60

1.2.2.3 氧化镓

表 1-25 Ga_2O_3 的热力学数据

数　据	a	b	c	d
s	112.884	15.439	-21.004	
T	C_p	H	S	G
298	93.86	-1089.10	84.98	-1114.43
400	105.93	-1078.84	114.47	-1124.63
600	116.31	-1056.47	159.68	-1152.28
800	121.95	-1036.61	193.97	-1187.79
1000	126.22	-1007.78	221.66	-1229.44
1200	129.95	-982.16	245.06	-1276.16
1400	133.43	-955.81	265.30	-1327.24
1600	136.77	-928.76	283.34	-1382.13
1800	140.03	-900.11	299.63	-1440.45
2000	143.24	-872.79	314.55	-1501.89
2068	144.32	-863.01	319.36	-1523.45

1.2.2.4 硫化镓

表 1-26 Ga_2S 的热力学数据

数　据	a	b	c	d
s	66.944	15.690		
T	C_p	H	S	G
298	71.62	-252.71	100.42	-282.65
400	73.22	-245.33	121.69	-294.01
600	76.36	-230.38	151.97	-321.56
800	79.50	-214.79	174.37	-354.29
1000	82.63	-198.58	192.44	-391.02
1200	85.77	-181.74	207.79	-431.80
1233	86.29	-178.90	210.12	-437.98

表 1-27 Ga_2S(g)的热力学数据

数　据	a	b	c	d
g	56.003	1.151	-9.247	
T	C_p	H	S	G
298	45.94	20.92	289.95	-65.53
400	50.68	25.88	304.21	-95.81
600	54.12	36.42	325.55	-158.91
800	55.48	47.40	341.33	-225.66
1000	56.23	58.57	353.79	-295.22
1200	56.74	69.87	364.09	-367.04
1400	57.14	81.26	372.87	-440.76
1600	57.48	92.73	380.52	-516.11
1800	57.79	104.25	387.31	-592.91
2000	58.07	115.84	393.41	-670.99

表 1－28　GaS 的热力学数据

数　据	*a*	*b*	*c*	*d*
s	41. 338	15. 690		
T	C_p	*H*	*S*	*G*
298	46. 02	－209. 20	57. 74	－226. 41
400	47. 61	－204. 43	71. 49	－233. 03
600	50. 75	－194. 60	91. 38	－249. 43
800	53. 89	－184. 13	106. 41	－269. 26
1000	57. 03	－173. 04	118. 78	－291. 82
1200	60. 17	－161. 32	129. 45	－316. 66
1233	60. 68	159. 33	131. 09	－320. 96

表 1－29　Ga_4S_5 的热力学数据

数　据	*a*	*b*	*c*	*d*
s	173. 176	78. 659		
T	C_p	*H*	*S*	*G*
298	196. 63	－985. 75	259. 41	－1063. 09
400	204. 64	－985. 32	318. 31	－1092. 64
600	220. 37	－922. 81	404. 26	－1165. 37
800	236. 10	－877. 17	469. 81	－1253. 02
1000	251. 84	－828. 37	524. 19	－1352. 56
1200	267. 57	－776. 43	571. 49	－1462. 22
1213	268. 59	－772. 85	574. 38	－1469. 67

表 1－30　Ga_2S_3 的热力学数据

数　据	*a*	*b*	*c*	*d*
s	90. 500	47. 279		
T	C_p	*H*	*S*	*G*
298	104. 60	－513. 80	139. 75	－555. 46
400	109. 41	－502. 90	171. 16	－571. 36
600	118. 87	－480. 07	217. 31	－610. 45
800	128. 32	－455. 35	252. 80	－657. 59
1000	137. 78	－428. 74	282. 45	－711. 19
1200	147. 23	－400. 24	308. 40	－770. 32
1363	154. 94	－375. 61	327. 64	－822. 18

1.2.2.5 硒化镓

表 1 - 31　$Ga_2Se(g)$ 的热力学数据

数　据	a	b	c	d
g	58.082	0.054	-2.850	
T	C_p	H	S	G
298	54.89	96.23	315.47	-2.17
400	56.32	101.90	331.83	-30.83
600	57.32	113.29	354.90	-99.65
800	57.68	124.79	371.44	-172.36
1000	57.85	136.35	384.34	-247.99
1200	57.95	147.93	394.89	-325.94
1400	58.01	159.53	403.83	-405.84
1600	58.06	171.13	411.58	-487.40
1800	58.09	182.75	418.42	-570.41
2000	58.12	194.37	424.54	-654.72

表 1 - 32　GaSe 的热力学数据

数　据	a	b	c	d
s	44.643	12.970		
T	C_p	H	S	G
298	48.51	-158.99	70.29	-179.95
400	49.83	-153.98	84.73	-187.88
600	52.43	-143.76	105.43	-207.01
800	55.02	-133.01	120.86	-229.70
1000	57.61	-121.75	133.42	-255.17
1200	60.21	-109.97	144.15	-282.95
1233	60.64	-107.97	145.79	-287.74

表 1 - 33　Ga_2Se_3 的热力学数据

数　据	a	b	c	d
s	105.730	35.313		
T	C_p	H	S	G
298	116.26	-405.85	194.14	-463.73
400	119.85	-393.82	228.80	-485.35
600	126.92	-369.15	278.74	-536.39
800	133.98	-343.06	316.22	-596.03
1000	141.04	-315.55	346.87	-662.43
1200	148.11	-286.64	373.21	-734.49
1293	151.39	-272.71	384.39	-769.73

表 1-34 $Ga_2(SeO_4)_3$ 的热力学数据

数 据	a	b	c	d
s	183.259	313.800		
T	C_p	H	S	G
298	276.82	-1978.20	303.34	-2068.64
400	308.78	-1948.37	389.15	-2104.04
600	371.54	-1880.34	526.22	-2196.07
800	434.30	-1799.76	641.70	-2313.12

1.2.2.6 碲化镓

表 1-35 $Ga_2Te(g)$的热力学数据

数 据	a	b	c	d
g	58.082	0.054	-2.850	
T	C_p	H	S	G
298	54.89	151.46	327.19	53.91
400	56.32	157.13	343.55	19.71
600	57.32	168.52	366.62	-51.45
800	57.68	180.02	383.16	-126.51
1000	57.85	191.58	396.06	-204.48
1200	57.95	203.16	406.61	-284.78
1400	58.01	214.76	415.55	-367.01
1600	58.06	226.36	423.30	-450.92
1800	58.09	237.98	430.14	-536.27
2000	58.12	249.60	436.26	-622.93

表 1-36 GaTe 的热力学数据

数 据	a	b	c	d
s	-45.271	13.975		
T	C_p	H	S	G
298	49.44	-119.66	85.35	-145.11
400	50.86	-114.55	100.08	-154.59
600	53.66	-104.10	121.23	-176.84
800	56.475	-93.09	137.05	-202.73
1000	59.25	-81.52	149.95	-231.47
1108	60.75	-75.04	156.10	-248.00

表 1-37　GaTe(g)的热力学数据

数　据	a	b	c	d
g	37.392	0.013	-0.840	
T	C_p	H	S	G
298	36.45	169.45	266.10	90.11
400	36.87	173.19	276.88	62.44
600	37.17	180.60	291.90	5.46
800	37.27	188.04	302.61	-54.04
1000	37.32	195.50	310.93	-115.43
1200	37.35	202.97	317.74	-178.31
1400	37.37	210.44	323.49	-242.45
1600	37.38	217.92	328.49	-307.66
1800	37.39	225.39	332.89	-373.81
2000	37.40	232.87	336.83	-440.79

表 1-38　Ga_2Te_3 的热力学数据

数　据	a	b	c	d
s	110.248	64.852		
T	C_p	H	S	G
298	129.58	-271.96	222.59	-338.32
400	136.19	-258.43	261.59	-363.06
600	149.16	-229.89	319.26	-421.45
800	162.13	-198.76	363.95	-489.92
943	171.40	-174.91	391.36	-543.96

1.2.2.7　氮化镓

表 1-39　GaN 的热力学数据

数　据	a	b	c	d
s	38.074	86.996		
T	C_p	H	S	G
298	40.76	-109.62	29.71	-118.43
400	41.67	-105.42	41.81	-122.15
600	43.47	-96.91	59.05	-132.34
800	45.27	-88.03	71.80	-145.48
1000	47.07	-78.80	82.10	-160.90
1200	48.87	-69.21	90.84	-178.21
1400	50.67	-59.25	98.51	-197.16
1600	52.47	-48.94	105.39	-217.56
1773	54.02	-39.73	110.85	-236.27

1.2.2.8 磷化镓

表 1-40 Ga_3P_2 的热力学数据

数　据	*a*	*b*	*c*	*d*
s	107.947	28.033		
T	C_p	*H*	*S*	*G*
298	116.31	-506.26	123.85	-543.19
400	119.16	-494.27	158.42	-557.64
600	124.77	-469.88	207.80	-594.56
800	130.37	-444.37	244.46	-639.93
1000	135.98	-417.73	274.15	-691.88

表 1-41 GaP 的热力学数据

数　据	*a*	*b*	*c*	*d*
s	41.840	6.820		
T	C_p	*H*	*S*	*G*
298	43.87	-122.17	52.30	-137.77
400	44.57	-117.67	65.29	-143.78
600	45.93	-108.62	83.62	-158.79
800	47.30	-99.30	97.02	-176.91
1000	48.66	-89.70	107.72	-197.42
1200	50.02	-79.83	116.71	-219.89
1400	51.39	-69.69	124.53	-244.03
1600	52.75	-59.28	131.48	-269.64
1790	54.05	-49.13	137.47	-295.20

1.2.2.9 砷化镓

表 1-42 GaAs 的热力学数据

数　据	*a*	*b*	*c*	*d*
s	45.187	6.067		
l	58.994			
T	C_p	*H*	*S*	*G*
298	47.00	-81.59	64.22	-100.74
400	47.61	-76.77	78.12	-108.02
600	48.83	-67.13	97.66	-125.72
800	50.04	-57.24	111.87	-146.73
1000	51.25	-47.11	123.17	-170.28
1200	52.47	-36.74	132.62	-195.88
1238	52.70	-34.74	134.26	-200.95
1400	58.99	62.68	212.48	-234.80

1.2.2.10　锑化镓

表 1－43　GaSb 的热力学数据

数　据	*a*	*b*	*c*	*d*
s	45.606	12.552		
T	C_p	*H*	*S*	*G*
298	49.35	－41.84	77.32	－64.89
400	50.63	－36.75	92.00	－73.55
600	53.14	－26.37	113.00	－94.17
800	55.65	－15.19	128.63	－118.40
985	57.97	－4.98	140.44	－143.32

1.2.3　镓的标准吉布斯函数

镓的标准吉布斯方程见表 1－44

表 1－44　镓的标准吉布斯方程

反　应	A/J · mol^{-1}	B/J · (mol · K)$^{-1}$	误差(±)/kJ	温度范围/℃
Ga(s) = Ga(l)	5600	－17.20	0.16	30
Ga(l) = Ga(g)	264100	－106.86	4	30～2205
2Ga(l) + 1.5O_2(g) = Ga_2O_3(s)	－1089900	323.59	12	30～1795
Ga(l) + 0.25As_4(g) = GaAs(s)	－115000	72.02		30～965
Ga(l) + 0.25P_4(g) = GaP(s)	－142300	76.96		30～1517
Ga(l) + 0.5S_2(g) = GaS(s)	－276100	110.9	20	30～960
2Ga(l) + 1.5S_2(g) = Ga_2S_3(s)	－719600	318.4	20	30～1090
Ga(l) + 1.5Cl_2(g) = $GaCl_3$(s)	－530750	235.4		30～78
Ga(l) + 1.5Cl_2(g) = $GaCl_3$(l)	－493300	128.7		78～302
Ga(l) + 1.5Cl_2(g) = $GaCl_3$(g)	－431800	21.3		302～2400

1.3　镓的化合物

镓的化合物包括氧化物、氢氧化物、硫化物、卤化物、氢化物、氮化物、磷化物、砷化物、含氧酸盐和镓的有机化合物。

1.3.1　镓的氧化物

镓的氧化物（以 MeO 表示）包括 Ga_2O、GaO 和 Ga_2O_3 等，在高温下仅有 Ga_2O_3 稳定。镓氧化物的还原与离解由易到难的顺序为：$Ga_2O_3 \rightarrow GaO \rightarrow Ga_2O \rightarrow Ga$。

根据自由焓数值可知，Ga_2O 不如 Ga 和 Ga_2O_3 稳定，Ga_2O 容易分解为 Ga 和 Ga_2O_3 两者的混合物，即 $3Ga_2O \rightarrow 4Ga + Ga_2O_3$，因此在平衡图中没有 Ga_2O。

Ga_2O_3 存在形式多种多样，表现出的性质类似于 Al_2O_3。$\beta-Ga_2O_3$ 在任何温度下都是热学稳定的。它为单斜晶系和正交晶系，不溶于无机酸。而 $\alpha-Ga_2O_3$ 菱形或六方晶系，在稀无机酸中缓慢反应。$\gamma-Ga_2O_3$ 也常常存在。

1.3.1.1 Ga_2O_3(三氧化二镓)

Ga_2O_3 有 α、β、γ、δ 和 ε 5 个变态，当温度高于 800℃时只存在 $\beta-Ga_2O_3$。$\beta-Ga_2O_3$ 是一种宽禁带半导体，在光电子器件方面有广阔的应用前景。Ga_2O_3 被用作于 Ga 基半导体材料的绝缘层和紫外线滤光片。Ga_2O_3 还可以用作 O_2 化学探测器。Ga_2O_3 的物理化学性质见表 1-45。

表 1-45 三氧化二镓的物理化学性质

名 称	色彩	结晶构造					稳定温度 /℃	熔点 /℃	沸点 /℃	密度 /g·cm^{-3}
		晶 系	a/nm	b/nm	c/nm	θ				
$\alpha-Ga_2O_3$	白	四 方	0.528	0.528	1.335	55°43′	300	1725		6.41~6.44
		六 方	0.498	0.498	1.343		600	1740		6.46
$\beta-Ga_2O_3$	白	单 斜	0.508	0.304	1.233	103°42′	≥650	1740~1795	2800	5.88~5.98
$\gamma-Ga_2O_3$		立 方(尖晶石)	0.835	0.835	0.835		400~500			
$\delta-Ga_2O_3$		体心立方				10	200~500			4.98~5.18
$\varepsilon-Ga_2O_3$		斜 方					525			

Ga_2O_3 的 5 个变态以及水合物间的转变与温度的关系如图 1-5 所示。

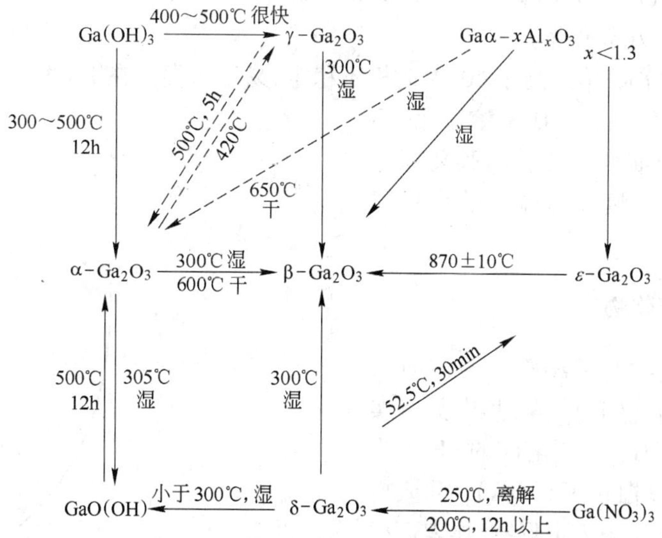

图 1-5 镓的氧化物和其水合物间的转变与温度的关系

Ga_2O_3 于 250℃下在水溶液和碱中的溶解度见表 1-46。

表 1－46　250℃下 Ga_2O_3 在水溶液和碱中的溶解度

氨水/mol · L^{-1}	0.85	1.36	3.4	5.1					
Ga_2O_3(质量分数)/%	0.6	1	2	3.7					
$c(NaOH)$/mol · L^{-1}	0.742	2.49	4.85	6.95	8.62	9.78	10.8	14.64	18.52
$c(Ga_2O_3)$/mol · L^{-1}	0.446	1.106	1.475	2.579	3.759	3.101	4.042	1.761	0.193
$c(KOH)$/mol · L^{-1}	0.051	2.54	5.82	7.41	8.12	8.56	10.83	14.42	15.89
$c(Ga_2O_3)$/mol · L^{-1}	0.098	0.615	1.508	3.325	4.168	2.862	1.337	0.416	0.382

$\alpha-Ga_2O_3$ 不溶于水，在 250℃的 NaOH 溶液中的溶解度有两个最大值，在 KOH 溶液中仅有一个最大值，Ga_2O_3 可溶于氨水中。含水的 $Ga_2O_3 \cdot H_2O$ 也是白色斜方晶体，密度为 4.2g/cm^3，在 400℃下就发生离解。

1.3.1.2　Ga_2O(氧化二镓)

Ga_2O 为暗棕色到黑色粒状或无定形化合物，密度为 4.72～4.77g/cm^3。在冷而干燥的空气中稳定，当温度高于 600℃时就剧烈挥发(真空中 500℃下即挥发)。Ga_2O 的熔点高于 660℃，当温度高于 700～750℃时就发生歧化而析出金属镓：

$$3Ga_2O \longrightarrow Ga_2O_3 + 4Ga \quad (1-1)$$

Ga_2O 具有强还原性质，与 $KMnO_4$ 作用可形成 Ga_2O_3，与溴作用也很强烈，与稀硫酸作用生成 $Ga_2(SO_4)_3$ 并放出 H_2S：

$$2Ga_2O + 7H_2SO_4 \longrightarrow 2Ga_2(SO_4)_3 + 6H_2O + H_2S\uparrow \quad (1-2)$$

Ga_2O 可溶于浓硫酸及硝酸中。利用 Ga_2O 好的稳定性，用作半导体涂层时，可通过下述办法进行：

$$Ga_2O_3 + 2H_2 \longrightarrow Ga_2O + 2H_2O \quad (730 \sim 830℃) \quad (1-3)$$

或

$$2Ga(l) + H_2O(g) \longrightarrow Ga_2O(s) + H_2(g) \quad (950℃) \quad (1-4)$$

1.3.1.3　GaO(氧化镓)

GaO 为灰色粉末，熔点高于 600℃时极不稳定，易于挥发。在 110℃时就发生离解，也有报道 GaO 仅存在气态。GaO 不溶于水，可溶于酸。GaO 与 Ga_2O 一样也是强还原性物质，它与 $KMnO_4$、溴和稀硫酸的作用与 Ga_2O 相似。

1.3.2　镓的氢氧化物

镓的氢氧化物有 GaOH、GaO(OH)、$Ga_2O(OH)_4$ 及 $Ga(OH)_3$ 等，其中具有实际意义的是 $Ga(OH)_3$。当溶液的 pH 值为 3.5～9.7 时，镓以白色 $Ga(OH)_3$ 沉淀析出。新生 $Ga(OH)_3$ 为无定形物，比表面积大，吸附能力强，容易与其他杂质形成共沉淀。图 1－6 所示为镓离子浓度与水解 pH 值的关系曲线。

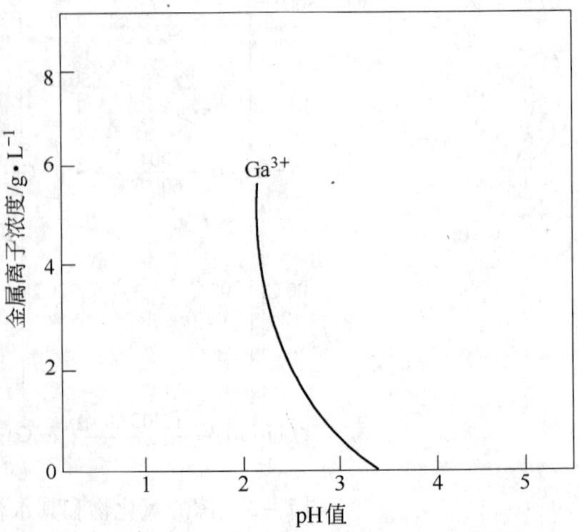

图 1－6　镓离子浓度与水解 pH 值的关系

$Ga(OH)_3$ 为白色胶状物,密度为 5.2g/cm^3,不溶于水。$Ga(OH)_3$ 是两性物质,但它的碱性比 $Al(OH)_3$ 弱,可溶于酸与强碱(见表 1-47)。也可溶于 $(NH_4)_2CO_3$ 中,并转变成 $Ga(OH)_4^-$ 离子。

表 1-47 NaOH-Ga(OH)$_3$-H$_2$O 溶解度(18~20℃)

NaOH 溶解度/g·L^{-1}	$Ga(OH)_3$ 溶解度/g·L^{-1}
55.6	7.7
146	20.1
301.5	42.4
384	70.1
413.8	90.2
415	88.3
441	71.2
460	59.8
507	42.8
510	46.5
610	26.4
615	22.6

从此溶液中析出的镓酸盐,可能是 $MeGa(OH)_3$ 或者是 $MeGa(OH)_3 \cdot 5H_2O$(见图 1-7)。

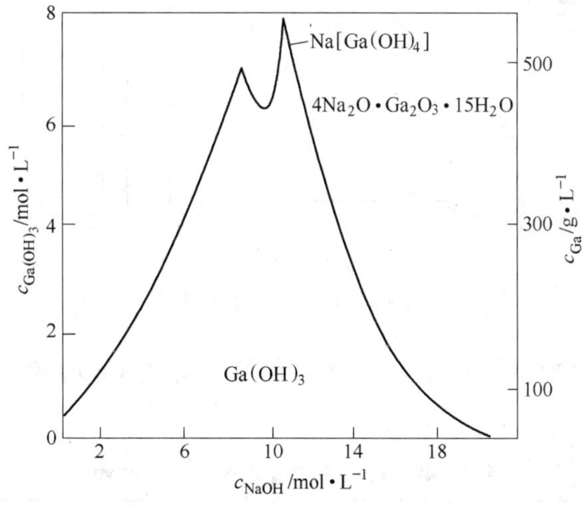

图 1-7 $Ga(OH)_3$ 在 NaOH 中的溶解度(25℃)

镓的水合物较多,其水合离子如 Ga^{3+}、$Ga(OH)^{2+}$ 与 $Ga(OH)^+$ 分别在 pH 值为 0~2.8、2.8~3.5 与 3.5~4.5 时占优势。

$Ga(OH)_3$ 在 110~300℃间稳定,当温度高于 400℃时便会完全失水而变为 Ga_2O_3。

1.3.3 镓的硫化物

镓的硫化物(以 MeS 表示)有 Ga_2S_3、GaS、Ga_4S_5 和 GaS_2 等。它们的基本物理与化学性质见表1－48。

表1－48　镓的硫化物的物理化学性质

硫化物	色 彩	晶 型	熔点/℃	沸点/℃	密度/g·cm^{-3}
Ga_2S_3	黄 白	立 方	1090～1255	—	3.46～3.65
$\alpha-Ga_2S_3$	—	单 斜	1255	—	3.74
GaS	黄	六 方	905～970	离 解	3.75～3.86
Ga_2S_5	深褐色	六 边	960	1530	4.18～4.22
Ga_4S_5	—	—	960	—	3.82
GaS_2	—	菱 形	约800	—	2.94

Ga－S系的状态图如图1－8所示。化合物GaS和Ga_2S_3分别在1015℃和1130℃固液同成分熔化。化合物Ga_2S_3有3种多晶型变体，化合物Ga_4S_5和Ga_2S分别在940℃和960℃下按包晶反应生成。

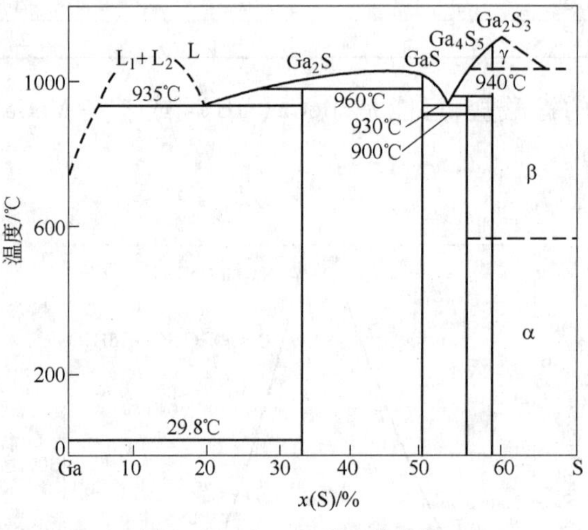

图1－8　Ga－S系的状态图

化合物Ga_4S_5在约900℃时有一个多晶转变。有关Ga的硫化物的结晶学数据见表1－49。

表1－49　Ga－S系化合物的晶体结构

化合物	结构类型	空间群	晶格常数/nm			Pearson 符号
			a	*b*	*c*	
GaS①	—	—	0.357(8)	—	1.54(7)	
$\alpha-Ga_2S_3$②（<550～600℃）	SZn	$F\bar{4}3m$	0.517 0.5181	— —	— —	cF8
$\beta-Ga_2S_3$③（>550～600℃）	SZn	$P6_3mc$	0.3685	—	0.6028	hP4
$\gamma-Ga_2S_2$④	—	—	0.6370	—	1.805	
$\gamma-Ga_2S_3$⑤	—	—	1.1140	0.6411	0.7038	

①六方晶系；②闪锌矿；③纤锌矿；④纤锌矿基超结构；⑤$\beta=121.22°$。

1.3.3.1 Ga_2S_3

Ga_2S_3 具有 α、β 及 γ 三种形态，较稳定的是 $\alpha-Ga_2S_3$，但它在温度高于 550℃时会转变为高温稳定的 $\beta-Ga_2S_3$。在 1000℃时，将 $\beta-Ga_2S_3$ 退火可得到 $\alpha-Ga_2S_3$。当温度高于 1200℃时 $\beta-Ga_2S_3$ 便发生离解：

$$3Ga_2S_3 \longrightarrow Ga_2S + Ga_4S_5 + 3S \tag{1-5}$$

Ga_2S_3 在冷水中溶解很慢，但易溶于浓碱而形成 $NaGaO_2$，也易溶于盐酸而产出 H_2S，其次易溶于稀硝酸。Ga_2S_3 可与 ZnS 反应生成具有纤锌矿型、闪锌矿型及正方晶系的固溶体。

1.3.3.2 GaS(或 Ga_2S_2)

GaS(或 Ga_2S_2)在温度高于 900℃时开始升华，Ga_2S_2 高于 1100℃时离解(在真空中于 740℃离解)：

$$3Ga_2S_2 \longrightarrow Ga_2S + Ga_4S_5 \tag{1-6}$$

而在温度高于 1200℃时，则发生如下离解反应：

$$3Ga_2S_2 \longrightarrow 2Ga_2S + Ga_2S_3 + S \tag{1-7}$$

GaS 不溶于冷水，在热水中会分解，可溶于碱。

1.3.3.3 Ga_2S

Ga_2S 在温度低于 800℃下稳定，在 800℃的真空中或在温度高于 800℃的空气中会相应发生如下离解反应：

$$3Ga_2S \longrightarrow Ga_2S_3 + 4Ga \tag{1-8}$$

$$2Ga_2S \longrightarrow GaS_2 + 2Ga \tag{1-9}$$

Ga_2S 易挥发，易被水与稀酸所分解，但在室温下分解缓慢。

1.3.3.4 Ga_4S_5

Ga_4S_5 为 Ga_2S_2 或 Ga_2S_3 离解的中间介稳产物。

1.3.4 镓的卤化物

镓的部分卤化物见表 1-50。1 价镓的卤化物仅有气态，1~3 价镓的卤化物具有 GaX_4 (X = Cl、Br、I)的化学式。

表 1-50 卤化镓的物理性质

卤化物	色 彩	熔点/℃	沸点/℃	密度/$g \cdot cm^{-3}$
GaF_3	白	大于 1000	950	4.47
$GaCl_3$	无色、白	77~78	200~201.3	2.47
$GaCl_2$	无色、白、棕色	170~170.5	535	—
$GaBr_3$	无色	120~124	278~299	3.69
GaI_3	粉黄	211.5~212	345~356	4.15
Ga_2Cl_4	—	164	535	—

卤化镓的蒸气压较大，卤化镓的蒸气压随氯→碘逐渐变小。GaF_3 在温度高于 800℃时才挥发。图 1－9 所示为氯化镓、溴化镓和碘化镓的蒸气压曲线。

1.3.4.1　氯化镓

氯化镓有两种化合物，$GaCl_3$ 和 $GaCl_2$。$GaCl_3$ 由金属镓与干燥的氯化氢气体在 200℃反应得到 $GaCl_3$ 的升华物。$GaCl_3$ 为白色晶体，相对原子质量为 176.08，白色针状晶体，密度 2.47，熔点 77.9℃，沸点 201℃。

$GaCl_3$ 易溶于水而变成 $HGaCl_4$，可溶于 HCl、乙醇等，也易溶于有机溶剂，如 CCl_4、CS_2 等。

$GaCl_3$ 难被氢所还原，$GaCl_3 \cdot H_2O$ 的熔点为 44.4℃。

$GaCl_3$ 吸湿性强，暴露于空气中会因水解而发烟：

$$2GaCl_3 + 3H_2O \longrightarrow Ga_2O_3 + 6HCl \tag{1-10}$$

$GaCl_2$ 为白色晶体，在潮湿空气中烟化。在水溶液中，保持 pH 值不大于 3.4，$GaCl_2$ 稳定存在。如果向此溶液中加入碱，瞬间形成碱式盐 $Ga(OH)_{14}Cl$，随即转变为 $Ga(OH)_3$ 沉淀。

1.3.4.2　碘化镓

碘化镓有 3 种化合物：GaI，GaI_2 和 GaI_3。在 269℃，生成化合物 GaI，而 GaI_2 和 GaI_3 则分别在 211℃和 213℃时固液同成分熔化。在温度高于 269℃时，在 2%～64%（at）I 浓度区内观察到组分的液态不混溶性。在体系中存在 4 种共晶平衡：

$L \longrightarrow GaI + GaI_2$	206℃和约 65%（at）I
$L \longrightarrow GaI_2 + GaI_3$	159℃和约 69%（at）I
$L \longrightarrow GaI_3 + (I)$	98℃和约 90%（at）I
$L \longrightarrow (Ga) + GaI$	小于 30℃和 0%（at）I

GaI_3 的晶体结构为斜方结构：空间群 Cmcm，$a = 1.829$nm，$b = 0.594$nm，$c = 0.609$nm。Ga－I 系相图如图 1－10 所示。

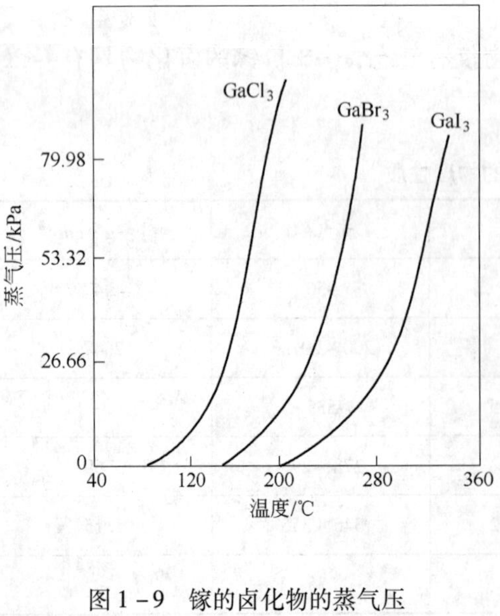

图 1－9　镓的卤化物的蒸气压

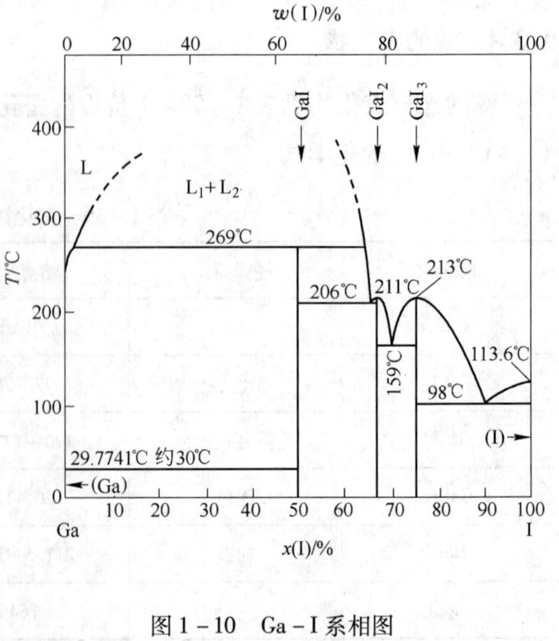

图 1－10　Ga－I 系相图

1.3.5 镓的氢化物

GaH 为不稳定的氢化物,仅以气态出现。GaH_3 在低于 -15℃下比较稳定,它的结构式可视为:

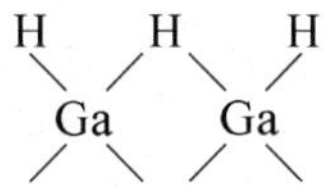

GaH_3 为无色液态,熔点为 -21.4℃,沸点为 139℃(其实温度高于 130℃就已离解了)。0℃时其蒸气压为 333.33Pa,到 54℃时达到 6546.16Pa,挥发性强。

1.3.6 镓的氮化物

在温度为 1000℃的条件下,Ga 与 NH_3 反应生成 GaN。GaN 具有纤锌矿型结构,Pearson 符号 hP4,空间群 $P6_3mc$,晶格常数为 $a=0.3182nm$,$c=0.5173nm$。

纯 GaNGaH 为无色,六方晶体,密度为 $6.10g/cm^3$。在空气中低于 900℃时很稳定,温度高于 1150℃时将升华。

1.3.7 镓的磷化物

GaP 具有闪锌矿型结构(Pearson 符号 cF8,空间群 $F\bar{4}3m$),其晶格常数为 $a=0.5436nm$ 或 $a=0.54505nm$。

图 1-11 所示为由 0~50%(at)P 浓度范围的 Ga-P 系相图。在体系中存在一种化合物 GaP,它在温度为 1467℃和压力 $(35\pm10)\times10^5Pa$ 条件下固液同成分熔化。在 29℃下,在 Ga 侧存在一种退化的共晶。

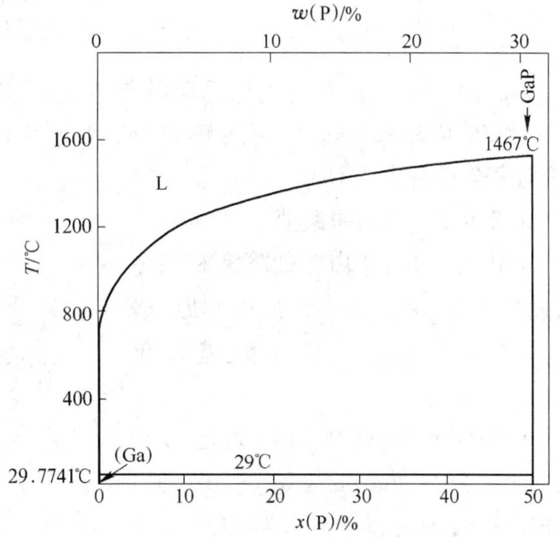

图 1-11 Ga-P 系相图

1.3.8 镓的砷化物

GaAs 为 NaCl 型面心立方晶格(Pearson 符号 cF8,空间群 Fm3m),晶格常数 $a=56525nm$。As-Ga 系相图如图 1-12 所示。

GaAs 在 1238℃固液同成分熔化,在 29.7℃和 840℃相应地参与两种共晶转变。

1.3.9 镓的含氧酸盐

1.3.9.1 镓的硝酸盐

$Ga(NO_3)_3$ 由浓硝酸和氢氧化镓或金属镓作用制取,硝酸镓为制取各种镓化合物原料。

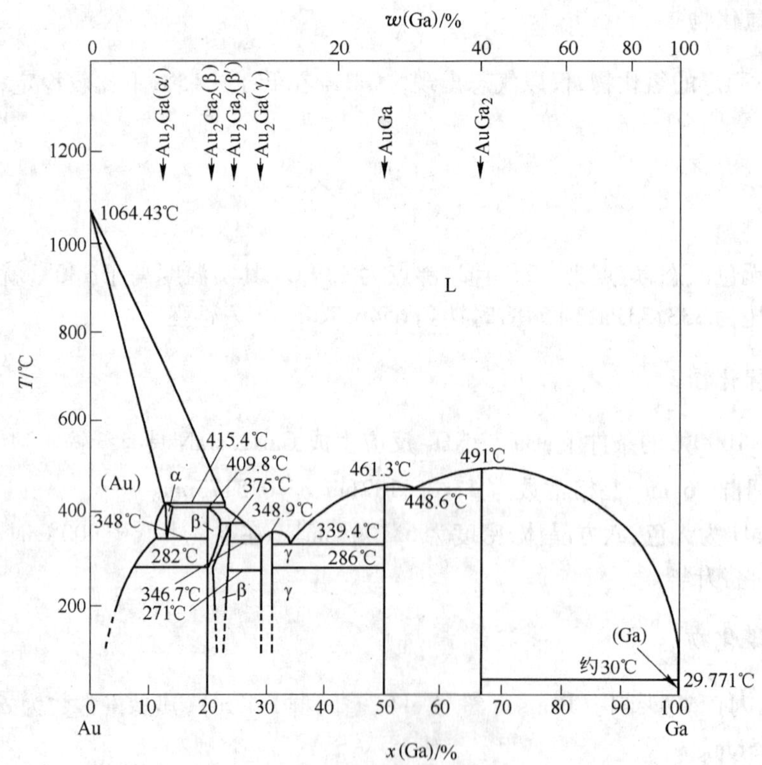

图 1-12　As-Ga 相图

$Ga(NO_3)_3 \cdot 9H_2O$ 为无色透明结晶体，易吸潮，空气中易分解。$Ga(NO_3)_3 \cdot 9H_2O$ 易溶于水，20℃时每100g水可溶解295g，也可溶于乙醇，但不溶于乙醚。102℃开始脱水，170℃完全分解生成 GaO_2。

1.3.9.2　镓的磷酸盐

$GaPO_4 \cdot 2H_2O$ 由镓盐溶液和碱金属磷酸盐在pH值为5时反应制取，磷酸镓和磷酸作用生成磷酸氢镓化合物。

$GaPO_4 \cdot 2H_2O$ 为白色无定形粉末，密度为 $3.26g/cm^3$，熔点1670℃。$GaPO_4 \cdot 2H_2O$ 难溶于水（溶度积 1.0×10^{-21}），140℃脱水，540℃转化为晶体。

1.3.9.3　镓的硫酸盐

$Ga_2(SO_4)_3$ 为白色或无色粉末，吸湿性强。无水 $Ga_2(SO_4)_3$ 微溶于冷水，易溶于热水及醇，不溶于乙醚。$Ga_2(SO_4)_3$ 从水中析出时，会形成带有18~20个水分子的水合物。图1-13

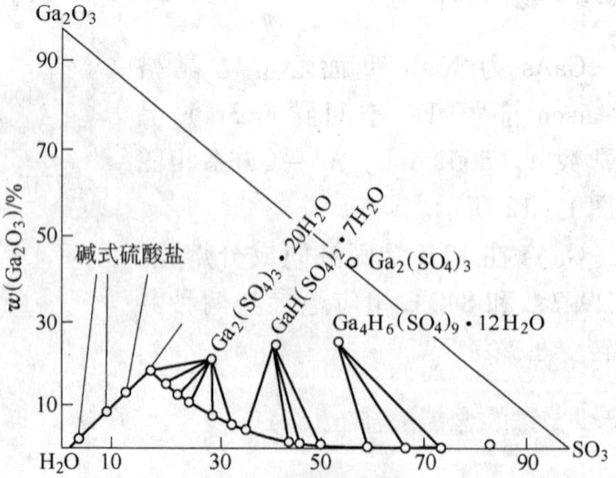

图 1-13　$Ga_2O_3-SO_3-H_2O$ 系相图

所示为 $Ga_2O_3-SO_3-H_2O$ 系相图。

$Ga_2(SO_4)_3$ 在加热脱水时可形成多个介稳水合物，当温度不小于于 300℃时，$Ga_2(SO_4)_3$ 可完全脱水。温度在 520 ~ 690℃之间时，$Ga_2(SO_4)_3$ 发生离解反应，且 SO_3 的离解压 p_{SO_3} 随着温度的升高而增大：

$$Ga_2(SO_4)_3 \longrightarrow Ga_2O_3 + 3SO_3 \tag{1-11}$$

$Ga_2(SO_4)_3$ 可与碱金属等一价离子（如 NH_4^+、K^+、Ti^+ 等）的硫酸盐（$MeSO_4$）作用形成镓酸矾 $Me^+Ga(SO_4)_2 \cdot 12H_2O$。在 180℃的温度下，$Ga_2(SO_4)_3$ 的酸性溶液会慢慢水解，可能生成 $H_3O^+[Ga(OH)_6(SO_4)_2]$。

1.3.10 镓的有机化合物

镓可与烷基、卤代烷基形成镓的有机化合物。

1.3.10.1 三甲基镓

$Ga(CH_3)_3$ 为无色液体，熔点为 -15.8℃，沸点为 56℃。$Ga(CH_3)_3$ 在空气中易燃，与空气剧烈作用时可能引发爆炸，遇水即分解，易溶于有机溶剂。$Ga(CH_3)_3$ 需保存于氮中。$Ga(CH_3)_3$ 被用来热分解法提纯镓。

1.3.10.2 二乙基氢化镓

$(C_2H_5)_2GaH$ 为无色液体，空气中会自燃，沸点为 40 ~ 42℃。遇水则分解。

1.3.10.3 四甲基乙镓烷

$Ga_2H_2(CH_3)_4$ 为无色液体，黏度大，凝固会形成玻璃状，受热会缓慢软化。$Ga_2H_2(CH_3)_4$ 的熔点不定，沸点为 172℃，但往往过 130℃即分解，且易与氧作用。

1.4 镓的应用

镓于 1875 年被发现，长时间仅被用于生产低熔点合金与高温温度计等初级产品，到 20 世纪 50 年代末期，全世界的年消耗量还不到 100kg。自 20 世纪 60 年代起，镓在电子工业得到重要应用。近年来，金属镓在移动通讯、个人电脑、汽车行业的应用以年平均 13.6% 的速度递增。

据专家预测，到 2008 年全世界镓的需求量将达到 359t 左右，而目前国内镓的产量却还不超过 15t/a，远远不能满足国际、国内市场的需求。随着 IT 技术日新月异的发展，半导体材料完成了第一代半导体硅和第二代半导体砷化镓和第三代半导体氮化镓的飞跃，镓及其代表的Ⅲ-Ⅳ族化合物的优良物性在此领域开始发挥作用，其应用范围将不断扩大。

1.4.1 电子工业

随着科学技术的不断发展，镓的用途越来越广泛。尤其是高纯镓与有色金属组成的化合物半导体材料已成为当代通讯、大规模集成电路、宇航、能源、卫生等部门所需的新技术材料的支撑材料之一。以磷化镓、砷化镓等为基础的发光二极管发展速度相当快，预计年增长率 20% ~ 30%。用于移动电话的金属镓每年也增长较快，这些领域的快速发展成为牵引镓的化合物生产的火车头。

镓的化合物半导体 GaAs、GaP、GaSb、GaN、GaAlP、GaAlIn、GaAlAs、GaInAsP、GaInAsSb 等,广泛用于制备光电器件与光电集成电路。

GaAs 与 GaN 等属直接带隙材料,其带隙大、电子饱和漂移速度快、发光效率高、抗干扰、抗辐射与抗恶劣环境等性能良好。用 GaAs 制造的红外二极振荡器,用作隐蔽光通讯设备的辐射源,传送讯号的保密性好。

装配有用 GaAs 和 GaAlAs 制作的二极管激光器的微型激光雷达,用于遥控遥测、水底观察及用作音频设备。GaAs 制作的场效应晶体管用于通讯卫星上的微波集成电路超短波变频器和用于微波电源等。GaAs 制作的红外光发光二极管已用于激光器件、传感器和光电耦合器,可取代固体继电器,也可与光纤组合用于光通讯。GaAlAs 用于红外激光视盘(LD)等,而 GaAlInP 制备的红色的激光器已应用于 DVD。

镓系列化合物半导体可制备可见光 LEDs,如用 GaAs 制作的红色或琥珀色、GaP 及 GaAlAs 制作的绿色、GaAsIn 制作的黄绿色发光二极管等。这些发光二极管用于电子计算机、录音机、电视机、钟表、电话、高保真度设备和交通指示工具等。

GaN 可激发出蓝光、绿光和紫光,其中蓝光 LED 的出现,造就了 LED 的全色谱的出现,同时提高了亮度。在 LED 管芯上涂上稀土发光材料,可形成用作照明的白光光源。GaN 全固态光源具有工作电压低,光输出几乎达 100%、安全、无污染(无紫外光辐射,无汞化)和费用低的特点,比白炽灯寿命高一数量级(理论上达 100000 多小时),可节能 67%。

镓化合物发光二极管具有耗能低、高可靠性、美观且可使仪器小型化,其在各技术领域获得了广泛应用。尤其在激光和微波器件领域内,镓化合物更具有优越性。用 GaAs 制作的霍尔元件较 InSb 制造的温度特性好,可直接用于制造驱动马达及张力控制器件等。

用 GaAs 等制作的集成电路(IC),广泛用于超高速电子计算机、卫星通讯、微波通讯及现代工农业的各式计量仪表。LEDs 激光二极管和光电探测器用于航天、家用消费电器、工业、医药设备及无线电通讯。由 GaAs 与 InP 制得的高速晶体管,其工作频率高达 509GHz,用于电子对抗系统和电子高速通讯设备。

含镓的稀土铁石榴石($(Y、Sm)_3(Fe、Ga)_5O_{13}$)薄材,可作数字储存器。高纯 Ga_2O_3 制备的钆镓石榴石($Ga_5Gd_3O_{12}$)(即 GGG)单晶用作磁泡存储器,具有记忆容量大、可靠性好和易小型化等优点,可望用于航天与智能机器人领域。

V_3Ga 超导材料的临界磁极化强度为 22T,临界温度为 15.3K,主要用来制作复合多芯线,用于超导储能及屏蔽高能辐射等装置中。

Cr－V－Ga 合金在 －60 ~ 200℃之间的电阻率仅为十万分之一,同时可塑性较好、器件体积小,用作电子计算机的电阻器,能使电子计算机进一步轻便和小型化。

1.4.2　化学工业

镓的卤化物具有较高的催化活性,常用于化工生产的聚合与脱水等工艺,其催化反应速度和寿命均高于 $AlCl_3$。$GaCl_3$ 催化剂用于合成 C_2H_5Cl,转换率大于 85%。在 35 ~ 40℃下,$GaCl_3$ 催化剂可使甲苯和苯顺利地实现烃化,可在溴水中催化甲烷和环戊烷同分异构化成为环已烷。

在低温时，$GaBr_3$ 可作烃化芳香族化合物和甲基环戊烷同分异构化为环己烷的催化剂。镓的化合物 GaAs 与 Ga_2Se_3 等可用作异丙醇脱水、合成双氧水及合成双氧水的催化剂。在异 - C_3H_7OH 脱氢时，Ga_2Te_3 催化剂的脱氢效率大于50%。在低温下，镓的卤化物、金属有机化合物和两者组成的复合催化剂是乙烯合产生产 C_2 - C_8 或 C_6 - C_{10} 等碳氢化合物的特效催化剂。

氧化镓同样是催化剂，用于乙醇、丁烯脱氢，合成双氧水，或使 NH_3 氧化的催化剂。加3% Ga_2O_3 到锌酸盐的催化剂中，可使氧的活化能降低1/3而使氧氧化。高温下 Ga_2O_3 是使NO离解的催化剂。Ga_2O_3/SiO_2 双组分催化剂有助于异丙酮脱水。Ga - Si 系列催化剂用于石油与废气净化，Ga - Si 作汽车尾气净化催化剂也颇有前途。

镓具有很强的光反射能力，将它挤压在两块加热的玻璃之间可制成优质反光镜；将碘化镓加入高压水银灯中，可以增大水银灯的辐射强度；镓锡合金弧光灯具有纯粹的红光，并可防止锡蒸发附在玻璃管壁上，避免冷却时破裂。

1.4.3 冶金工业

镓的特殊用途之一，用作金属与陶瓷等间的冷焊剂，特别适用于对温度、导热等敏感的薄壁金属管、板或片等与陶瓷器皿间的冷焊接。使用时只需将液态镓按一定量与欲焊接的金属粉末混合，在常温下涂于金属与陶瓷欲焊接之处，经一定时间凝固后即成。镓的冷焊剂的组成及性能见表1-51。

表1-51 镓的冷焊剂的组成及性能

冷焊剂组成	Ga - Cu_{66}	Ga - Cu_{50} - Sn_{18}	Ga - Cu_{40} - Sn_{24}	Ga - Au_{33} - Cu_{33}	Ga - Au_{66}
25℃时焊接的凝固时间/h	4	24	24	8	8
焊件能承受的最高温度/℃	900	700	650	650	527
冷焊剂组成	Ga - Au_{59}	Ga - In_{55} - Au_8	Ga - Au_{82}	Ga - Au_{49} - Ag_{21}	Ga - Ni_{65}
25℃时焊接的凝固时间/h	8		5	2	48
焊件能承受的最高温度/℃	45	510	450	425	250

由于用镓冷焊剂的焊件能承受高温，甚至到900℃也不软化，所以获得广泛使用，如北美航空技术中心已用 Ga - In_{65} - Au_8 作低温焊接剂。镓能提高一些合金的硬度，并能提高镁合金的耐腐蚀能力。

铜中加入小于17.5%的镓，可增加其强度、硬度和电阻，但加入过多则会使铜合金变脆。镉中加入镓，会使其蒸气压下降，有助于延长弧光灯的使用寿命。一般合金涂覆镓可耐腐蚀。

氧化镓是冶金工业的添加剂。镓基低熔点合金用于制造某些低温控制与调节、自动灭火和信号报警系统的元件。某些镓基低熔点合金的组成与熔点见表1-52。

表1-52 镓基低熔点合金的组成与熔点

组 成	Ga - In_{25} - Sn_{13} - Zn_1	Ga - In_{25} - Sn_{13}	Ga - Sn_{60} - In_{10}	Ga - In_{29} - Zn_4	Ga - $In_{5\sim25}$
熔点/℃	3	5	12	13	15.7

续表 1 - 52

组　成	Ga - In_{24}	Ga - Sn_{12}	Ga - Sn_{16} - In_{12}	Ga - Sn_{12} - Zn_6	Ga - Sn_8
熔点/℃	16	17	17	17	20
组　成	Ga - In_5	Ga - $Tl_{0.5}$	Ga - In_{65} - Au_8	Ga - Bi(Cd, Hg, Pb)	
熔点/℃	25	27.3	30	57 ~ 60	

由于有些镓基低熔点合金在常温下呈液态且无毒，因而可取代真空扩散泵及某些仪表通常使用的汞或汞封。这类低熔点合金还可用作金属涂料，如涂于反射镜面，在温度高于300℃下镓基反射率仍高达88%，且能正常运转。镓基合金如 Ga - Al、Ga - Sn、In - Ga - Sn 或 Ga - Zn 等可用作原子能工业中的载热元件。

镓可作合金添加剂，如向镁基合金或 Cd - Ti 合金中加入镓，则可增加这些合金的硬度。由于镓在冷凝时会增大3.2%，故常利用于印刷业中。镓还可用作珠宝业加工夹具，或作薄壁异型管加工的内填料，用后可回收再用，以及用作古物的修补充填等。

镓用于制造高温温度计。镓的熔点仅为29.78℃，沸点却高达2403℃，更奇妙的是镓有过冷现象（即熔化后不易凝固），它可过冷到 - 120℃，是一种低熔点、高沸点的液态范围最大的金属，是制造高温度计的最佳金属材料。

镓与锌、锡和铟等可形成熔点低的易熔合金，用在自动救火水龙头中。当发生火灾时，温度一升高，易熔合金马上就熔化，水就从龙头中自动喷出，实现灭火。

1.4.4　新能源

GaAs 是一种理想的太阳能电池材料，它与太阳光谱的匹配较适合、禁带宽度适中、耐辐射且高温性能比硅强。在250℃的条件下，GaAs 太阳能电池仍保持很好的光电转换性能，最高光电转换效率约30%，因而特别适合于做高温聚光太阳能电池。

GaAs 太阳能电池的实验室最高效率已达到24%以上，用于航天的 GaAs 太阳能电池的效率在18% ~ 19.5%之间。实验室已制出了面积为4m^2、转换效率达到30.28%的 $In_{0.5}Ga_{0.5}P$/GaAs 叠层电池和转换效率达21.9%的 p - $Al_xGa_{1-x}As$/p - GaAs/GaAs 三层结构异质结构太阳能电池。

GaAs，GaAlAs 与 GaSb/GaAs 制备的太阳能电池，用做空间站、卫星、民用手表及某些军事控制仪表的可靠的驱动电源，且 GaAs 与 GaSb/GaAs 制备的太阳能电池是迄今在应用的光电转换率最高的电池（分别达24%与28%，较硅太阳能电池高两倍）。GaN 为基体的太阳能电池的光电转换率更高达50%，其中由 Ge - GaAs 构成的异质结，集光度较硅的高4倍。

1.4.5　仪器工业

由于镓呈液态的温区大（29.28 ~ 2300℃），所以在仪器制造中得到广泛应用。镓替代汞作液封。镓在冷凝时体积会增大3.2%，可用于既密封又耐高压的操作系统。用于灵敏度的高温计与压力计的填充物，如用镓制作的石英温度计可以测温到1500℃而不发生爆裂，目前已使用 Ga - Sn_{60} - In_{10} 或 Ga - In_5 等代替镓作石英温度计。

由镓氧化物制作的玻璃能很容易地通过红外线，如鲜黄色玻璃是由 Ga_2O_3、GaO 及 SiO_2

在1400℃下共熔后，再在700℃煅烧而制得，不仅质优且稳定性好，厚4mm的这种玻璃可以透过70%波长为3.4～4.6μm的红外线，也可作特殊的玻璃电极。

镓是磷的荧光激发剂，$MgO-Al_2O_3-Ga_2O_3$系材料可作彩色电视的绿色发光体用于光电管中，相比Zn－Se－Cu的发光体，亮度高出两倍。

由镓、锗和镜组成的金属材料，在100～400K间既具有零膨胀特性，又能导电，可用作发动机与执行机构的部件，特别适合用于太空。

1.4.6　医学

放射性镓可用来诊断癌症。镓还常用来制造镶牙合金。此外，镓还以硝酸镓、氯化镓等形式应用于医学及生物学领域，用于恶性肿瘤、晚期高血钙及某些骨病的诊断和治疗等。

多种镓合金取代汞合金用作牙科器件与牙科合金，例如$Ga_{0.5\sim1.3}-Bi_{40\sim80}-Sn_{20\sim60}$、$Ga-Bi_{61.5}-Sn_{37.2}$、Ga－Cu－Sn、$Ga-Co_{60\sim80}$及$Au_{34}-Ag_{10}-Pd_{50}-Ga_{3.72}-In_{1.5}-Sn_{0.78}$等合金。$^{72}Ga$可用于诊断与治疗骨癌。镓盐具有可凝聚蛋白质的作用而用于治疗骨癌。

1.5　镓的生产

目前，金属镓的产品主要分为三类：粗镓、高纯镓和再生镓。粗镓生产国家主要有中国、德国、俄罗斯、哈萨克斯坦、乌克兰、匈牙利和斯洛伐克；精镓主要由日本、美国和法国生产；再生镓的生产主要由日本和美国等。

日本是目前世界上最大的高纯镓的生产国，占世界产量的90%左右。从世界范围看，高纯镓将是主导产品，其价格高出粗镓100～200美元/kg。高纯镓可直接用于生产镓的化合物。

1.6　镓的市场

镓的生产一直由镓的市场供求决定，镓生产的大发展主要在近几年。伴随着电子工业及其相关工业的高速发展，镓的市场出现了供不应求的局面。

镓作为以微电子技术为核心的世界第四次工业革命的基础材料，世界的需求量每年增长15%～20%。镓在国际市场上的价格高，市场前景看好。

1.7　镓的价格

1999年，全球的耗镓量将近162t，较1985年的45t增长近4倍。其中90%用于电子工业，促进了光电技术的发展。日本与亚太国家是全球耗镓的主要地区。

进入21世纪，电子工业（特别是移动通讯）、微型电脑等相关工业的高速发展，粗镓的价格也一路上扬。由1995年的170美元/kg提升到2001年3月下旬的1700～2300美元/kg。但随后出现了下跌，镓的生产规模也一度萎缩。2005年以来，美国、中国、俄罗斯和法国等镓的生产大国都扩大了镓的生产规模，镓的产量恢复到原来的水平。我国主要生产纯度为3～4N的金属镓，产品主要出口到日本。2003年4月镓的价格为180～250美元/kg，2005年7月镓纯度不小于99.99%的价格为400～410美元/kg。我国主要生产纯度为99.9%～99.99%纯度的金属镓，产品主要出口到日本。以纯度≥99.99%的镓计算，2005年为400～410美元/kg，2006年回落到329～382美元/kg，2007年上涨到604～676美元/kg，

2008 年又回落到 509 ~ 523 美元/kg，2009 年为 397 ~ 431 美元/kg。

1.8 金属镓的纯度

当金属的纯度在 5N(99.999%)以下时，通常沿用原来的称呼，如 2N(99%)、4N(99.99%)和 5N(99.999%)。但当纯度达到 5N 以上时，一般以其主要的用途来定级，如 6N(99.9999%)的镓主要用于掺杂的 GaAs，GaP 和 GaSb 等半导体晶体，不仅要求镓的纯度达到 99.9999%，还对主要有害杂质，如 Cu、Zn、Fe 和 Si 等的含量有严格的要求，建议称其为“电子级”高纯镓(E - Ga)。用于制作 1C 衬底的半绝缘砷化镓的“7N”(99.99999%)的镓，由于要求合成的半绝缘砷化镓晶体在室温下电子迁移率大于 $6500cm^2/V \cdot s$，所以不仅镓中的主要有害杂质的含量必须在 $5 \times 10^{-7}\%$ 以下，而且其余杂质的含量都必须低于检测极限，建议称之为“电路级”超纯镓(1C - Ga)。用作分子束外延(MBE)源的镓，要求除 C、N、O 和 Ta 外，所有杂质的含量都应低于 GDMS(质谱法)分析的检测极限，建议称之为“分子束外延级”超纯镓(MBE - Ga)。

参 考 文 献

[1] 中国大百科全书编写组．中国大百科全书[M]. 北京：中国大百科全书出版社，1993.

[2] 周令治，邹家炎. 稀有金属与硬质合金[M]. 北京：冶金工业出版社，1994.

[3] 杨宏孝，凌芝，颜秀茹．无机化学[M]. 高等教育出版社，2003. 5.

[4] 张乾，朱笑青，高振敏，等．中国分散元素富集与成矿研究新进展[J]. 矿物岩石地球化学通报，2004，24(4)：342 ~ 349.

[5] 孙立会．稀有金属贸易战略须引起高度重视——国外稀有金属战略对我国优势资源敲响警钟[J]. 中国金属通报，2006，17(3)：1 ~ 5.

[6] 邹家炎，陈少纯．稀散金属产业的现状与展望[J]，中国工程科学，2002，4(8)：86 ~ 92.

[7] L. S. Geolonical Survey. Mineral Commdity Summaries. http://minerals. uses. nov/ minerals/ pubs/ mcs/ index. html, 2006 - 9 - 14.

[8] 刘英俊，曹励明，李兆麟，等．元素地球化学[M]. 北京：科学出版社，1984.

[9] 涂光炽. 分散元素可以形成独立矿床. 一个有待开拓深化的新领域[A]. 欧阳自远主编. 中国矿物学岩石学地球化学研究新进展[C]. 兰州：兰州大学出版社，1994. 234.

[10] 代世峰，任德贻，李生盛，等．内蒙古准格尔黑岱沟主采煤层的煤相演替特征[J]．中国科学 D 辑：地球科学，2007，37(增刊)：119 ~ 126.

[11] 代世峰，任德贻，李生盛．内蒙古准格尔超大型镓矿床的发现[J]. 科学通报，2006，51(2)：177 ~ 185.

[12] 化工百科全书编写委员会．化工百科全书(冶金和金属材料卷)[M]. 北京：化学工业出版社，2001.

[13] 杨守春．镓需求将于 2004 年以后恢复[J]. 现代材料动态，2003，(8)：13.

[14] Mitsubishi Metal Corp. Recovering of High - purity Gallium [P]. J Pn Kokai Tokyo Koho. J P 04 434, 1989，1.

[15] Ioka Masayoshi. Purificattiou of Raw Gallium[P]. J Pn Kokai Tokyo Koho, JP 63 270 429, 1989. 11.

[16] 尹书刚，陈后兴，罗仙平，等. 镓的资源、用途与分离提取技术研究现状[J]. 四川有色金属 2006(2)：24 ~ 27.

[17] Рустамов П Г，Мардахаев Б Н，Сафаров М Г. Из в АН СССР Неорганические Материалы[J]. 1967，3(3)：479 ~ 483.

[18] Goodyear J，Steigmann G. A. Acta Crystallogr. 1963，16(10)：946 ~ 949.

[19] Кулюкин В Н, Петров Е С. Из в Сибирского Отделения[J]. АН СССР. 1969(12):52~56.
[20] Köster W Thoma B. Z. Metallkunde. 1955,46(4):291~293.
[21] Hall R N. J Electrochem. Soc[J]. 1963(11):385~388.
[22] Giesecke G, Pfister H. Acta Crystallogr[J]. 1958(11):369~371.
[23] Wang C C, Spinar L H. J. Phys. Chem. Solids[J]. 1963(24):953~959.
[24] 稀有金属手册编辑委员会. 稀有金属手册[M]. 北京:冶金工业出版社,1995.12.
[25] 白新德. 核材料化学[M]. 北京:化学工业出版社,1995.12.
[26] 梁英教,车荫昌. 无机物热力学数据手册[M]. 沈阳:东北大学出版社,1993.8.
[27] 刘英俊,曹励明,李兆麟,等. 元素地球化学[M]. 北京:科学出版社,1984.
[28] 牟保磊. 元素地球化学[M]. 北京:北京大学出版社,1999.
[29] 赵振华. 微量元素地球化学原理[M]. 北京:科学出版社,1997.
[30] 高振敏,李朝阳. 分散元素地球化学研究[A]. 中国科学院地球化学研究所,资源环境与可持续发展[C]. 北京:科学出版社,1999.
[31] 涂光炽,高振敏,胡瑞忠等. 分散元素地球化学及成矿机制[M]. 北京:地质出版社,2004.
[32] 赵天从. 有色金属提取冶金手册－有色金属总论[M]. 北京:冶金工业出版社,1992.
[33] 周令治,陈少纯. 稀散金属提取冶金[M]. 北京:冶金工业出版社,2008.
[34] 翟秀静,周亚光. 稀散金属[M]. 合肥:中国科学技术大学出版社,2009.4.
[35] 沈化生. 稀散金属冶金学[M]. 上海:上海人民出版社,1976.
[36] 李洪桂. 稀有金属冶金学[M]. 北京:冶金工业出版社,1990.5.
[37] 稀有金属冶金学编写小组编. 稀有金属冶金学[M]. 北京:中国工业出版社,1961.

2 镓的资源

镓是7类主要稀散元素中的一员，稀散元素包括镓、铟、铊、锗、硒、碲和铼。稀散元素在地壳中含量在$10^{-6}\sim10^{-9}$级，并且在其地质演化中常分散于各种载体之中，难于形成独立矿物。稀散元素主要以三种形式存在：一是类质同象，二是吸附状态，第三种是微细粒独立矿物。

类质同象是稀散元素的重要存在形式。稀散元素常与载体矿物中的主元素具有相近的晶体化学性质，在成矿作用过程中易于发生替代作用而进入土矿物晶格。镓由于其电子构型、电负性、电价、原子半径和共价半径等晶体化学参数与锌相近，易于占据矿物晶格中锌的位置，发生类质同象置换，在闪锌矿中的镓就常以类质同象形式存在。

稀散元素的吸附形式主要被黏土矿物所吸附。原生矿中呈独立矿物或类质同象存在的稀散元素，在表生风化作用下，原生矿物晶格被破坏导致稀散元素从矿物中离析出而被黏土矿物吸附。

近20多年来，世界上发现了大量的稀散元素独立矿床。

2.1 镓的丰度

镓在地壳中的含量为$5\times10^{-4}\%\sim1.5\times10^{-3}\%$，是典型的稀散元素。它通常以类质同象进入其他矿物，例如铝土矿、闪锌矿、硫化铜矿、锗石、钒钛磁铁矿和煤中。统计发现铝土矿中镓含量约为0.002%～0.02%，闪锌矿和硫化铜矿约含镓0.01%～0.02%，锗石中镓含量相对丰富，大约0.1%～0.8%，镓在煤和海水中微量存在。

2.2 镓的地球化学

镓位于周期表的第四周期ⅢA族，自然界中镓有两个稳定同位素：^{69}Ga（60.5%）和^{71}Ga（39.5%），镓的主要地球化学参数见表2-1。

表2-1 镓的地球化学参数

项目	数据	项目	数据
元素符号	Ga	共价半径/nm	0.148
原子序数	31	离子半径(6配位,nm)	0.081(+0.1),0.062(+0.3)
相对原子质量	69.72	电离势/V	6
原子体积/$cm^3\cdot g^{-1}$	11.8	还原电位/V	-0.560
原子密度/$g\cdot cm^{-3}$	5.904	离子电位/V	4.84(+3)
熔点/℃	29.78	*EK*值	5.41(+3)
沸点/℃	2403	大陆地壳丰度	$(15\sim19)\times10^{-6}$
电子构型	$4s^24p^1$	碳酸盐岩丰度	4×10^{-6}
电负性	1.6	砂岩丰度	12×10^{-6}
地球化学电价	1+,2+,3+	基性岩丰度	$(17\sim18)\times10^{-6}$
原子半径(12配位,nm)	0.1221	酸性岩丰度	$(17\sim20)\times10^{-6}$

镓原子与锌原子具有相同的电子层结构，具有亲硫、亲石和亲铁的地球化学性质，能广泛参与各种地质作用。镓与铝、锌、铁的化学性质和晶体化学性质相似，决定它们常共生。

岩石圈中的镓多赋存于铝硅酸盐和其他铝矿物内。闪锌矿也是镓的重要载体矿物，镓直接进入闪锌矿晶格中，可能是 Ga_2S_3 和 ZnS 发生类质同象。

镓在地壳中高度分散，很少形成独立矿物，目前仅发现两个镓的独立矿物——Gallite（$CuGaS_2$）和 Soehngeite（$Ga(OH)_3$）。

镓属于亲铜元素，具有较高的电离势与电负性，表现出较强的极化能力，与硫有较强的亲和力。镓与铟（In）、铁（Fe）、锌（Zn）、锡（Sn）、铝（Al）、硅（Si）、钛（Ti）和铬（Cr）可形成沿水平方向的异价类质同象、垂直方向的等价类质同象替换，从而在自然界中以类质同象共生于其他金属的矿物中。

从地球化学的角度来看，随着元素亲氧性的增加，趋向富集于酸性岩浆与氧结合而形成氧化物。稀散元素的酸碱性是由其离子电势所决定。三价镓为两性而又介于 Fe^{2+} 和 Fe^{3+} 之间，因而镓绝大部分分散于造岩矿物，只有少量生成热液的硫化物。

（1）在岩浆的早期结晶过程中，Ga^{3+} 主要代替 Al^{3+}、部分代替 Fe^{3+} 分散于各种岩浆岩中，特别是酸性岩的硅酸盐和硅铝酸盐矿物（如云母、辉石和绿帘石）等。

（2）在晚期岩浆矿中，Ga^{3+} 可代替 Ti^{3+}、Fe^{3+} 和 Cr^{3+} 而进入钛磁铁矿。在晶化作用下，镓进入硅酸盐和铝硅酸盐（如霞石、锂辉石、铯榴石和锂云母）等矿物中。

（3）在岩浆作用后期的热液阶段，大量硅酸盐、硅铝酸盐矿物已经结晶析出，残余熔浆中缺乏硅与铝，却相对富含硫，此时镓具有明显的亲硫性。当介质的 $pH < 7$ 且溶液中镓的富集度又足够高的时候，镓便具备了独立成矿的倾向，如 $CuGaS_2$、$Cu_3(Ge、Fe、Zn、Ga)SAs_4$ 和 $FeIn_2S_4$ 等。

（4）在岩浆期后成矿的热液中，大部分的镓以类质同象形式进入在强烈还原介质中形成的含 Zn^{2+} 和 Fe^{2+} 的硫化矿物。由于结晶构造与共价键的相似性，镓更容易进入闪锌矿晶格，如江西银山矿中的闪锌矿就富含镓，被认为是由于离子半径相近所造成。在沉积铁矿石或沉积变质铁矿石中，镓的含量很高，分析认为含水氧化物的阳离子半径相近是导致镓在铁矿中类质同象的主要原因。Fe^{3+} 和 Ga^{3+} 水解的 pH 值相近，这对此类成矿作用也起重要影响。

（5）在表生氧化条件下，Ga^{3+} 与 Al^{3+}、Fe^{3+} 紧密伴生，导致镓存在于硬铝石、软铝石、针铁矿及水白云母中。分析认为这是由于含镓的岩石经长期风化后，可溶性物质被地下水带走，致使它们与铝和铁等形成难溶的氢氧化物以机械悬浮状态或胶体溶液而被搬运，在适当的条件下，由于胶体吸附与脱水而与铝和铁共生于同一晶格中。我国华东及华南等地区的石炭二叠纪的铝土矿普遍含镓就与此有关，这些铝土矿的含镓量已具工业意义。

（6）在有生物参与且具有强还原条件的有机质泥炭和煤沉积地区，镓也会不程度的富集。煤矿中镓的含量大约在 1 ~ 20mg/kg 之间，平均为 9mg/kg。关于煤中镓的赋存状态有多种观点。有些观点比较强调煤中镓和无机物的结合，认为镓主要与黏土矿物结合，矿物中的部分铝被镓以类质同象取代，也可赋存在硫化矿物里。

另一种观点强调煤中镓与有机物的结合，认为镓主要赋存在凝胶化组织内。目前分析认为，两种镓的赋存状态均存在，在不同煤层中镓的具体情况有所不同。镓与铝、锌、铁等元素（特别是同铝：Al^{3+} −5.7nm，Ga^{3+} −6.2nm）在化学和结晶化学性质上的近似性，决定了它们紧密的共生关系。岩石圈中绝大部分的镓都是隐藏在各种不同成因的大量含铝矿物之中,尤其是铝硅酸盐及其他铝的化合物内。此外,镓也可类质同象地置换岩石矿物中的 Fe^{3+},Cr^{3+} 和 Ti^{4+},同时还能替代硅于硅氧四面体中。许多硫化物内均有镓的存在,但基本上是存在于闪锌矿中。镓进入闪锌矿中一般认为可能是镓、锌(Ga_2S_3 和 ZnS)类质同象的结果。

由于镓具有亲石、亲硫和亲铁的多重地球化学性质,所以它广泛地参加各种地质成矿作用中。岩浆作用中镓的行为以其广泛分散分布为最大特征。

在超基性岩中镓的含量甚低,基性岩中近似于克拉克值,中酸性岩内较克拉克值略高,仅在碱性岩中含量最高。岩浆作用演化过程中,镓紧密地伴随铝(部分地同 Fe^{3+})活动,主要均匀分散于造岩矿物内。伟晶作用中镓是析出范围很广的元素。通常伟晶岩都照例较母岩体有较高的镓含量,特别是某些含稀有元素矿物和挥发组分起显著作用的花岗伟晶岩,镓有着明显的富集。与碱性岩有关的伟晶岩,其镓的含量也较高。在钒钛磁铁矿矿床和含霞石的碱性杂岩体中发生一定的富集。

气成—热液作用中,镓主要在花岗岩类的云英岩化和碱质蚀变交代作用中发生富集,且随演化而含量递增。在矿卡岩化及其有关矿床中则未见显著的集中。热液作用是镓的重要富集阶段,个别情况下形成罕见的镓的独立矿物。同时镓作为类质同象的杂质组分普遍而大量地存在于闪锌矿中,所有类型的闪锌矿都含有镓,少量的镓还发现于其他硫化物中。镓在热液作用中还表现一定程度的亲石性质,特别应指出的是它经常地存在于明矾石矿石中。

表生作用中镓的地球化学行为,仍然最明显地表现同铝和铁相关,而几乎完全与锌无关。岩石风化产物中镓的含量首先取决于原岩成分,当富含铝的岩石强烈风化时,镓仍紧密地与铝相伴随并发生堆积。各种黏土岩和页岩等含镓较砂岩和碳酸盐类岩石为高。

风化作用和沉积作用形成的铝土矿对镓来说是最有意义的。在某些铁矿石和多数煤中也有镓的不同程度的富集,镓密切地和铝相伴,在区域变质形成的含铝矿物内,几乎都发现有镓。变质岩中镓的分布,主要取决于原岩的成分和变质作用的程度。除少数富铝岩石含镓稍高外,各类变质岩中基本上未发生有意义的堆积。华南地区的研究表明,随着花岗岩化作用的加深,镓含量有逐渐降低的趋势。

2.3　中国含镓矿床的成因类型划分

根据对我国具有代表性的各类地质体中镓的地球化学研究以及所获得的我国某些岩石和矿物的镓含量资料,可以初步指出我国含镓矿床的基本成因类型,见表 2－2。

表 2－2　我国含镓矿床的基本成因类型

成矿作用	矿床类型	主要含镓矿物	目前相对工业意义
岩浆作用	钒钛磁铁矿矿床含霞石的碱性杂岩	钛磁铁矿 霞石	重　要 潜在来源
伟晶作用	稀有金属交代的花岗伟晶岩 碱性伟晶岩	锂辉石、锂云母、白云母、长石等 霞石、黑云母、钠沸石、长石等	重　要 次　要
气成－热液作用	云英岩型矿床 含铌钽矿化的碱质蚀变花岗岩	云母 黑鳞云母、长石	潜在来源 潜在来源

续表 2－2

成矿作用	矿床类型	主要含镓矿物	目前相对工业意义
热液作用	铅锌多金属硫化物矿床	闪锌矿	最重要
	黄铁矿型铜矿床	闪锌矿、绿泥石	重要
	明矾石矿床	明矾石	潜在来源
风化作用	三水型铝土矿矿床	三水铝石	次要
沉积作用	一水型铝土矿矿床	一水硬铝石、薄水铝石	最重要
	沉积铁矿床（包括沉积变质含铁石英岩和沉积叠加型矿床）	氧化铁矿物	次要
	煤矿床	细粒铝硅酸盐等	重要

我国含镓矿床主要成因类型包括钒钛磁铁矿矿床、含霞石的碱性杂岩、伟晶岩矿床、云英岩型、碱质蚀变花岗岩型和热液矿床

2.3.1　钒钛磁铁矿矿床和含霞石的碱性杂岩

2.3.1.1　钒钛磁铁矿

钒钛磁铁矿矿床是由铁、钒、钛等10余种有用组分共生的多金属综合性矿床。根据本类型矿床在我国最集中分布的某地区研究资料表明，镓在含矿岩体中呈显著的正异常，其含量的分布特点如图2－1所示。研究发现，自矿床剖面的下部向上部，镓的含量有递增趋势，成为岩体含矿性的地球化学指示标志之一。

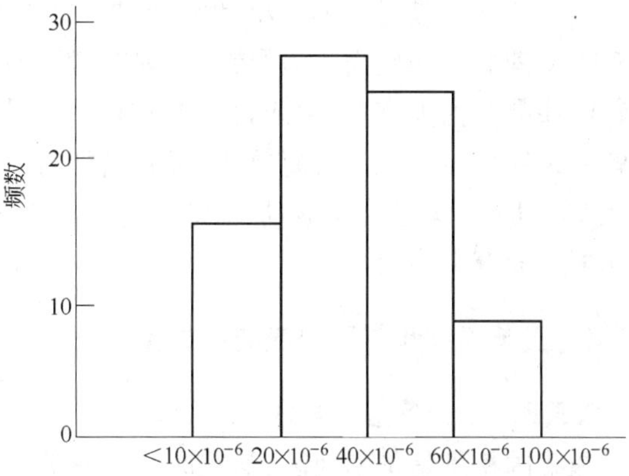

图2－1　某地钒钛磁铁矿辉长石中镓的含量分布直方图

各类型的矿石中均普遍含镓，平均含量在 31×10^{-6}，大部分以类质同象方式赋存于钒钛磁铁矿中。矿石中镓在钒钛磁铁矿内的分配率约占60%，少部分存于斜长石、辉石、磁铁矿和磷灰石中，但含镓很低。不同矿石类别的钒钛磁铁矿单矿物内镓的含量相当稳定，为 $(11\sim59)\times10^{-6}$，大致有随矿石含铁量变贫而镓含量略有增加的倾向。

2.3.1.2　含霞石的碱性杂岩

碱性岩石中镓的含量高于其他所有岩石类型。研究山西和安徽两地含稀有元素的碱性杂岩体时，对其中镓的分布进行了专门定量检查，发现岩体内所有的碱性岩都含有较高含量的镓，多数都在 $(30\sim54)\times10^{-6}$ 之间。我国几处含霞石碱性岩中镓的含量见表2－3。

对碱性岩造岩矿物中的镓的分配平衡计算表明，它主要与铝硅酸盐矿物相关，主要存在于霞石中（含镓 $(30\sim60)\times10^{-6}$），其次在长石内（含镓 $(15\sim50)\times10^{-6}$），钠沸石、方钠石等有时含镓 80×10^{-6} 以上，霓石中镓少量存在。

在工业上，国外含霞石的碱性岩早已利用作为提取铝和镓的有价值的原料，我国可暂将之列为镓的未来潜在来源。

表 2－3　我国几处含霞石碱性岩中镓的含量

地　区	岩石名称	Ga	Ga/Al(质量比)	岩体中 Ga 的平均含量
山　西	霞石正长岩	$41(5)\times10^{-6}$	3.9×10^{-4}	$38(24)\times10^{-6}$
安　徽	角闪云霞正长岩	$33(4)\times10^{-6}$	3.2×10^{-4}	$36(16)\times10^{-6}$
河　北	霓霞脉岩	$50(7)\times10^{-6}$	据高凡等 1963 年资料	

2.3.2　伟晶岩矿床

花岗伟晶岩和碱性伟晶岩均含镓。对华南若干花岗伟晶岩的测定结果表明，其镓的含量通常都较花岗岩体为高，但富集程度在多数伟晶岩中均不甚高。如江西武功山钨矿附近，岩体中的花岗伟晶岩含镓 30×10^{-6}，浒坑花岗伟晶岩为 37×10^{-6}，幕阜山岩体中的简单伟晶岩为 40×10^{-6}，浙江高达 77×10^{-6}。

镓在这些简单伟晶岩内主要含于白云母（200×10^{-6}）和微斜长石（30×10^{-6}）中，某些稀有金属交代的复杂花岗伟晶岩，特别是含锂的或铌－钽－锂的花岗伟晶岩，镓有着明显的富集，其中锂辉石和白云母内常含镓 $(70\sim200)\times10^{-6}$ 以上。

鉴于花岗伟晶岩以体积小和复杂的开拓技术条件为特点，作为镓的原料来源很有限。而对于从锂辉石等矿物中提取锂时，则应考虑对镓进行综合利用。碱性伟晶岩在我国分布较花岗伟晶岩为少，对碱性杂岩体中的某些伟晶岩体检查表明，镓的高含量为基本特征，而且整个碱性伟晶岩比一般简单花岗伟晶岩的含镓性要高。如含霞石的长石伟晶岩的镓含量多在 50×10^{-6} 以上，当有钠沸石和方钠石等矿物存在时，则镓含量更高。目前在我国这类伟晶岩工业意义不大。

2.3.3　云英岩型和碱质蚀变花岗岩型

2.3.3.1　*云英岩型矿床*

在我国特别是华南地区，与花岗岩类有关的云英岩型矿床分布甚广，镓主要分布在云英岩化蚀变带内。但钨、铍、锡矿石英脉内，镓仅以微量杂质形式分散在某些硫化物中，虽可综合利用，但规模不大。

对华南大量云英岩的研究表明，镓于其中的分布存在着共同的规律性，即在轻微蚀变形成的云英岩化花岗岩中，镓的含量变化甚小。在正常云英岩中有时略有降低，但某些情况下，镓含量也可增高。镓在富石英云英岩内的含量相对最低，而蚀变强烈尤其是晚期形成的富云母云英岩中，通常含镓最高。

某地产于花岗岩中的钨铍石英脉壁蚀变带内镓的含量变化状况见表 2－4。在云母型云英岩中，镓主要仍呈类质同象混入物形式存在于铝硅酸盐矿物内，其中，白云母含镓量多在 100×10^{-6} 以上，长石含镓 $(10\sim30)\times10^{-6}$，石英含镓甚低。

表 2－4　镓在某钨铍矿床云英岩化蚀变带中的含量

岩石名称	Ga	Al_2O_3/%	Ga/Al(质量比)
花岗岩	$22(50)\times10^{-6}$	13.39	3.0×10^{-4}
云英岩化花岗岩	$22(3)\times10^{-6}$	12.64	3.2×10^{-4}
正常云英岩	$20(3)\times10^{-6}$	10.97	3.4×10^{-4}

续表 2-4

岩石名称	Ga	Al_2O_2/%	Ga/Al(质量比)
富石英云英岩	$13(3)\times10^{-6}$	5.09	4.7×10^{-4}
富云母云英岩	$63(3)\times10^{-6}$	25.66	4.6×10^{-4}

2.3.3.2 含铌钽矿化的碱质蚀变花岗岩

一些含铌钽等稀有金属矿化的碱质蚀变花岗岩中,镓经常以增高含量为特征。这类矿化岩体常是多阶段岩浆作用和交代作用形成的杂岩体,其中碱质交代作用非常发育。华南某地经研究可划分为钾长石化、钠长石化和黑鳞云母化3个主要蚀变阶段,其中以后者为成矿主要阶段。

镓在岩体内的碱质交代岩石中的分布,显示随着交代作用的演化而渐次递增。早期的钾长石化阶段较未蚀变花岗岩稍有升高,然后钠长石化作用镓的含量得到进一步增长,到后期的黑鳞云母化阶段,则达到最高的含量(见表2-5)。

表2-5 镓在某含铌钽的碱质蚀变花岗岩中的含量

岩石名称	Ga	Al_2O_3/%	Ga/Al(质量比)
γ_1^1 粗粒花岗岩	$16(3)\times10^{-6}$	12.70	2.3×10^{-4}
γ_1^2 粗斑状细粒花岗岩	$17(3)\times10^{-6}$	12.79	2.4×10^{-4}
γ_2 中细粒花岗岩	$20(3)\times10^{-6}$	12.84	2.8×10^{-4}
γ_K 钾长石化花岗岩	$27(3)\times10^{-6}$	12.55	4.3×10^{-4}
γ_A 钠长石化花岗岩	$34(12)\times10^{-6}$	12.69	5.3×10^{-4}
γ_B 黑鳞云母化花岗岩	$74(8)\times10^{-6}$	12.37	11.0×10^{-4}

碱质蚀变花岗岩的造岩矿物中镓的含量测定表明,几乎全部的镓都集中在铝硅酸盐矿物即钾长石、钠长石和云母内,尤其晚期形成的黑鳞云母为镓主要富集矿物(高达$(300\sim500)\times10^{-6}$)。对比铌、锆、钍和锂等在碱质交代岩体中的含量,发现它们同镓含量之间呈明显的正相关关系。

借助于镓的含量分布变化,可作为在类似岩体中普查铌、锆、钍和锂等金属矿床的一个可能的地球化学标志。鉴于本类岩体相当大的规模和云母、长石中高含量镓的经常存在,因此可以作为提取镓的潜在来源。

2.3.4 热液矿床

热液矿床是镓等一系列分散元素的富集场所,特别是中温和低温热液矿床对镓来说尤为重要。我国含镓的热液矿床类型较多,其中主要的是下述三种类型。

2.3.4.1 铅锌多金属硫化物矿床

这类矿床在我国分布很广,根据矿床产状不同,可分为碳酸岩中交代矿床、硅酸岩中交代矿床和裂隙充填脉状矿床等亚类。镓在这些矿床中主要含于闪锌矿内。根据对华东和中南地区若干代表性矿床的闪锌矿样品测定显示,镓的含量分布不一,有的仅为10×10^{-6}左右或更低,有的则高达100×10^{-6}以上。

闪锌矿中镓的含量的影响因素取决于矿床形成的一系列物理化学条件。研究显示,随着成矿温度的降低,镓的含量在闪锌矿中有递增的趋势。在本类矿床的其他矿石矿物中,如方铅矿和黄铜矿(镓的含量多小于 10×10^{-6})、黄铁矿(仅为 $(1\sim9)\times10^{-6}$),由于镓的含量均很低,没有实际意义。

交代类型(包括所有层控矿床)和裂隙充填类型矿床所产的闪锌矿,镓的综合利用具有经济价值,但充填矿床尽管闪锌矿经常含镓有时甚高,可是在矿体中量不大,目前没有应用价值。

镓的赋存类质同象置换状态,分析发现会泽铅锌矿床中镓的含量为 $(0.42\sim24.52)\times10^{-6}$,平均含量为 4.31×10^{-6};黄铁矿的镓的含量为 $(0.10\sim0.76)\times10^{-6}$,平均为 0.28×10^{-6}。由此可见,Ga 主要富集于闪锌矿内,较黄铁矿中的含量高约 1~2 个数量级。

在原生矿石样品中镓的含量 $(0.89\sim2.96)\times10^{-6}$,平均为 1.90×10^{-6},低于闪锌矿但高于黄铁矿的相应值。氧化矿石的镓含量介于 $(0.41\sim2.27)\times10^{-6}$ 之间,平均为 0.91×10^{-6}。与原生矿石相比,镓的丰度未发生明显变化。表明在氧化作用过程中,镓未发生显著的迁移,而是原地或就近富集于氧化带内。

2.3.4.2　铝土矿床

我国铝土矿中镓的含量高于地壳中的平均值,接近 27 倍,与世界铝土矿相比,镓的含量明显较高。铝土矿中镓的含量见表 2-6,不同地区铝土矿中镓的含量见表 2-7。

表 2-6　铝土矿中镓的含量

地壳中平均值	铝土矿中平均值	
	世　界	中　国
15×10^{-6}	71.4×10^{-6}	74×10^{-6}

表 2-7　不同地区铝土矿中镓的含量

桂滇地区	康滇地区	杨子地台	塔里木地块	华北地台	华南地区
58×10^{-6}	46×10^{-6}	118×10^{-6}	31×10^{-6}	74×10^{-6}	24×10^{-6}

铝土矿中的微量元素含量与下伏岩石有一定关系,由于成岩后生及表生作用中的地下水活动,使某些元素发生了迁移或交代、填充和吸附等现象。同时在同一岩性上铝土矿中的微量元素含量也可不同。

我国铝土矿中微量元素含量与其成矿时代也有相当密切的关系,随着时代的变迁,镓的含量呈直线降低,不同时代铝土矿中镓的含量见表 2-8。

表 2-8　不同时代铝土矿中微量元素镓的含量

时代 元素	古　生　代				中新生代	
	C_1	C_2	P_1	P_2	M_Z	K_Z
Al	477×10^{-6}	623×10^{-6}	665×10^{-6}	1090×10^{-6}	181×10^{-6}	190×10^{-6}
Ga	118×10^{-6}	74×10^{-6}	61×10^{-6}	60×10^{-6}	41×10^{-6}	24×10^{-6}

镓和铝在地球化学参数方面有许多相似性,常以类质同象形式进入含铝矿物中,在铝土矿中密切共生,它们常呈正比或定比的关系,因此,可以预料铝土矿与其母岩之间在 Ga/Al_2O_3 方面一定具有某些相似性。

我国部分铝土矿和基底岩中镓和氧化铝的比值见表2-9。华南某地玄武岩与其风化形成的铝土矿在 Ga/Al_2O_3 比值上很接近。在贵州修文、团溪和湖北张家泉等地的沉积铝土矿中，Ga/Al_2O_3 与基底岩石中的非常相近，说明这些地区铝土矿主要来源于基底岩石。广西平果、山西孝义、贵州新站等地铝土矿中 Ga/Al_2O_3 与基底岩石中的相差都比较大，说明这些地区铝土矿的物质来源主要不是基底灰岩，可能是古陆铝硅酸盐岩石。

表2-9 我国部分铝土矿和基底岩中镓和氧化铝的比值

产地	克俄		团溪		修文		平果		张家泉		新站		华南	
样品名称	铝土矿	灰岩	铝土矿	灰岩	铝土矿	灰岩	铝土矿	灰岩	铝土矿	黏土质砂岩	铝土矿	灰岩	铝土矿	玄武岩
样数	4	1	6	1	2	1	3	1	2	1	1	1	3	3
Ga/Al_2O_3	1.2×10^{-4}	2.1×10^{-4}	2.3×10^{-4}	2.2×10^{-4}	1.2×10^{-4}	1.5×10^{-4}	1.2×10^{-4}	3.8×10^{-4}	1.3×10^{-4}	1.3×10^{-4}	2.0×10^{-4}	22.4×10^{-4}	1.3×10^{-4}	1.5×10^{-4}

贵州是中国重要的铝土矿产地之一，其成矿地质条件有利，资源丰富。南起贵阳到青镇一线及凯里-黄平，向北经修文、息烽、开阳、遵义、正安、道真、务川，直至渝南川等地，构成长约370km的黔中-渝南铝土矿成矿带。

通过对贵州铝土矿的矿床成因类型、含矿岩性、分布、分类和沉积相等进行详细的地质调查研究，认为铝土矿成矿过程中，镓得到了富集。镓在铝土矿石中含量最高，一般为 $(21.88\sim72.59)\times10^{-6}$，平均 35.46×10^{-6}。

不同类型铝土矿中，镓含量由高至低依次为：高铁富铝铝土矿 > 石叶鲕状铝土矿 > 石叶土状铝土矿 > 石叶碎屑型铝土矿石。

高岭土黏土岩中镓含量相对较高，为 $(11.74\sim33.96)\times10^{-6}$，平均 24.04×10^{-6}，且铝土矿层上部高岭石黏土岩中镓含量略高于下部高岭石黏土岩。铝土矿含矿岩系底部紫红色铁质黏土岩中也含有一定镓（21.03×10^{-6}），硅质岩和风化残留白云岩中镓含量最低，一般低于 10×10^{-6}。某地铝土部分主元素与镓等伴生元素的相关系数见表2-10。

表2-10 某地铝土矿部分主元素与镓等伴生元素的相关系数

项目	SD_2	TD_2	Al_2O_3	TFe_2O_3	Al/Si	Se	V	Ga	Ge	Nb	Li
ΣREE	-0.43 (-0.66)	0.55 (0.77)	0.52 (0.73)	-0.24 (-0.34)	0.23 (0.30)	0.27 (0.05)	0.08 (0.02)	0.17 (0.23)	0.29 (0.38)	0.14 (0.18)	0.03 (-0.34)
Li	0.29 (0.16)	0.08 (-0.04)	0.14 (0.02)	-0.08 (-0.14)	-0.15 (-0.18)	0.42 (0.16)	0.11 (-0.02)	0.05 (-0.04)	-0.17 (-0.23)	-0.02 (-0.05)	
Nb	-0.08 (-0.15)	0.37 (0.32)	0.3 (0.25)	-0.09 (-0.11)	0.98 (0.98)	-0.15 (-0.23)	-0.19 (-0.26)	0.71 (0.70)	0.95 (0.96)		
Ge	-0.18 (-0.26)	0.53 (0.48)	0.46 (0.39)	-0.12 (-0.15)	0.98 (0.98)	-0.13 (-0.21)	-0.14 (-0.21)	0.72 (0.71)			
Ga	-0.20 (-0.38)	0.58 (0.48)	0.61 (0.51)	0.42 (0.42)	0.69 (0.69)	0.40 (0.38)	0.49 (0.44)				

续表 2－10

项目	SD_2	TD_2	Al_2O_3	TFe_2O_3	Al/Si	Se	V	Ga	Ge	Nb	Li
V	－0.17 （－0.35）	0.34 （0.25）	0.46 （0.40）	0.76 （0.79）	－0.20 （－0.25）	0.83 （0.91）					
Se	－0.13 （－0.39）	0.42 （0.38）	0.51 （0.49）	0.56 （0.62）	－0.17 （－0.24）						
Al/Si	－0.19 （－0.24）	0.46 （0.43）	0.39 （0.34）	－0.14 （－0.16）							
TFe_2O_3	－0.04 （－0.07）	－0.13 （－0.23）	－0.03 （－0.11）								
Al_2O_3	－0.37 （－0.7）	0.98 （0.97）									
TD_2	－0.38 （－0.69）										

注：括弧内数字仅为铝土矿石和高岭土黏土岩样品的相关系数计算结果（$n=11$）。

矿区各类岩石相关分析表明，Ga 与 Al_2O_3、Al/Si 和 TiO_2 正相关，19 个样品相关系数分别为 0.61，0.6 和 0.58。在铝土矿石和高岭土黏土岩中（$n=11$），Ga 与 Al_2O_3、Al/Si 和 TiO_2 正相关系数分别为 0.51，0.69 和 0.48。

不少学者认识到镓和铝的地球化学性质很接近，因而在考查不同岩石、矿产中镓的地球化学特征时很注意镓、铝比值（$Ga\times10^4/Al$，用 *KGA* 表示）特点。大量事实表明，无论是岩浆作用和表生作用带内，Ga、Al 之间的联系均相当紧密。在各种岩石和多种沉积矿产中有着令人惊异的稳定的 *KGA* 值。

豫西地区沉积地层发育比较齐全，赋存于中石炭统本溪组的铝土矿资源相当丰富，属典型的地台沉积成因。豫西地区的铝土矿含有丰富的镓资源，研究发现元素镓在铝上矿石的赋存形式主要为类质同象置换的形式存在于矿物的晶格中，部分以吸附的形式存在于粘上矿物微粒和铝、铁的氢氧化物表面。

豫西地区的铝土矿成矿的地质条件有利，资源十分丰富。区内铝土矿有以下特点，矿床成因类型单一，主要是地台型沉积的一水硬铝石铝土矿，矿物成分主要为硬水铝石，其次为高岭石和含铁含钛矿物。化学成分为高铝、高硅和低铁，镓的含量较高，一般为 0.004%～0.015%。已知富镓（0.009%）的矿区有张窑院、曹窑、杜家沟、夹沟和小寨等。镓的一般含量是克拉克值（0.0015%）的 4～5 倍，是工业指标下限（0.003%～0.004%）的 2～3 倍。与国外铝土矿相比，镓含量也偏高。前苏联铝土矿中镓一般为 0.005%～0.007%，匈牙利为 0.004%～0.009%，印度平均为 0.006%。

在铝土矿中，镓的赋存形式为以类质同象置换的形式进入矿物晶格中（置换矿物中的铝、部分二价铁离子和四价钛离子），在黏土微粒中被铝、铁的氢氧化物所吸附。图 2－2 所示为豫西地区镓在矿石中的分布。

由图 2－2 看出，在区域上，由西向东，镓在不同铝土矿区的矿石中平均质量分数变化显著。在矿体平均厚度最大的张窑院矿区，镓的平均含量最高。另外，图中曲线的变化趋势基本一致，这说明在空间变化上，铝土矿中氧化铝的质量分数和矿体平均厚度表现出相关性，即具有同步消长性。二者在很大程度上决定了铝土矿中镓的质量分数。图 2－3 所示为豫

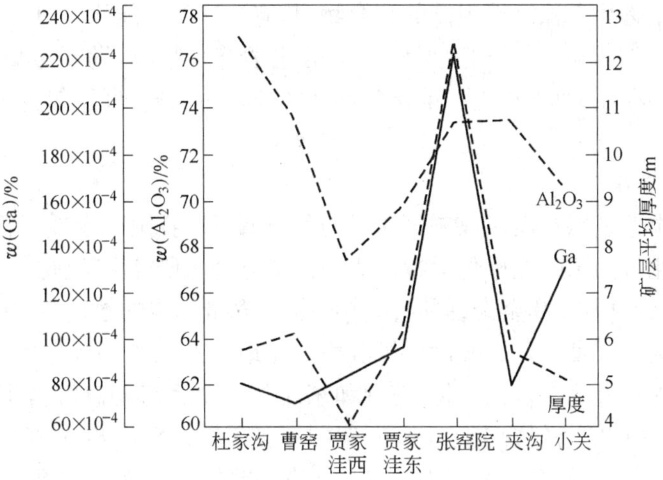

图 2-2　豫西地区镓在矿石中的分布

西地区铝土矿石结构类型与镓含量的关系。

图 2-3 表明，不同结构类型的矿石，例如蜂窝状和土状矿石中，镓的质量分数较高且致密，而豆鲕状矿石中，镓的质量分数较低。可以推测，矿石中镓质量分数的变化与铝土矿所遭受的风化淋滤作用的时间和强度有关。铝土矿形成的极有利的地理条件是潮湿和炎热的气候，在这种条件下，铝土质沉积物因遭受长期的风化淋滤作用，沉积物中的硅、铁等杂质元素逐渐被淋滤流失，矿石中的铝发生相对富集，从而提高了矿石的品位。

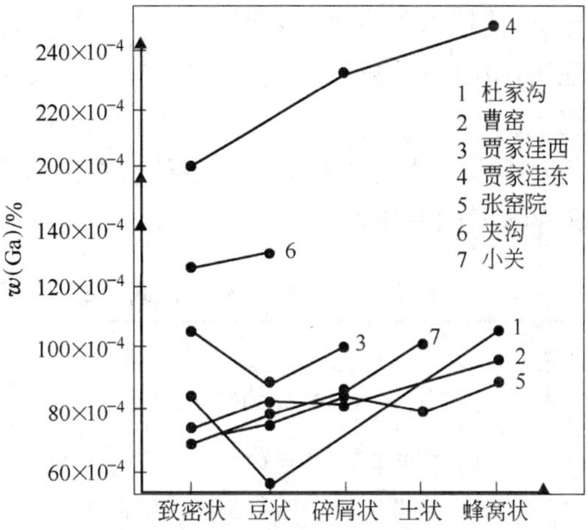

图 2-3　豫西地区铝土矿石结构类型与镓含量关系

镓在岩石和矿石中的质量分数基本上是受铝的质量分数所控制，所以，在表生风化作用的过程中，矿石结构类型由致密状和块状转变为土状和蜂窝状，矿石中的镓元素也发生了富集作用。

不同矿物和岩石中的镓含量见表 2-11。表 2-11 的分析表明，高岭石中镓的含量很低，而硬水铝石中的镓含量较高(达 0.10%)。

表 2-11　不同矿物和岩石中的镓含量

项　目	硬水铝石		高岭石		硅质黏土		灰　岩	
Ga/(μg/g)	105	95	19	17	13	11	10	<10
样品个数	2	4	2	1	1	1	1	1

虽然镓与铁(Fe^{3+}的离子半径为 0.064nm)的地球化学参数也很相近，但镓在风化和沉积作用过程中与铝相比远比铁亲近，它主要是追随铝氧化物而不是铁的氧化物。因为在某些富氧化铁的铝土矿石中，镓并未显著富集，所以，一水铝石比三水铝石中的镓含量高。

腐殖酸作为生物化学稳定性很高的化合物，具有活泼的官能团（—COOH，—OH 等），它能选择性地结合 Fe^{3+}、Al^{3+} 离子等，形成稳定的化学螯合物，有助于金属元素的迁移与富集。所以腐殖酸的存在，对于铝土矿的富集和钛的迁移与富集，可能起到一定程度的促进作用。

2.3.4.3　煤矿床

国内外文献报道了镓在煤或煤灰中含量的分布情况。我国西南晚二叠世煤田中镓的分布特征和煤层氧化带内镓的地球化学特征作一初步讨论。研究区范围达 10 余万平方公里，引用的煤中镓含量数据 4000 余个，同时作有 Ga，Al 含量测定的数据 2400 余对。

我国西南地区广泛发育晚二叠世含煤沉积。盆地西部以陆相和过渡相沉积为主，沉积物质来源于川滇古陆玄武岩风化产物，东南和东北部主要为海相碳酸盐沉积。根据大量的测定数据，玄武岩中镓的一般含量为 18g/t，铝的一般含量为 8%，*KGA* 值在 2.2 左右。

镓是典型的分散元素，在岩浆岩中的最主要存在形式是以类质同象取代铝而潜藏于含铝矿物中。岩浆岩在湿热气候下风化时，铝、镓等元素具有较大的惰性，绝大部分转到残积物中。同时，根据大量的实测资料，在各类沉积岩中 *KGA* 值比较稳定且与岩浆岩 *KGA* 值相当接近，使得以往的研究者形成了一种看法，即在表生风化和沉积作用中微量的镓如内生高温地质作用一样，再次隐藏在性质与之相近的丰度大的铝中，在表生作用带内二者共同迁移和沉积。

对本区古风化壳和煤系中各种岩石的化学组成分析结果，同样证明上述见解成立（见表 2-12、表 2-13）。

表 2-12　玄武岩古风化壳中铝、钛和镓元素的积累

层　序	岩　性	Al/%	TiO_2/%	$Ga/g \cdot t^{-1}$	*KGA*
4	具残余结构之灰白色铝土质泥岩	16.22	9.33	56.0	3.45
3	紫红色凝灰质泥岩	11.99	4.75	39.0	3.25
2	灰绿色玄武岩，略受风化，顶部为暗紫色凝灰质泥岩	9.53	3.85	26.0	2.73
1	新鲜玄武岩	8.37	3.28	18.3	2.19

表 2-13　基底玄武岩及煤系中各类岩铝、镓和钛的含量及地球化学特征值

岩石名称	样品数	元素含量			地球化学特征值			备　注
		Al/%	$Ga/g \cdot t^{-1}$	TiO_2/%	SiO_2/Al_2O_3	Al_2O_3/TiO_2	*KGA*	
玄武岩	3	7.74～9.53 8.55	18.3～26.0 22.8	3.03～3.85 3.39	2.6～2.7 2.6	4.66～4.83 4.77	2.19～3.10 2.67	
铝土质泥岩	10	16.55～20.67 19.00	50.5～84.3 69.7	1.95～10.56 7.34	1.25～1.49 1.33	3.29～18.5 6.71	2.63～4.26 3.26	灰分大于 50%，元素含量按除去有机质后计算
黏土岩及砂岩泥岩	13	9.50～18.91 15.50	24.0～77.9 46.2	0.85～7.38 5.00	1.30～2.40 1.81	4.09～32.1 8.70	1.65～4.12 3.07	
炭质泥岩	6	6.15～12.07 9.75	24.0～48.1 33.7	1.56～4.49 2.64	2.2～5.5 3.65	5.1～13.1 7.64	2.84～3.99 3.46	

基于这样的认识,古风化壳产物经机械搬运带入泥炭沉积盆地内,就一般情况而言,在后来形成的煤中应该具有较稳定的 *RGA* 值并与母岩和古风化壳 *KGA* 值接近。事实上,研究区内镓、铝在煤中分布的情况有很大出入,其特点如下:

(1)煤具有明显的富镓倾向。大多数的点均分布在 *KGA* 值大于 2.2 的区间内。

(2)镓在煤灰中含量的相对变化幅度较铝的含量变化幅度大得多。镓、铝分离趋势表现强烈,*RGA* 值从 0~20 以上均有分布。

(3)*KGA* 值最密集的分布在 3~4 区间。镓、铝在煤中分布的上述特点在其他时代、其他地区的煤中也有不同程度的显示(见表 2-14,表 2-15)。对于造成这种分布特点的原因,可以从镓、铝的地球化学性质和泥炭沉积的地球化学环境两方面去寻找。

表 2-14 不同地区煤中镓含量分布的比较

地 区	项 目	煤灰中镓含量/$g \cdot t^{-1}$			总 计
		100~1000	小于 100	未查出	
中 国		晚二叠世沉积:			
	测定样数/件	374	2420	5	2781
	分布频率/%	13.4	86.4	0.2	100
		中、新生代沉积:			
	测定样数/件	10	702	3	715
	分布频率/%	1.4	98.2	0.4	100
前苏联		石炭纪沉积(顿巴斯):			
	测定样数/件	36	620	97	753
	分布频率/%	4.4	82.5	13.1	100
		其他矿区:			
	测定样数/件	28	492	44	564
	分布频率/%	4.9	87.3	7.8	100

表 2-15 不同时期煤中镓含量分布的比较

沉积时代	项 目	煤的 *KGA* 值分布				总 计
		小于 2.2	2.2~4.0	4.0~6	大于 6	
晚二叠世	样品数/件	304	1103	528	120	2055
	分布频率/%	14.8	53.7	25.7	5.8	100
中、新生代	样品数/件	15	230	39	8	292
	分布频率/%	6.1	78.8	13.4	2.7	100

根据煤灰中镓含量在沉积盆地空间上的变化,表征镓、铝分离程度的 *KGA* 值的大小和镓在煤中的赋存状态等特点,可以区分出镓在煤中分布的三种成因类型:

(1)风化壳型。风化壳型分布于靠近古陆剥蚀区一侧的沉积盆地的边缘地带。这一带煤中矿物杂质绝大部分是蚀区风化产物经机械搬运进入到泥炭沼中沉积下来的。由于沉积分异作用,煤中矿物质组成与风化壳残积物有明显的差别,其特点是除了有一定数量的黏土物质外,还有较多的粉砂粒级的石英、玉髓矿物碎屑。该区煤中的镓绝大部分存在于煤的矿物质中,这是因为镓的含量直接受煤中矿物质的铝含量控制。如果有相当数量的镓存在于煤的有机物中,则低灰分煤中有较高的 *KGA* 值。计算了该区 5 个矿区内煤中镓、铝含量相关系数和经验回归方程(见表2－16)。

表2－16　煤中镓、铝含量相关系数和经验回归方程

矿区编号	样品数	铝含量(灰中)/%	镓含量/g·t^{-1} 煤中	灰中	*KGA*	S_{Ga}^2	S_{Al}^2	$S_{Ga \cdot Al}$	$\gamma_{Ga \cdot Al}$	*a*	*b*	经验回归方程
1	38	1.61～11.60 6.31	4.1～17.8 7.8	11.1～44.8 22.9	2.25～7.77 3.63	2288.0	179.0	604.5	0.944	0.264	0.26	Al＝0.264Ga×10^4＋0.26
2	27	1.62～11.35 5.65	3.0～14.0 6.8	8.3～56.4 25.3	2.3～6.7 4.32	3079.0	180.6	669.3	0.898	0.217	0.15	Al＝0.217Ga×10^4＋0.15
3	57	3.45～14.35 7.88	3.7～23.8 8.5	9.1～50.5 29.5	2.53～4.97 3.69	4276.7	308.3	1011.4	0.888	0.237	0.88	Al＝0.237Ga×10^4＋0.88
4	50	3.83～17.08 9.26	4.1～19.3 8.32	18.2～61.2 35.2	2.46～6.41 3.85	6033.0	381.8	1203.6	0.814	0.1995	2.44	Al＝0.1995Ga×10^4＋2.24
5	78	4.02～15.78 8.80	3.8～29.0 8.1	13.7～64.7 31.9	1.47～6.81 3.68	7878.0	500.5	1710.1	0.862	0.217	1.88	Al＝0.217Ga×10^4＋1.88

从表2－16看出,各矿区煤的平均*KGA*值在3.63～4.32间,差别较小,镓、铝含量密切相关,相关系数(r(Ga)、r(Al))均在0.8以上,各矿区的以煤灰中Ga、Al含量建立的经验回归方程系数(a、b)也很接近,这一切表明,控制各矿区煤中镓含量的主要因素是一致的。

研究发现,玄武岩中铝硅酸盐矿物风化形成一系列黏土矿物时,以类质同象形式取代铝而潜藏的镓不仅得以保存,而且还能选择吸附一部分铝硅酸盐分解时随铝一道进入溶液的微量的镓离子,使风化残积物中镓含量增加和*KGA*值增大。当这些黏土矿物(包括($SiO_2 \cdot nH_2O$)经水流搬运并在泥炭沼泽中再沉积,镓、铝也未发生分离,沉积物(包括煤)的*KGA*值保持着相对的稳定。但是,由于风化壳发育过程对镓的富集有限,导致在这种类型的煤中,镓不可能富化,煤灰中镓含量一般仅在30g/t左右,难于直接回收利用。

(2)同沉积富镓型和同沉积贫镓型。此类型沉积发生于泥炭沼泽的腹地,煤中镓含量发生两极分化:同沉积富镓型煤中镓含量显著富化,煤灰中镓含量可达数百克/吨,*KGA*值普遍在5以上,部分可达20以上。同沉积贫镓型煤中的镓则大为贫化,有的煤灰中甚至查不出镓的存在。

这两种分布类型在成因上存在密切联系,并且互为因果关系。对现代泥炭沼泽的研究表明,泥炭沼泽介质的pH值影响到镓的富集,原因是镓、铝氢氧化物沉淀的pH值不同(在实验室条件下,$Ga(OH)_3$在pH值为3.4时开始沉淀,$Al(OH)_3$在pH值为4.14时开始沉淀)。因此,当pH值略有增加,镓即首先析出,这就促成了镓、铝的分离和在不同地区的泥炭(煤)中镓的富化或贫化。

在一个大型沉积盆地内,同沉积富镓型煤所占比例并不大,但它常集中出现于一定矿区的某些煤层中。经洗选以后,在轻组分的煤灰中镓含量可达每吨数千克,因此本类型煤具有回收镓的重要价值。同沉积富镓型煤有以下特征:

(1)*KGA*值普遍高于5,部分可达20以上。

(2)同一煤层或同一煤层剖面上的不同煤分层间镓含量变化较大,可相差数倍至十余倍。

(3)镓与煤及有机物联系紧密。煤中镓表现出亲有机物倾向,同时还发现镓、锗同时在煤中强烈富集的现象。同沉积贫镓型的特点是镓含量很低，有时甚至查不出镓的存在，*KGA*值普遍小于3，部分地区小于1。

2.4 镓的储量

镓的最佳工业矿床有河南巩县的铝土矿、广东凡口（韶关）的铅锌矿、广东大宝山（韶关）的多金属矿，四川攀枝花的钒钛磁铁矿、江西德兴的硫化铜矿、吉林大黑山的硫化钼矿、四川永川的煤矿和云南个旧的锡矿。在我国河南、吉林、山东和广西等省、自治区，镓主要赋存在铝土矿中，黑龙江、云南等省的镓主要赋存在煤矿或锡矿中，而湖南、江西等省的镓则主要赋存在闪锌矿中。值得一提的是，我国攀枝花的钒钛磁铁矿中镓的品位为0.0014% ~ 0.0028%，平均值为0.0019%，基本与铝土矿中镓的品位相近。

2.5 镓的新矿床

近期在我国内蒙古地区发现了一个世界上独特的、与煤伴生的超大型镓矿床，镓的储量是我国目前探明储量的8.5倍，并将全世界镓的工业储量一举提高将近一倍。研究发现，准格尔超大型镓矿床发现的镓主要源于物源区本溪组铝土矿，而后在泥炭沼泽的弱还原环境中进一步富集，是镓“富集—搬运—再富集”作用的结果。

矿床内镓的主要载体极为罕见，是煤中超常富集、镓含量均值达0.09%的一水软铝石。当然最为难得的还是准格尔镓矿床的品位、含量及丰富的伴生资源，准格尔镓矿床内镓含量达到44.8μg/g，主采分层中镓含量均值达到51.9μg/g，超过了煤中镓的工业品位(30μg/g)且这样的分层厚度占到整个煤层的81.9%。内蒙古准格尔矿床的发现对稀散元素成矿理论是一个重大贡献，对研发新型的矿床资源也具有重要的指导意义。

2.5.1 准格尔镓矿床的富集特征

在对准格尔煤田4个矿区大量地质勘探（钻孔）资料与煤质资料分析的基础上，结合实采煤样的测试结果，分析研究区煤中镓(Ga)的分布特征、赋存状态和富集机理后发现：镓显示不同的富集特征，镓主要赋存在勃姆石中，还可能赋存在高岭石中，与硫酸盐硫在成因上有一定的联系。镓的富集成因主要与物源区母岩的成分、沉积环境和古气候条件有关，后生淋滤作用和地下水的活动也是造成镓富集的另一因素。

煤中镓在各矿区不同煤层中的平均含量见表2－17。中国煤和其他国家煤中镓的平均含量的有关比值见表2－18。

表2－17 各矿区不同煤层中镓的平均含量 (μg/g)

煤层	东孔	龙王沟	黑岱沟	南部	平均
3	32.5	12.5	19.4	—	21.47
5	19.93	20.0	18.9	17.5	19.08
$6_{上}$	—	25.36	18.0	11.9	18.42
6	17.4	19.81	18.6	13.7	17.38
8	25.32	19.69	25.0	24.3	23.58
9	25.18	20.1	25.9	19.7	22.72

表 2 – 18　中国煤和其他国家煤中镓的平均含量　（μg/g）

中国总平均及各时期平均含量[5]						美国	英国	世界
C – P	P_2	T_3	J_{1-2}	J_3-K_1	总平均			
9.88	8.03	9.48	2.79	7.48	6.52	5.4[6]	3.42[7]	6.0[8]

注：C – P 为石炭 – 二叠纪；P_2 为晚二叠纪；T_3 为晚三叠纪；J_{1-2} 为早侏罗 – 中侏罗纪；J_3-K_1 为晚侏罗 – 早白垩纪。

通过对比发现，准格尔煤田镓明显富集。在 3、5、$6_上$、6、8 和 9 煤层中，镓的平均含量分别是中国煤平均含量的 3.30、2.92、2.82、2.66、3.61 和 3.48 倍，是世界煤的 3.58、3.18、3.07、2.90、3.93 和 3.79 倍。

在东孔兑远景矿区的 3 煤层平均含量高达 32.5μg/g（超过镓的边界品位 30μg/g）。该矿区的 8 和 9 煤层、龙王沟矿区的 $6_上$ 煤层、黑岱沟矿区的 8 和 9 煤层，镓的平均含量分别达到 25.32μg/g，25.18μg/g，25.36μg/g，25.0μg/g 和 25.9μg/g。

2.5.2　准格尔镓矿床中镓的赋存状态

通过对镓和煤中硫、磷和灰分做统计分析和测试分析发现如下。

2.5.2.1　镓与硫酸盐硫的联系

硫主要以黄铁矿硫的形式存在，其次为有机硫和硫酸盐硫。镓与全硫、硫酸盐硫正相关，相关系数分别为 0.617 和 0.671。镓与黄铁矿硫同样正相关，而与有机硫和磷负相关，但相关系数均不大。这说明镓在煤中的赋存状态主要以无机矿物的形式存在，分析认为可能与硫酸盐硫在成因上有一定的联系。

2.5.2.2　镓与灰分正相关

镓与灰分正相关，相关系数为 0.678，镓含量随灰分的增大而增加。灰分中主要成分为 Al_2O_3 和 SiO_2，两者与灰分的相关系数分别为 0.739 和 0.616。

2.5.2.3　镓与铝的联系

黑岱沟矿区 6 煤层所取的煤样通过 X 射线衍射仪测试发现：煤中镓主要赋存在无机矿物中，且主要是含铝矿物。煤样中存在数量不等的勃姆石，镓含量随勃姆石含量的增加而总体增加。分析认为勃姆石是准格尔煤中镓的主要载体。

镓与铝地球化学性质较接近，所以微量元素镓以类质同象形式进入含铝的矿物晶格中，而含铝多为造岩矿物，所以煤中镓具有无机亲和性、与煤灰分正相关并与煤中铝的含量联系紧密。

从所测试的黑岱沟矿区 6 煤层分层样两者数据来看，铝与镓呈显著正相关性关系（见图 2 – 4），铝的氢氧化物（勃姆石）是造成煤中镓高含量的原因。

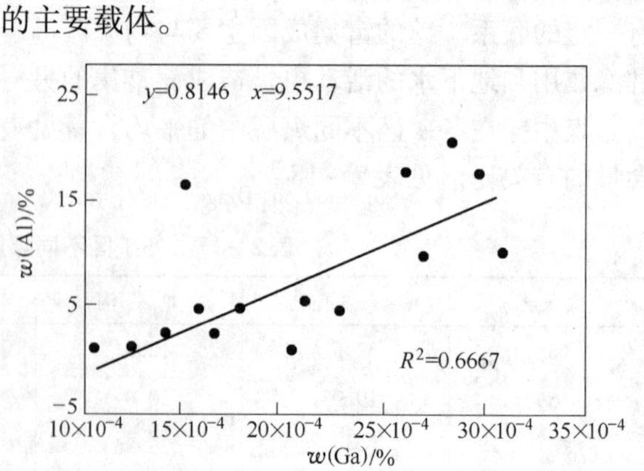

图 2 – 4　黑岱沟矿区 6 煤层 Al 与 Ga 的相关性

2.5.2.4　镓与钾的联系

研究发现黑岱沟矿区 6 煤层中勃姆石并非是镓的唯一载体矿物，镓与钾存在显著的正相关关系，相关系数比镓与铝高（见图 2 – 5）。

镓可能还富集在高岭石和有机质中。

2.5.3 准格尔镓矿床中镓的富集因素

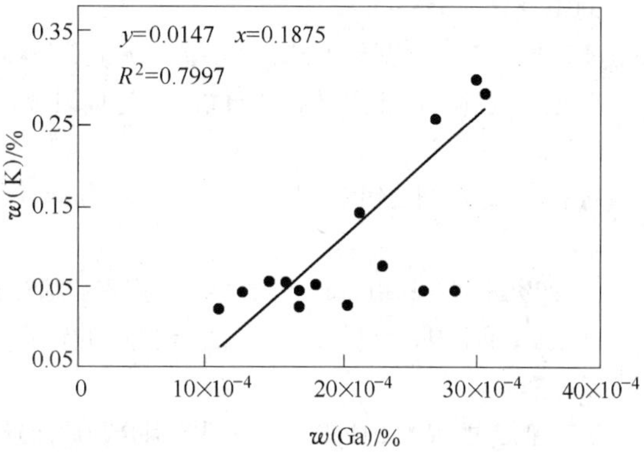

图 2－5 黑岱沟矿区 6 煤层 K 与 Ga 的相关性

煤中微量元素富集的因素主要有三种:原生、次生和后生,但具体到某一个微量元素,它可能是多期因素影响的结果,分析煤中镓富集的因素主要有以下几点:

(1)镓的富集在宏观上受物源区的控制。根据镓含量在沉积盆地空间上的变化,将其分为风化壳型、同沉积富镓型、同沉积贫镓型,盆地沉积过程中适宜的介质的地球化学环境有利于镓的富集。

(2)勃姆石形成主要与成岩阶段的弱酸性与弱氧化至弱还原的介质环境有关,勃姆石在泥炭沼泽中更易形成。在该环境下三水铝石胶体溶液在上覆沉积物的压实作用下,发生脱水作用形成勃姆石。

(3)水动力条件、酸碱程度、物质来源是控制煤中镓富集的关键地质－地球化学因素,镓在煤层下的相对富集主要在于这三方面因素的有利组合。

(4)后生淋滤作用和地下水活动,煤中镓在薄煤层和煤层顶底板富集。

准格尔煤中镓的富集有原生和后生两种因素的影响。镓主要来源于铝土矿。准格尔矿区煤系地层中与煤共生的黏土矿物非常发育,煤层中和煤层顶底板高岭土矿都有存在。后生淋滤作用和地下水的活动是造成准格尔煤中镓富集的另外一个因素。

参 考 文 献

[1] 刘英俊,曹励明,李兆麟,等. 元素地球化学[M]. 北京:科学出版社,1984.

[2] 牟保磊. 元素地球化学[M]. 北京:北京大学出版社,1999.

[3] 赵振华. 微量元素地球化学原理[M]. 北京:科学出版社,1997.

[4] 高振敏,李朝阳. 分散元素地球化学研究[A]. 中国科学院地球化学研究所,资源环境与可持续发展[C]. 北京:科学出版社,1999.

[5] 欧阳自远. 中国矿物学岩石学地球化学研究新进展[C]. 兰州:兰州大学出版社,1994.

[6] Zhuang Hanping, Lu Jialan, Fu Jiamo, Liu Jinzhong. Lin－cang Superlarge Gemanium Deposit in Yunnan Province, China: Sedimentation, Diagenesis, Hydrothermal Process and Mineralization[J]. Joumal of China University of Geosci－ences, 1998, 9(2): 129～136.

[7] Simon G, Kesler S E, Essene E J. Phase Relations Among Selenides, Sulfides, Tellurides, and Oxides. 2. Applications to Selenide－bearing Ore Deposits[J]. Econ. Geol. Bull. Soc., 1997, 92(4): 468～484.

[8] 周令治,陈少纯. 稀散金属当前态势[J]. 材料研究与应用,2007,1(2):82～87.

[9] L. S. Geolonical Survey. Mineral Commdity Summaries. http://minerals. uses. nov/minerals/pubs/mcs/index. html, 2006－9－14.

[10] 涂光炽,高振敏,胡瑞忠,等. 分散元素地球化学及成矿机制[M]. 北京:地质出版社,2004.

[11] 刘长龄,覃志安. 我国铝土矿中微量元素的地球化学特征[J]. 沉积学报,1991,9(2):25～33.

[12] 董家龙. 贵州铝土矿基本地质特征及勘查开发的思考——以凯里黄平铝土矿为例[J]. 矿产与地质,

2004,18(6):555～558.
[13] 廖莉萍,练兵. 贵州铝土矿资源特征及矿业可持续发展建议[J]. 贵州地质,2004, 21(1): 67～70.
[14] 廖士范. 我国古生代铝土矿矿石结构构造成因命名及矿床命名问题[J]. 贵州地质,1991, 8(2):109～117.
[15] 刘平. 八论贵州之铝土矿黔中、渝南铝土矿成矿背景及成因探讨[J]. 贵州地质,2001, 18(4): 238～243.
[16]《矿产资源综合利用手册》编委会. 矿产资源综合利用[M]. 北京:科学出版社. 2000,823～827.
[17] 赵运发,元小卫,王智勇,等. 山西铝土矿稀有稀土元素综合利用评价[J]. 世界有色金属,2004 (6): 35～37.
[18] 李宏建,王丽芳. 山西铝土矿资源的综合利用前景[J]. 采矿技术,2002,2(1): 3～4.
[19] 付绍供. 扬子地块西南缘铅锌成矿作用与分散元素镉镓锗富集规律[D]. 成都:成都理工大学学位论文:2004.
[20] 周义平,任友谅. 西南晚二级世煤田煤中镓的分布和煤层氧化带内稼的地球化学特征[J]. 地质论评,1982. 1:47～55.
[21] 叶霖,潘自平,程增涛. 贵州修文小山坝铝土矿中镓等伴生元素分布规律研究[J]. 矿物学报,2008 (28)2:105～111.
[22] 吴国代,王文峰,秦勇,等. 准格尔煤中镓的分布特征和富集机理分析[J]. 煤炭科学技术,2009,37 (4):117～120.
[23] 代世峰,任德贻,李生盛. 内蒙古准格尔超大型镓矿床发现[J]. 科学通报, 2006 (2).
[24] 代世峰,任德贻,李生盛,等. 鄂尔多斯盆地东北缘准格尔煤田煤中超常富集勃姆石的发现[J]. 地质学报, 20(2).
[25] 李生盛,任德贻. 准格尔矿区主采煤层中铅和硒的异常高值与成因研究[J]. 中国矿业大学学报, 2006 (5).
[26] Dai Shi－feng, Li Dan, Chou Chen－lin, et al. Mineralogy and Geochemistry of Boehmite－Rich Coals: New Insights from the Haerwusu Surface Mine, Jungar Coalfield, Inner Mongolia, China [J]. International Journal of Coal Geology, 2008 (74).
[27] 任德贻,赵峰华,代世峰,等. 煤的微量元素地球化学[M]. 科学出版社, 2006.

3 冶金过程中镓的富集与走向

镓主要存在于铝土矿、铅锌矿、煤及钛铁矿中，在这些矿物的湿法、火法冶金过程中，镓得以富集。

3.1 铝土矿溶出过程中镓的富集与走向

镓和铝的地球化学性质十分相似，铝土矿中一般含镓0.003%～0.008%。目前世界上90%以上的镓是从氧化铝生产过程中作为副产品回收，其原因有三：(1)铝土矿储量丰富，氧化铝生产规模大；(2)铝土矿含镓高(平均0.005%)，而且镓在氧化铝生产过程的循环碱液中自然地得到富集；(3)从氧化铝生产过程中回收镓，具有方法简单、工艺流程短和成本低的优势。

在氧化铝生产过程中，镓主要是由铝土矿和煤带入流程。镓进入流程后，一部分镓进入循环母液随流程不断循环，镓浓度也随循环而不断提高，以至于达到或接近饱和，另一部分镓因随产品、废赤泥及其洗液、结垢和烟尘带走而损失。年产120万t氧化铝的镓的分配见表3－1。

表3－1　年产120万t氧化铝的镓的分配

名　称	单　耗	镓含量	名　称	单　耗	镓含量
铝土矿/t	1.817	89×10^{-6}	废赤泥附液/m^3	2.04	2.7mg/L
煤(灰分15%)/t	0.373	48×10^{-6}	种分/m^3	9.29	171mg/L
氢氧化铝/t	1.65	82×10^{-6}	碳分/m^3	1.02	100mg/L
废赤泥/t	0.805	14×10^{-6}			

在拜耳法处理铝土矿过程中，镓主要富集于蒸发母液中，而烧结法处理铝土矿时，镓则富集在碳酸化分解返回母液中。

3.1.1 拜耳法处理铝土矿过程中镓的富集和走向

目前，全世界生产的镓有90%从氧化铝生产过程中回收。采用拜耳法处理含铝土矿时，Al^{3+}以$Al(OH)_3$形态沉淀析出的pH值为10.6，而Ga^{3+}以$Ga(OH)_3$形态沉淀析出的pH值为9.7，且$Ga(OH)_3$的酸性较$Al(OH)_3$略强，所以Ga_2O_3的溶解度很大。

镓在拜耳法处理铝土矿过程中，晶种分解$NaAlO_2$(含Na GaO_2)溶液，产出分解后溶液(通称种分－返回母液)。经多次循环后，原料中80%～85%的镓富集于种分母液，此种分母液含镓一般达0.07～0.15g/L，有时高达0.3g/L，定期从中抽取部分溶液用以提取镓。氧化铝厂种分母液的主要组成见表3－2。

表 3-2　氧化铝厂种分母液的主要组成

名　称	质量浓度 $\rho(Ga)/mg \cdot L^{-1}$	质量浓度 $\rho(NaOH)/mg \cdot L^{-1}$	质量浓度 $\rho(V)/mg \cdot L^{-1}$	质量浓度 $\rho(Al)/g \cdot L^{-1}$
四蒸发母液	254	8.8	288	74.7
五蒸发原液	174	5.3	180	43
五蒸发母液	189	6.1	222	52
调配母液	260	8.32	256	64.5
精　液	209	5.93	172	120

在拜耳法工序中，铝土矿中镓与铝被碱溶解而分别以镓酸钠（$NaGaO_2$）及铝酸钠（$NaAlO_2$）入溶液，它们的主要化学反应是：

$$Al_2O_3 + 2NaOH \longrightarrow 2NaAlO_2 + H_2O \qquad (3-1)$$

$$Ga_2O_3 + 2NaOH \longrightarrow 2NaGaO_2 + H_2O \qquad (3-2)$$

镓在拜耳法过程中的分布见表 3-3。存在于 Al_2O_3 中的镓，在电解铝时会富集于阳极合金中。镓在拜耳法处理铝土矿过程中的走向如图 3-1 所示。

表 3-3　镓在拜耳法过程中的含量与分布

	进　料	产　出　物								
	铝土矿	$NaAlO_2$ 液	赤泥	返回母液	$Al(OH)_3$	Al_2O_3	电解铝	煤末	电解尘	阳极合金
镓含量/%	0.005 ~0.006	0.07 ~0.08g/L	0.002	0.08 ~0.3g/L	0.002	0.01 ~0.012	0.013 ~0.015	0.002 ~0.003	0.01 ~0.012	0.2
镓的分布/%	100.0	—	33	57	10	—	—	—	—	—

由图 3-1 可见，镓在铝土矿的拜耳法流程中主要富集在种分母液中，小部分进入氧化铝中。富集在种分母液中的镓可通过抽取母液提取，而进入氧化铝中的镓则在铝电解过程中富集在电解尘、炭渣和阳极合金中，这部分镓显然被分散，回收比较困难。

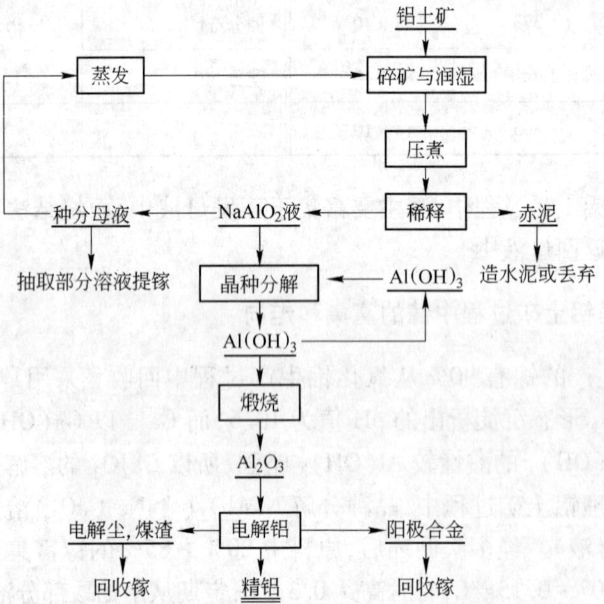

图 3-1　镓在拜耳法流程中的走向和富集

3.1.2 烧结法处理铝土矿过程中镓的富集和走向

当采用烧结法处理铝土矿时，铝土矿中的镓约有 83.5% 进入 $NaAlO_2$ 液，其化学反应为：

$$Al_2O_3 + Na_2CO_3 = 2NaAlO_2 + CO_2\uparrow \tag{3-3}$$

$$Ga_2O_3 + Na_2CO_3 = 2NaGaO_2 + CO_2\uparrow \tag{3-4}$$

镓主要富集在碳酸化分解返回母液（通称碳分/返回母液）中，其余的镓则随赤泥而流失。随着 Al_2O_3 生产过程中的碳酸化分解，$NaAlO_2$ 溶液中的部分镓会进入沉淀物 $Al(OH)_3$ 中，而大部分镓仍留在碳分母液里。镓在烧结法产出物中的典型含量及分布见表 3－4。烧结法处理铝土矿过程中镓的走向和分布见图 3－2。

表 3－4 镓在烧结法过程中的含量与分布

	进 料	产 出 物							
	铝土矿	$NaAlO_2$ 液	赤泥	白泥	碳分母液	$Al(OH)_3$	Al_2O_3	烧结窑尘	铝酸钙
含镓量/%	0.006 ~0.01	0.04 ~0.05g/L	0.002	0.002	0.03 ~0.06g/L	0.006	0.01	0.025	0.008
镓的分布/%	100.0	—	16.5	—	59.7	—	—	—	23.8

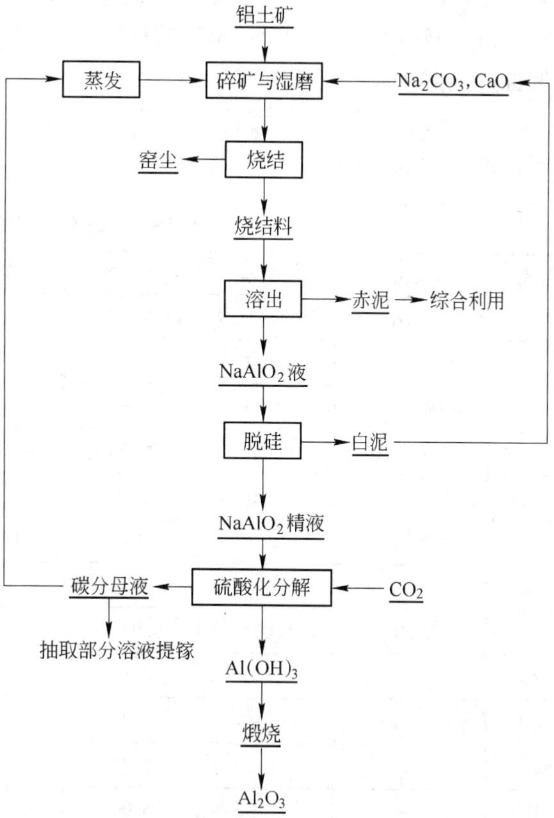

图 3－2 镓在烧结法流程中的走向和分布

在含镓脱硅精液进行碳酸化分解工序中，镓主要是在分解后期才部分地析出。所以碳酸化分解本身就是一次分离铝、富集镓的过程。碳分过程中镓的共沉淀损失取决于碳分作业条件，如果提高分解温度、添加晶种和降低通气速度可以减少碳分过程中的镓损失，使碳分母液中镓的浓度提高。当碳分条件适宜时，镓的损失约为原液中镓含量的 15% 左右。

碳分母液（含镓一般为 0.03 ~ 0.05g/L）送往第二次碳酸化分解的目的是使母液中的镓尽可能完全地析出，以获得初步富集镓的沉淀。因此这次碳分应在温度较低、分解速度快的条件下进行。

分解进行到溶液中的 $NaHCO_3$ 含量达 60g/L 左右为止，镓的沉淀率可达 90% 以上，导致镓不能全部沉淀的原因是镓在 $Na_2CO_3 - NaHCO_3$ 溶液中的溶解度较大。如果将浆液在逐渐降温的条件下搅拌，使镓的溶解度降低，将有助于提高镓的沉淀率。

需要指出的是，在表 3 - 1 和表 3 - 2 中分别列出了 Al_2O_3 中镓的分布：拜耳法生产的 Al_2O_3 中含镓占 0.01% ~ 0.002%，烧结法生产的 Al_2O_3 含镓量为 0.01%。

Al_2O_3 是铝电解的原料，在电解过程中，Al_2O_3 中的镓残留在阳极合金、电解槽中的碳粒和电解产生的粉尘中，它们也是提取镓的原料。

3.1.3　热解法综合利用明矾石的过程中镓的富集和走向

用还原热解法综合利用明矾石的过程中，镓含量及分布近似于拜耳法—烧结联合法，分解母液含镓大约 0.07 ~ 0.08g/L，蒸发母液中镓含量高至 0.14g/L。

3.1.4　电炉生产刚玉和电解硅铁过程中镓的富集和走向

刚玉烟尘与硅铁是回收镓的重要原料。在电炉生产刚玉的过程中，含镓 0.01% 左右的铝土矿中的镓近 60% ~ 70% 进入烟尘，可作为提取镓的原料。用 $FeCl_2 - NH_4Cl$ 电解脱硅硅铁，电解铁中仅含镓 0.0001%，而阳极泥可富集到含镓 0.1% 以上。

3.2　锌冶金过程中镓的富集和走向

锌冶金过程中，镓主要富集在渣中。ISP 渣中 95% 镓赋存于渣的方铁矿，而方铁矿又均匀分布在渣重 85% 的硅酸盐玻璃体中；锌浸出渣中 93.5% 以上的镓进入渣重 54% 的铁酸锌中；锌回转窑渣中 71% ~ 96% 的镓赋存于渣重 46% 的 $\alpha - Fe$ 及 Fe_yS_x 中；锌罐渣中近半的镓进入磁铁矿与磁赤铁矿中。

表 3 - 5 列出了锌冶炼渣的主要成分。显然，锌浸出渣、锌窑渣、ISP 炉渣、ISP 烟化渣和锌罐渣均为镓的原料。

表 3－5　锌冶炼渣的主要成分　　（%）

组分	锌浸出渣	锌窑渣	铅锌炉渣	锌烟化渣	ISP 炉渣	ISP 烟化渣	锌罐渣
Fe	26.8	48.4 ~ 51.9	17.4 ~ 18.1	19.8 ~ 20.5	25.3 ~ 27.2	33.01	14.06
Ga	0.003 ~ 0.010	0.032	—	—	0.031	0.033	0.0045
In	0.03 ~ 0.14	0.014	—	—	—	—	—
Ge	0.006 ~ 0.012	0.007	0.004	0.0006	0.0058	0.0026	0.0024
Pb	2.9 ~ 4.5	0.60	2.15	0.15	0.6 ~ 1.0	0.03	—
Zn	18.0 ~ 23.0	1.63	13.05	0.91	6.5 ~ 9.9	1.33	2.34
Cu	0.7 ~ 1.8	1.15	0.02	0.03	0.01	—	0.05
Ag	0.004	0.025	0.0013	0.0005	0.0035	—	—
As	0.06	0.92	0.14	0.11	0.35	—	0.09
Cd	0.2 ~ 2.4	—	0.01	0.01	—	—	—
Al_2O_3	—	6.65	7.85	11.88	7.10	9.67	5.13
MgO	—	2.53	5.09	5.84	0.49	1.38	—
CaO	—	4.71	12.92	14.28	17.27	17.33	4.80
SiO_2	8.0 ~ 12.0	18.60	28.12	34.32	18.95	20.68	9.06

每年锌冶炼渣达数百万吨之多,处理它们既消除占用土地存放与污染环境的危害,又回收综合利用镓、铟和锗等资源。

3.2.1 湿法炼锌过程中镓的富集和走向

在锌的提取中,全世界有80%是采用湿法冶金技术。锌浸出渣是湿法冶金的第一副产物,它含有铅、锌、银,还含有镓、铟和锗,是重要的提取镓的资源。表3-6列出了两厂家锌浸出渣的(部分)组分。

表3-6 锌浸出渣的(部分)组分 (质量分数/%)

厂家	Ga	In	Ge	Ag	Zn	Pb	Cd
1厂	0.02~0.04	0.04~0.09	0.062~0.09	0.018~0.02	16~18	1~3	0.3~0.4
2厂	0.03~0.019	0.032~0.14	0.006~0.012	—	22.15	2.94	—

锌浸出渣经过进一步处理,目的在于回收其中的有价元素。处理方法有多种,例如:火法-湿法联合法、二次酸浸法、还原焙烧—磁选分离—硫酸浸出法和二次酸浸法等,在处理中镓得到进一步富集。

3.2.1.1 火法-湿法联合技术

将锌浸出渣配入炭粒,投入回转炉中造渣($CaO/SiO_2 \leq 1$),并在1250℃下进行还原烟化,大部分镓、锗及铟进入烟尘。将其在pH值为8的条件下经Na_2CO_3水溶液洗涤、脱氯,烟尘中不溶于微碱的$MeCl_2$(如$CuCl_2$、$ZnCl_2$、BiOCl、$CdCl_2$、SbOCl及Hg_2Cl_2等)与Na_2CO_3作用生成碳酸盐沉淀而入洗渣。

上述脱氯尘用锌废电解液加少量K_2SO_4、$FeSO_4$浸出,控制终点pH值为5.5,使锌、镉入液而分离出去。滤后的中浸渣加入稀H_2SO_4及$CaSO_3$,在pH值为1的条件下还原酸浸,镓、铟和锗进入浸出液。经过滤后加单宁将锗沉出后,再加单宁得到含镓0.5%~25%和铟0.6%~12%的镓铟渣。控制温度在70~80℃,添加$CaSO_3 \cdot 2H_2O$的条件下用稀硫酸溶解镓铟渣,再将滤液用NH_3H_2O中和到pH值为4~4.2,镓与铟因水解而转入第二次中和渣。

将第二次中和渣用碱浸,铟则不溶而仍留在碱浸渣中,从而实现了镓与铟的分离。碱浸液用硫酸中和到pH值为6.5~7,镓以$Ga(OH)_3$形态沉淀析出,经盐酸溶解$Ga(OH)_3$后,采用萃取法提镓。图3-3所

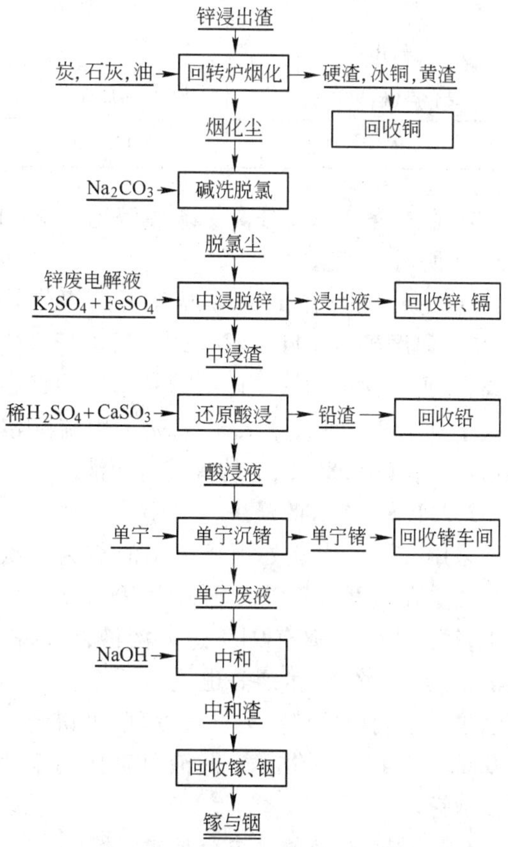

图3-3 火法-湿法联合技术提镓、铟、锗工艺流程

示为火法－湿法联合技术提镓、铟和锗工艺流程。

3.2.1.2　还原焙烧—磁选分离—硫酸浸出法

采用锌浸出渣、沸腾焙砂和挥发窑渣（锌浸出渣经回转窑挥发后产出的窑渣）三种混合物作为原料。原料的化学分析及物相分析结果分别见表3－7和表3－8。

镓主要赋存于铁氧化物中，其次存在于硅酸盐中。渣与添加剂混匀造团，球团干燥后，用无烟煤或焦炭作还原剂，在电炉内还原焙烧。置于还原性气氛中冷却，防止已还原的金属铁重新被氧化。冷却后，将焙烧渣与残炭分离并破碎、球磨和磁选分离，即到镓铁精矿和尾矿。最后对镓铁精矿采用硫酸浸出法回收镓。

表3－7　混合物料的主要化学成分

试　样	$w(Zn)/\%$	$w(Fe)/\%$	$w(Ga)/g \cdot t^{-1}$
焙　砂	55.2	8.33	351
浸出渣	18.3	20.35	543
窑　渣	8.2	26.38	554

表3－8　混合物料的物相组成

赋存矿物	焙砂中 $w(Ga)/\%$	浸出渣中 $w(Ga)/\%$	窑渣中 $w(Ga)/\%$
铁氧化物	55.84	56.72	53.97
硫化矿	2.85	4.60	8.66
结合态（硅酸盐等）	41.31	38.67	37.36
合　计	100.00	100.00	100.00

还原焙烧—磁选分离—硫酸浸出工艺如图3－4所示。

还原条件为：在1100℃温度下还原焙烧2h，烧渣研磨到200目以下占90%后进行磁选分离，得到富含镓的铁精矿。镓铁精矿中镓品位大于0.15%，回收率大于92%。用硫酸浸出焙烧渣，其中98%以上的镓转入溶液。

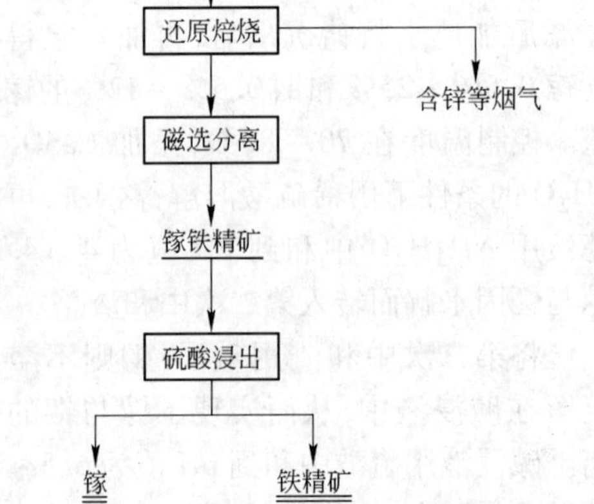

图3－4　还原焙烧—磁选分离—硫酸浸出工艺

3.2.1.3　二次酸浸法

采用高压浸出法处理锌浸出渣称为二次酸浸法。在温度为130℃，压力为200kPa的条件下，锌浸出渣的镓有94%进入溶液，同时浸出渣中的铁、锌、铜和铟等也进入溶液。浸出液经过一系列净化和富集过程处理，可得到含镓0.42～0.49g/L的溶液，此液可直接用于萃取提取镓。

3.2.1.4　从海绵铁中分离回收镓

锌浸出渣经回转窑还原挥发锌后的窑渣

约含镓400g/t。该窑渣采用还原焙烧－磁选工艺处理，在还原挥发回收锌、铅的同时，使浸出渣中的铁大部分还原为金属铁，而由于镓具有明显的亲铁性，镓富集在铁相中，通过磁选，得到含铁约90%的海绵铁，其中镓含量高达1800g/t，镓富集了4.5倍，从海绵铁成为回收镓的原料。海绵铁粉化学成分见表3－9。

表3－9 海绵铁粉化学成分 (%)

元 素	Fe	Zn	Ga	Cu	Ca	Al	Mg	Si
含量(质量分数)	90.56	0.586	0.154	0.012	0.034	0.136	0.136	0.263

回收海绵铁中镓采用高酸浸出→铁粉还原浸出→富集→除铁→萃取的工艺流程，如图3－5所示。

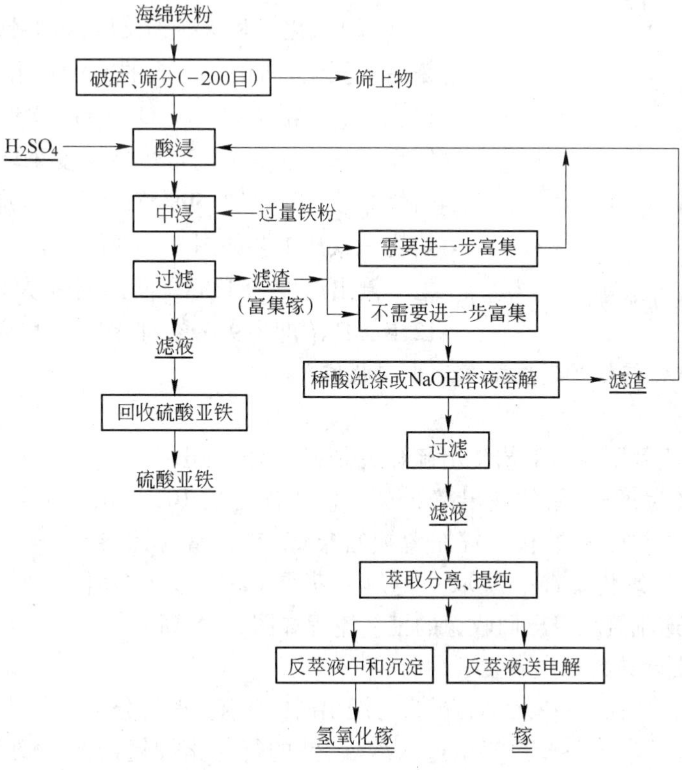

图3－5 海绵铁中回收镓的工艺流程

高酸浸出→铁粉还原浸出→富集→除铁→萃取的工艺从海绵铁中回收镓的工艺条件为：

酸浸条件为起始酸度180g/L H_2SO_4，最终酸度为0.132g/L H_2SO_4，反应温度80℃。镓浸出率为92.6%。以10% P204＋90%磺化煤油＋1.5% YW－100为萃取剂，相比为5∶1，pH值为1.5，镓的萃取率达到99%。用6mol/L盐酸反萃，反萃级数为3级，经氨水沉淀得到产物镓的纯度为97%。

3.2.1.5 从浸锌渣制备的含镓铁粉中分离回收镓

采用还原分选工艺处理浸锌渣得到含镓铁粉，再经过氧化焙烧和碱浸工艺，实现镓铁分离。

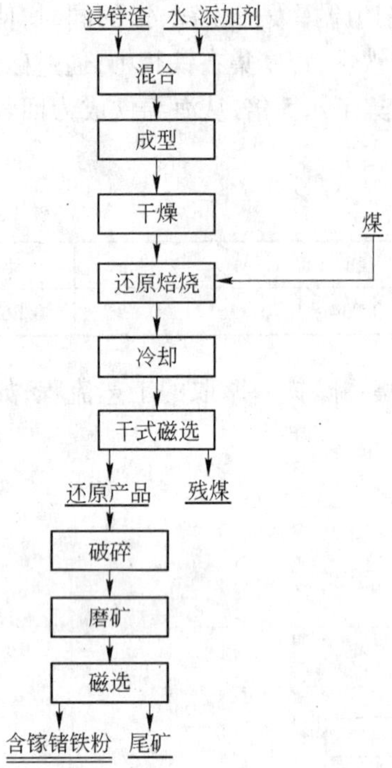

图3－6　还原分选处理浸锌渣工艺流程

A　还原分选工艺

(1)浸锌渣经过造块后，在1100℃左右进行还原焙烧，锌、铅在还原焙烧过程中挥发，挥发率达95%以上，镓、锗富集于还原铁粉中。

(2)干式磁选，将还原产品和残煤分开。

(3)还原产品经破碎、磨细后进行湿式磁选，得到含镓的铁粉。镓以类质同象存在于铁粉中。还原分选工艺的流程如图3－6所示。

B　钠化焙烧—碱浸工艺

(1)氧化焙烧将铁转化为氧化铁。

(2)氧化铁和碳酸钠反应，破坏铁晶格，镓暴露出来后被氧化、钠化。生成的 Ga_2O_3 和 $NaGaO_2$ 在碱浸过程中进入溶液，铁 $Fe_2O_3 \cdot xH_2O$ 形式留在固相中，实现了镓与铁的分离。焙烧温度采取的工艺条件为：焙烧温度1080℃、150% Na_2CO_3、焙烧时间1h。钠化焙烧—碱浸工艺如图3－7所示。

浸出温度为135℃、浸出时间为60min、液固比为12、NaOH浓度为9.09%时，镓的浸出率达到91.30%。

3.2.1.6　硫化锌精矿逆流氧压浸出回收镓

A　工艺流程

采用两段逆流氧压浸出工艺浸出硫化锌精矿，锌的浸出率98%~99%，镓浸出率为90%，锗的浸出率95%。浸出液终酸10~15g/L，Fe^{3+}0.1g/L。通过焙砂中和→锌粉置换富集镓、锗→富含镓、锗的置换渣经烘焙→氯化蒸馏→萃取→电解可获得Ga99.99%的电镓。硫化锌精矿逆流氧压浸出回收镓的工艺流程如图3－8所示。

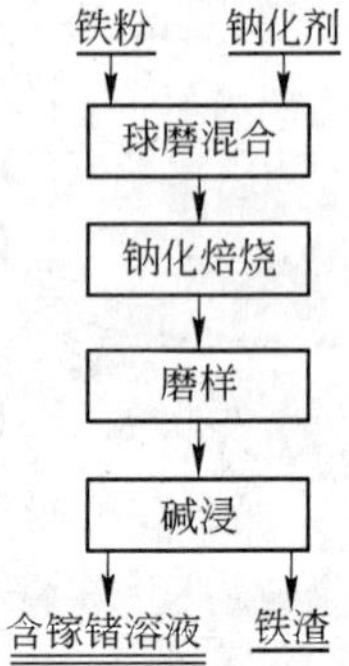

图3－7　钠化焙烧—碱浸工艺流程

B　氧压浸出时锌精矿中各元素的行为

氧压浸出时，锌精矿中各元素的行为与浸出时的温度、氧气分压和酸度密切相关。锌、铜一般被浸出进入溶液，铁的行为比较复杂，既可进入溶液也可水解进入渣中。控制二段逆流氧压浸出的温度、酸度和氧分压，使铁大部分以 Fe^{2+} 的形式进入氧压浸出上清液。镓和锗等稀散金属随同铁的走向，大部分以镓离子、锗离子的形式进入氧压浸出上清液。铁元素大部分以亚铁形式在溶液中，最小化3价铁水解沉淀，可减少溶液中镓和锗随水解3价铁共沉淀而引起的损失。

C　工艺特点

(1)一段氧压浸出高压釜各室的温度必须控制适当。如果温度过低，浸出反应会变慢且浸出率降低，但温度过高，亚铁将被氧化成三价铁，导致铁沉淀增加，并会引发镓和锗的共沉淀，从而降低了镓回收率。

(2)一段氧压浸出高压釜最后一室的硫酸浓度需保持高压釜排出矿浆10~15g/L酸浓度，在此酸度下，才有足够的酸量达到要求的锌浸出率，并同时保证浸出矿浆中铁的含量最低并使过剩的酸量少化。酸度较低会导致锌浸出率降低，由此形成铁与镓的共沉淀。

(3)二段氧压浸出高压釜温度比一段高压釜温度高。如果反应温度低，浸出反应会变慢，浸出量也会减少。反应温度过高，会促进硫黄的氧化。

(4)氧压浸出过程中不产生铁酸锌，直接氧压浸出锌精矿可提高锌、镓、锗的回收率。

3.2.2　火法炼锌过程中镓的富集和走向

锌的火法冶炼主要有竖罐蒸馏法和密闭鼓风炉法(主要处理铅锌矿)。

3.2.2.1　竖罐蒸馏炼锌过程中镓的走向

锌在竖罐蒸馏处理过程中形成锌蒸汽被回收，而锌矿中的镓(含量仅 10^{-5} ~ 10^{-6} 级)进入罐渣中。

竖罐炼锌产出的蒸馏残渣数量较大，同时罐渣成分复杂，罐渣约含镓、锗各 0.0001% ~ 0.009% 左右，还含有锌、铅和碳等。经查镓大部分以类质同象存在于罐渣中的磁铁矿、磁赤铁矿和硅酸盐中，它们赋存的情况与罐渣中的炭(焦炭和炭黑)紧密相关，进入炭中的镓和锗分别占罐渣中的镓和锗量的 1/4 与 2/5。

罐渣的特点是容易粉碎，但是很难解离成单体，同时镓主要赋存于易碎部分，且粒级越细，其品位越高，并有随铁走的趋势。表3-10列出了罐渣的粒度与镓、锗、铁与炭的分布状况。

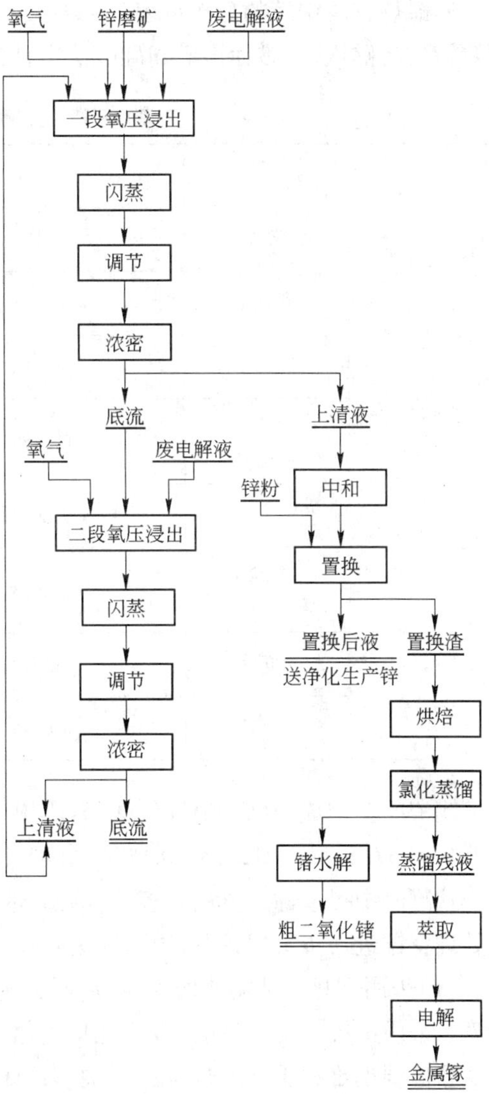

图3-8　硫化锌精矿逆流氧压浸出回收镓的工艺流程

表3-10　罐渣的粒度与镓、锗、铁与碳的分布状况

粒度/mm		+0.2	+0.1	+0.08	+0.06	+0.035	+0.025	+0.015	+0.01	-0.01	共　计
各粒级质量分数/%		0.42	20.01	16.58	6.37	21.78	15.35	6.53	3.73	9.23	100.00
含量(质量分数)/%	Ga	0.0031	0.0036	0.0040	0.0048	0.0052	0.0054	0.0056	0.0062	0.0064	0.0048
	Ge	0.0006	0.001	0.0015	0.0016	0.0028	0.0035	0.0040	0.0042	0.0044	0.0025
	Fe	4.0	6.96	9.76	12.18	15.55	17.45	20.26	22.82	22.82	14.09
	C	65.9	65.8	59.6	52.8	39.2	38.5	33.4	26.7	15.4	45.3

竖罐炼锌渣中镓的分布见表3－11。由表可见，罐渣成分复杂，镓主要以类质同象存在于罐渣中的磁铁矿、磁赤铁矿和硅酸盐中，比较难以提取。

表3－11　竖罐炼锌渣中镓的分布

化学成分	元素含量（质量分数）/%	Ga	Ge	Fe	Pb	Zn
		0.0296	0.0024	15.4	0.4	2.3
		Ga				
		含量/%		分布率/%		
	磁铁矿＋赤铁矿	0.0189		41.66		
	焦炭＋炭黑	0.0034		25.98		
	硅酸盐＋锌尖晶石	0.0073		29.66		
	氧化物	微量		2.7		
	合　计	0.0296		100		

罐渣的典型成分（%）：Ga 0.0045，Ge 0.0024，Fe 15.4，Pb 0.4，Zn 2.3，Cu 0.5，As 0.1，Sb 0.1，C 37.5，Ag 0.015，Au 0.00005，SiO_2 13.7，Al_2O_3 4.4，CaO 4.3，MgO 4.1。

从罐渣中提取镓的方法有多种，例如，烟化法、选冶联合法、碱熔法和熔炼挥发法等，通过处理将镓进一步富集，再采用萃取法回收。

（1）采用烟化法从罐渣回收镓，可不另外加炭，但由于渣中含铅与锌太少，在经济上不合算。采用熔炼挥发法（如日本三池厂的矮高炉法或旋涡炉法），同样存在上述缺点，且所产低品位铜也难利用。同时，在高温熔炼处理中，罐渣中的镓会转变成难溶四方晶系，再使其转入溶液非通常方法难以办到。

（2）采用选冶联合法，需把罐渣磨细到完全解离的状态，消耗能量大。采用不经过选矿而直接用酸浸出，接着置换富集与萃取工艺，虽在技术上可行，但硫酸耗量太大，需在经济上权衡。

（3）采用碱熔－萃取法从罐渣中回收镓，将罐渣配以渣重30%的 $NaHSO_4$ 进行碱熔炼得到镓合金后，随即用稀硫酸溶出除铅，然后电解脱铜，脱铜后液用盐酸酸化到6mol/L时，用醚萃取镓，反萃得的镓水相经碱化造液，电解得镓。

（4）将罐渣与 $PbCl_2$ 于500℃下共熔，在此熔炼过程中镓转入 $PbCl_2$ 中，然后用硫酸溶出除铅，除铅后液用 NH_3H_2O 中和，再用NaOH分解沉淀物，最终电解得电解镓。研究发现处理罐渣回收镓采用电解合金法较为合适。

3.2.2.2　鼓风炉炼（铅）锌过程中镓的走向

在鼓风炉炼（铅）锌过程中，绝大部分镓进入炉渣，渣中镓的含量在0.025%～0.031%

之间，渣的物相为硅酸盐玻璃体和方铁矿（占12%左右），镓以类质同象置换渣中的Fe^{2+}和Zn^{2+}而进入方铁矿结构中。镓在鼓风炉炉渣中的组成与分布见表3－12。

表3－12　镓在鼓风炉炉渣的赋存与分布

炉渣成分	物质含量（质量分数）/%	Ga	Ge	Fe	Pb	Zn	SiO_2	CaO	其他
		0.0245	0.0058	26.9	0.59	10.2	18.75	18.35	7.0
物相组成		方铁矿	锌尖晶石		硫化铁		硅酸盐玻璃体		合计
	占比例/%	11.60	1.21		0.06		84.50		100
镓品位/%		0.22	0.435		0.13		0		0.0245
镓分布/%		95.42	4.29		0.29		0		100.00

表3－10显示，95%以上的镓存在于方铁矿中，处理方铁矿回收镓的方法为：

（1）还原蒸发法：在添加氯化钠的条件下，采用还原蒸发法处理鼓风炉炉渣，镓的90%以上进入烟尘，从烟尘中可回收镓。

（2）还原熔炼法：还原熔炼鼓风炉炉渣，将镓富集到Fe－Ga合金中，镓在合金中的含量在0.08%以上。采用电解法从Fe－Ga合金中提取铁，镓进入阳极泥中得以回收。

（3）高温氯化挥发法：高温氯化挥发法富集炉渣中的镓，是基于镓与氯、氯化氢反应生成低沸点氯化物（如$GaCl_3$，沸点201.2℃）易挥发的特点而进行。图3－9所示为高温氯化挥发法从ISP炉渣中富集镓的原则流程。

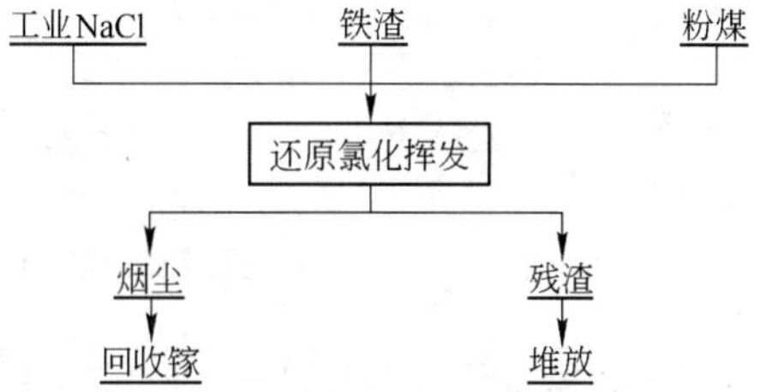

图3－9　高温氯化挥发法从ISP炉渣中富集镓的原则流程

用高温氯化挥发法回收渣中的镓，可使镓富集到烟尘中，镓的收尘率达98.53%。结果见表3－13。

表3－13　高温氯化挥发法回收渣中的镓的技术指标　（%）

镓挥发率	镓回收率	镓收尘率	尘中镓富集比	铁挥发率	铁回收率	Cl^-利用率
82.84	50.12	98.53	4.29	4.67	4.15	71.47

富镓烟尘可采用萃取法、离子交换法和液膜法等技术予以回收。

（4）硫酸浸出法：硫酸浸出法回收烟化炉渣中的镓的工艺过程包括两段硫酸浸出、浸出液经萃取、反萃和碳酸钠沉淀，得到镓精矿。硫酸浸出法回收烟化炉渣中的镓的原则流程如图3－10所示。

镓精矿可采用多种冶金技术提取。

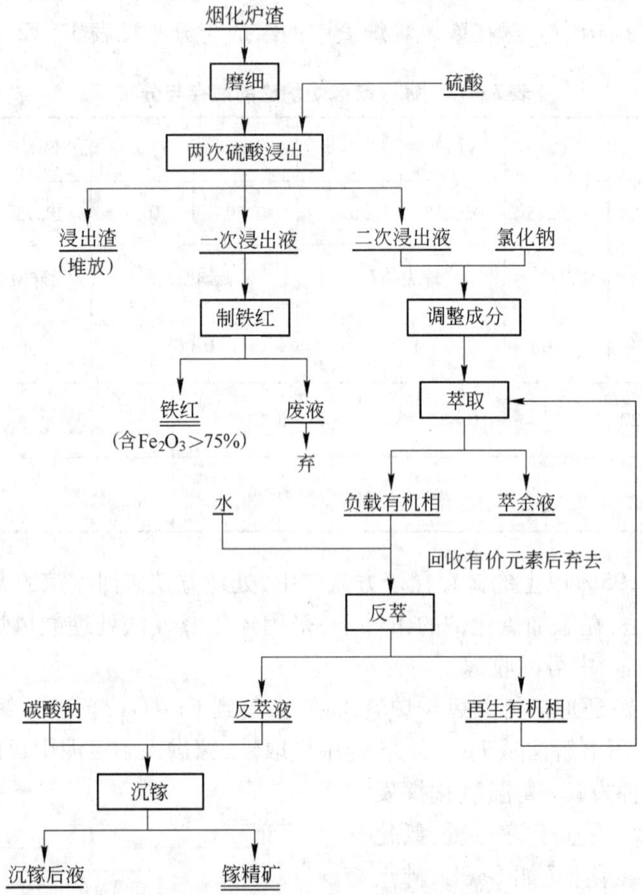

图 3－10　硫酸浸出法回收烟化炉渣中的镓的原则流程

3.3　铅锌矿选矿过程中镓的富集与走向

铅锌矿往往赋存稀散金属镓和锗，以凡口铅锌矿工业矿床为例，研究铅锌矿选矿过程中镓的富集与走向。

3.3.1　凡口铅锌矿的组成与镓的分布

凡口铅锌矿的工艺矿物学研究发现，主要矿物为方铅矿、闪锌矿及黄铁矿，这 3 种矿物占总矿物的 60% 以上。原矿元素分析见表 3－14，原矿中主要矿物的化学分析见表 3－15。从表中可以发现，Pb、Zn、Ag 和 S 为主要矿物，共生的 Cd、Ge、Hg 和 Ga 均有综合回收价值。

表 3－14　原矿主要元素分析　　　（质量分数/%）

矿　物	Pb	Zn	Ag /$g \cdot t^{-1}$	Au /$g \cdot t^{-1}$	S	Fe	As	Cu	Hg	Cd	Ge	Ga	Sb
方铅矿	81.70	0.13	745	0.15	14.15	1.30	0.052	0.054	0.0005	0.0014	0.0001	0.0016	0.1217
闪锌矿	0.58	59.60	199	0.017	33.25	3.35	0.035	0.26	0.044	0.16	0.0284	0.019	0.0170

续表 3-14

矿物	Pb	Zn	Ag/g·t^{-1}	Au/g·t^{-1}	S	Fe	As	Cu	Hg	Cd	Ge	Ga	Sb
黄铁矿	0.059	0.24	14.9	0.028	52.93	45.40	0.20	0.028	0.001	0.0003	0.0003	0.0006	0.0119
脉石矿物	0.20	0.18	3.4	0.0087	1.10	1.26	0.007	0.008	0.0002	0.0003	0.0003	0.0018	
主要载体矿物			方铅矿 闪锌矿	方铅矿 黄铁矿			黄铁矿	闪锌矿	闪锌矿	闪锌矿	闪锌矿	闪锌矿	方铅矿

表 3-15 原矿中主要矿物的化学分析

矿物	含量(质量分数)/%	Ge			Ga		
		品位/%	金属量/g	占有率/%	品位/%	金属量/g	占有率/%
方铅矿	5.0	0.0001	0.05	0.1335	0.016	0.08	2.409
闪锌矿	12.3	0.0284	34.93	93.246	0.019	23.37	70.37
黄铁矿①	48.7	0.0003	1.46	3.8975	0.0006	2.92	8.793
脉石②	34.0	0.0003	1.02	2.7229	0.0018	6.12	18.428
合计	100.0		37.46	100.00		32.49	100.00

①包括毒砂、黄铜矿、黝铜矿、车轮矿等;

②包括石英、方解石、白云石、绢云母、金红石、硅灰石等。

由表 3-15 可见,原矿中闪锌矿是 Ge 和 Ga 的主要矿物载体,其负载的 Ge、Ga 含量分别是 93.246% 和 70.37%。

3.3.2 镓和锗在选矿中的走向与富集

采用高碱工艺、快速优先浮选工艺和电化学调控浮选工艺,研究了在不同的工艺流程中 Ga 富集与分布,锗和镓在选矿中的行为走向见表 3-16。

表 3-16 锗和镓在选矿中的走向与富集 (%)

工艺流程	原矿		铅精矿		锌精矿		硫精矿		尾矿	
	Ge	Ga	Ge	Ga	Ge	Ga	Ge	Ga	Ge	Ga
高碱工艺	24.66×10^{-4}	78.00×10^{-4}	5.67×10^{-4}	17.33×10^{-4}	120.0×10^{-4}	203.33×10^{-4}	5.00×10^{-4}	31.33×10^{-4}	6.41×10^{-4}	59.00×10^{-4}
快速优先浮选工艺	21.70×10^{-4}	70.60×10^{-4}	8.85×10^{-4}	11.44×10^{-4}	118.18×10^{-4}	176.0×10^{-4}	2.24×10^{-4}	24.90×10^{-4}	3.12×10^{-4}	56.60×10^{-4}
电化学调控浮选工艺	21.70×10^{-4}	61.75×10^{-4}	4.00×10^{-4}	7.15×10^{-4}	125.5×10^{-4}	191.5×10^{-4}	1.30×10^{-4}	9.35×10^{-4}	1.90×10^{-4}	34.00×10^{-4}

由表 3-16 可见,在不同的工艺流程中,Ga 主要富集在锌精矿中,少量存在于铅精矿中,硫精矿和尾矿中 Ga 的占有率则明显下降。Ga 进入锌精矿中,可以在锌冶炼过程中提取回收。

3.3.3 镓在各选矿产品中的分布

从表 3-17 可以看出,改变选矿工艺流程,镓的分布发生很大变化。镓在铅精矿、硫精矿和尾矿中的含量大幅度下降，而在锌精矿中得到充分富集，从 52.13% 提高到 69.52%。

表 3 – 17　镓在各选矿产品中的分布　　（%）

工艺流程	原矿		铅精矿		锌精矿		硫精矿		尾矿	
	含量	占有率	含量	占有率	含量	占有率	含量	占有率	含量	占有率
高碱工艺	78.00×10^{-4}	100.00×10^{-4}	17.33×10^{-4}	1.42×10^{-4}	203.33×10^{-4}	52.13×10^{-4}	31.33×10^{-4}	13.20×10^{-4}	59.00×10^{-4}	33.25×10^{-4}
快速优先浮选工艺	70.60×10^{-4}	100.00×10^{-4}	11.44×10^{-4}	0.99×10^{-4}	176.00×10^{-4}	52.80×10^{-4}	24.90×10^{-4}	11.86×10^{-4}	56.60×10^{-4}	34.35×10^{-4}
电化学调控浮选工艺	61.75×10^{-4}	100.00×10^{-4}	7.15×10^{-4}	0.79×10^{-4}	191.50×10^{-4}	69.52×10^{-4}	9.35×10^{-4}	4.16×10^{-4}	34.00×10^{-4}	25.53×10^{-4}

不同的选矿工艺对镓的走向影响较大，从表 3 – 17 可见，选择电化学调控浮选流程，锌精矿中镓的占有率比高碱流程提高 17%。对于镓含量高的铅锌矿，浮选处理可以避免含镓物料在各冶炼厂的配矿过程中被贫化，有利于冶炼厂对镓的综合回收。

3.4　锗冶金过程中镓的富集和走向

锗石是唯一具有工业价值的锗矿物，含锗 6% ~10%，含镓 0.76% ~1.85%。在锗的提取过程中，镓可以得到富集。

3.4.1　碱液浸出处理

将锗石粉用浓度为 50% 的 NaOH 溶液浸出，浸出液蒸发至干，再水浸，镓以 $NaHGa(AsO_4)\cdot 1.5H_2O$ 的形式沉淀析出，原料中 88% 以上的镓被富集。锗也有一部分以 $NaHGe(AsO_4)$ 的形式与镓沉淀到一起。氯化法回收锗，镓即进入氯化渣得到进一步富集，可用萃取法回收镓。

3.4.2　硫酸化焙烧处理

将锗石进行硫酸化焙烧，焙砂用水溶解，镓与锗几乎全部进入溶液，将浸出液浓缩，再采用氯化蒸馏法提锗，镓留在蒸馏残液中。可采用萃取法沉积此溶液中的镓。

3.5　钛铁矿冶金过程中镓的富集和走向

我国四川攀枝花地区的钒钛磁铁矿含镓 0.0026%。研究表明，原料中 76% 的镓以类质同象形式赋存于钒钛磁铁矿中，21% 存在于硅酸盐矿物中，还剩下 4% 分散在钛铁矿中。钒钛磁铁矿在采、选过程中镓的走向见表 3 – 18。

表 3 – 18　钒钛磁铁矿在采、选过程中镓的走向

项　目	原矿中的镓/%			选矿入精矿中的镓/%			选矿入尾矿中的镓/%		
	产出率	镓量	分布	产出率	镓量	分布	产出率	镓量	分布
钛磁铁矿	48.2	0.0037	75.91	30.61	0.0037	56.22	4.81	0.0037	8.96
钛铁矿	9.6	0.0009	3.80	2.30	0.0009	1.00	10.43	0.009	4.48

续表 3 – 18

项目	原矿中的镓/%			选矿入精矿中的镓/%			选矿入尾矿中的镓/%		
	产出率	镓量	分布	产出率	镓量	分布	产出率	镓量	分布
硫化物等	1.0	—	—	0.96	—	—	1.20	—	—
钛辉石等	24.6	0.0010	10.55	1.39	0.0010	0.50	28.32	0.0010	13.93
斜长石等	16.7	0.0015	10.55	1.7	0.0015	1.49	18.27	0.0015	13.43
共计	100.1	—	100.1	36.91	—	59.21	63.03	—	40.80
原矿	100.0	0.0026	—	(36.97)	0.0039	50.88	63.03	0.0022	49.12
平均/%		91.15			82.64			58.99	

经过选矿处理,50%的镓进入铁精矿,其余进入脉石而分散。镓属亲铁元素,铁精矿中的镓在高炉炼铁过程中绝大部分进入铁中(铁水中的镓仅有20%转入氧化渣,其余进入钢锭),仅有少量进入高炉渣。

在攀枝花钢厂从铁水中提钒的工序中,其中的镓有20%会富集于钒渣中,含量为0.015% ~0.030%,可作为提镓原料。

尽管我国攀枝花铁矿中富含镓,但目前还没有办法回收。事实上许多铁矿中均含有少量的镓,目前均没有回收技术。图3 – 11所示是攀枝花铁矿冶炼过程中镓富集和走向的分布。

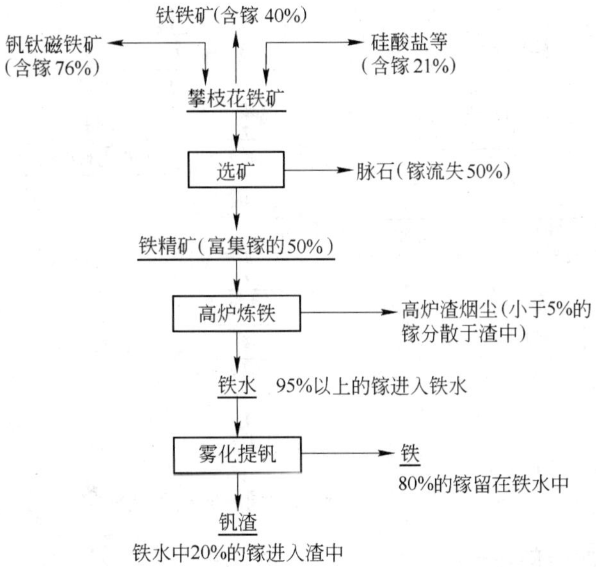

图3 – 11 攀枝花铁矿冶炼过程中镓富集和走向的分布

从图3 – 11的分析结果可见,攀枝花钒钛磁铁矿中的镓主要富集在提钒、炼钢过程中的烟尘和钒渣中。按攀钢现流程镓的富集产物计算,每年产出实物钒渣约8万t、提钒烟尘约2.5万t和炼钢烟尘约2.5万t,可以回收45 ~50t/a金属镓。

针对镓在攀钢工艺流程中的走向,攀钢与昆明理工大学合作,研究了从提钒弃渣或钒渣中提取金属镓的实验,主要包括:

3.5.1 还原焙烧法从提钒弃渣中回收金属镓

以提钒弃渣为原料,采用还原焙烧、两步法酸浸、溶剂萃取和电解得到金属镓,同时回收二氧化钛。镓的总收率为 64.4%。从提钒弃渣中回收镓的工艺流程如图 3－12 所示。由于提钒弃渣含铁量高，约为 45% 左右，酸浸时耗酸量高，并产生大量的 $FeCl_2$ 副产品，难以利用。

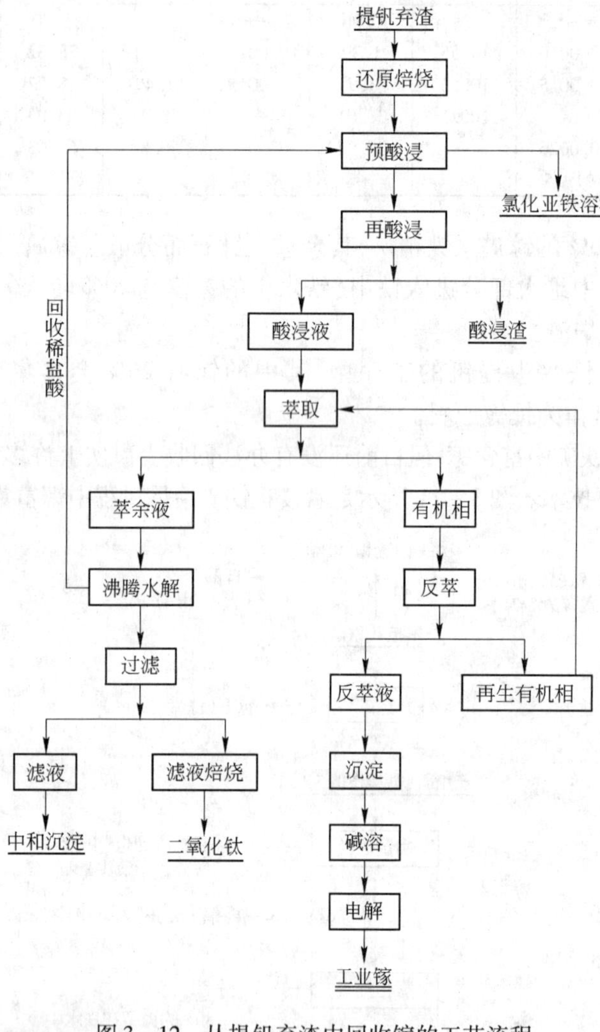

图 3－12　从提钒弃渣中回收镓的工艺流程

3.5.2　精钒渣中镓的走向与分布

以钒渣为原料，加入适量的 CaO 和 Na_2CO_3，在 950～1000℃ 的温度下进行焙烧、磨细和水浸，镓的浸出率为 85%，同时钒和铬的浸出率超过 90%。从精钒渣中回收金属镓的工艺流程如图 3－13 所示。

浸出液作为提取镓、钒和铬的原液。采用腐殖酸钠溶液沉淀镓，沉淀物中的镓得以富集，过滤液用于提取钒和铬。此工艺通过钒渣的一次焙烧，可同时提取镓、钒和铬。

3.5.3　还原熔炼法从提钒弃渣中回收金属镓

采用提钒弃渣为原料，由还原熔炼、铁电解、酸浸、萃取、净化和电解镓等工序而组成。经过扩大试验的结果证明，铁的收率为 83.9%，品位为 98%～99.5%，镓的收率为 64.9%，品位为99.96%。

还原熔炼法从提钒弃渣中回收金属镓采用火法和湿法联合生产工艺，得到电解铁和镓两种金属产品，工艺合理，同时经济效益显著。还原熔炼法从提钒弃渣中回收金属镓的工艺流程图如图3－14所示。

攀枝花地区镓的储量占世界镓储量的41%以上，占国内镓储量的54%～55%。攀钢现行工艺流程中，镓主要富集在提钒、炼钢的烟尘和钒渣中，前期的研究工作集中在钒渣和提钒弃渣方面，对提钒和炼钢过程中产生的烟尘研究工作较少。如何从这三种富集中的产物中提取镓是科研领域关注的课题。

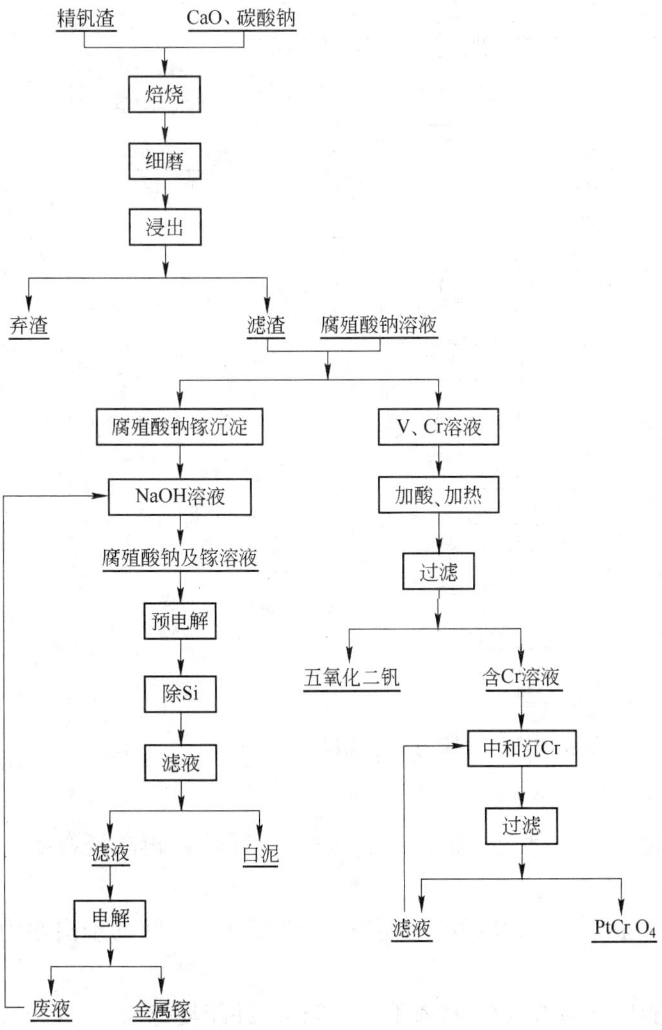

图3－13　精钒渣中回收金属镓的工艺流程

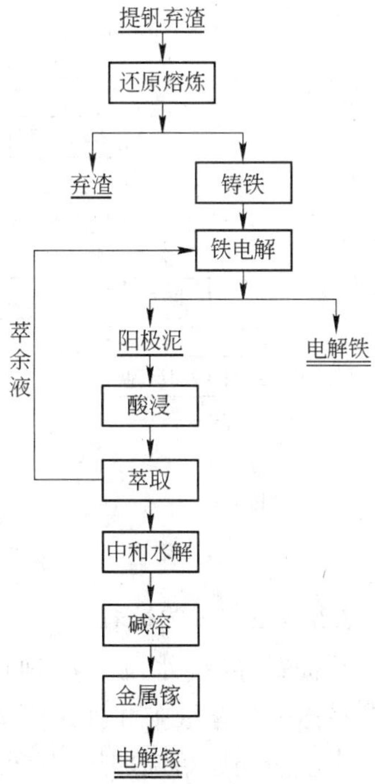

图3－14　还原熔炼法从提钒弃渣中回收金属镓的工艺流程

3.5.4　从水浸提钒弃渣中回收金属镓

原料系攀钢雾化钒渣经氧化钠焙烧－水浸提钒后的水浸渣，其主要化学成分和粒度见表3－19。

表 3-19　浸渣的主要化学成分　（质量分数/%）

Ga	TFe	TiO_2	V_2O_3	MnO	SiO_2	Al_2O_3	Cr_2O_3	CaO	MgO
0.012 ~ 0.015	约 45.5	约 10.0	约 1.5	约 6.0	约 13.0	约 1.0	约 1.2	约 0.45	约 0.9

3.5.4.1　工艺流程

从提钒弃渣回收镓的工艺流程如图 3-15 所示。

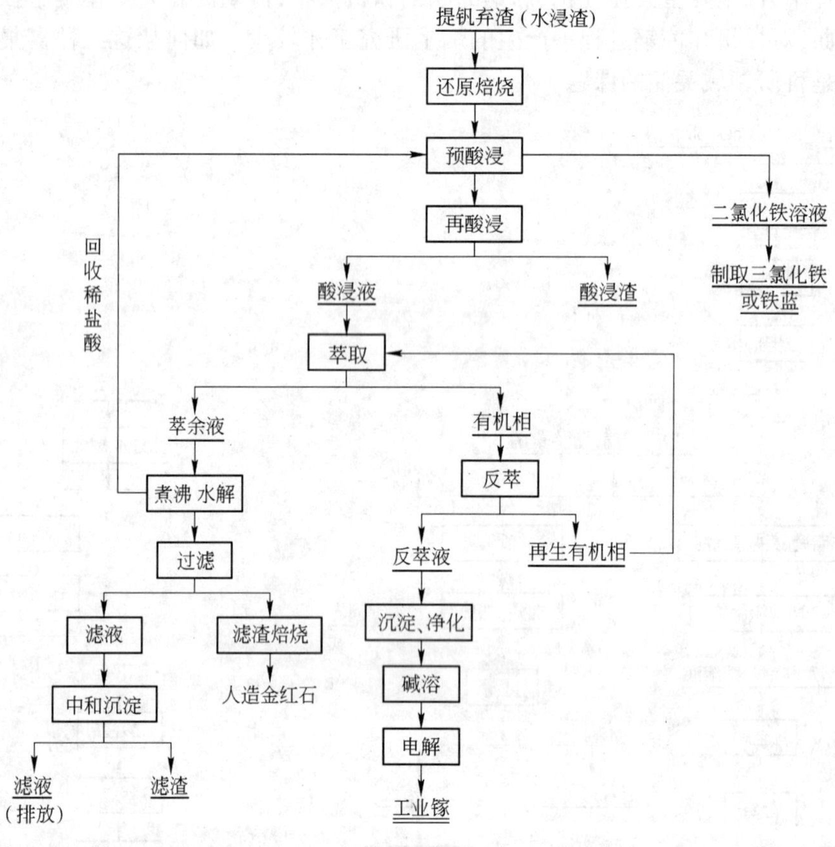

图 3-15　从提钒弃渣回收镓的工艺流程

3.5.4.2　工艺过程

从提钒弃渣（水浸渣）中回收镓的工艺过程包括：还原焙烧→浸除铁→再酸浸提镓→TBP 萃镓→反萃液中和沉镓等步骤。

水浸渣还原焙烧加热到 920℃，通氢气 3h，经磨细的还原熟料加酸浸出，镓的浸出率为 96.0% ~99.6%。

在盐酸溶液系统下，TBP 是性能良好的萃取剂，镓萃取率 >98%，并能使镓与 Fe、V、Cr、Mn 和 Ti 等杂质较好地分离。

用铁屑还原反萃液中的高价铁，然后沉镓，镓精矿品位达 2.65%，溶出率相应地提高到 96.2%。

3.5.5　其他方法

（1）还原熔炼－电解铁－酸浸含镓阳极泥－TBP 萃镓－电解镓得镓；

(2)钠化焙烧－水浸出－还原焙烧－稀盐酸除铁－浓盐酸浸出镓－TBP 萃取盐酸介质中的镓,反萃后镓水相经加碱造液然后通过电解制取金属镓;

(3)调整上述水浸液,在 pH 值为 6 时,用腐殖酸共沉淀镓,再经过碱化造液、电解提镓;

(4)高温(约 1300℃)氯化焙烧,将镓挥发富集到烟尘然后提镓;

(5)富镓钒渣经熔炼获得熔融态的 Fe－Ga 合金,经电解法产出铁粉时兼收镓,或加入适当熔剂,使镓在造渣过程中转入渣而富集。

目前,仍没有较好的从钢水中回收镓的技术。

3.6 煤中镓的富集和走向

煤中通常含镓量为 0.0001% ~0.0045%。煤在以不同方式处理中,镓有不同的走向与分布。当燃烧煤发电时,煤中镓的大部分挥发入烟气(经收尘得到含镓 0.38% ~1.56% 的烟尘),小部分残留在煤灰中。

3.6.1 燃煤发电过程中镓的富集与走向

煤作为燃料时,煤中的大部分镓挥发进入烟气,小部分进入煤灰。燃煤发电厂的烟尘中可富集镓达到 0.38% ~1.56%。煤粉尘在许多国家用作提取锗和镓的原料。如果将含镓煤粉尘用于火法炼铜的工序中,会有 50% ~60% 的镓进入铜合金中,使镓得到初步富集。煤粉尘主要处理方法是氯化蒸馏提取锗,再从蒸馏残渣中提取镓。

3.6.1.1 烟尘中镓的富集回收

烟尘中大部分镓富集于尘粒表面,采用盐酸浸出后,经还原、吸附和解析处理,即可得到镓。煤烟尘中回收镓的工艺流程如图 3－16 所示。

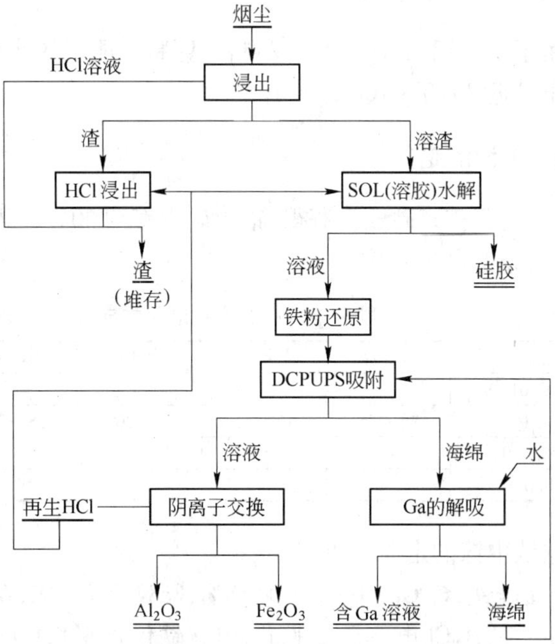

图 3－16 煤烟尘中回收镓的工艺流程

3.6.1.2　粉煤灰中镓的富集回收

粉煤灰中镓的含量低,很难用一般方法提取出来。将粉煤灰在一定的条件下进行焚烧,然后用酸浸出,再进一步提炼可得到镓。

镓在粉煤灰中有两种存在形式,一部分存在于粉煤灰的非晶质中,另一部分则被禁锢于 Al－Si 玻璃体内而难以提取。利用镓及其盐容易与酸反应生成可溶性盐而进入溶液的特性,选择合适的酸,在一定的操作条件下将镓浸出到酸溶液中,通过过滤将固体物除去,澄清后的含镓酸溶液用泡沫塑料进行吸附,将酸中的镓吸附处理,制液后电解,得到合格的镓产品。

研究从粉煤灰中分离镓的工艺流程如图 3－17 所示。

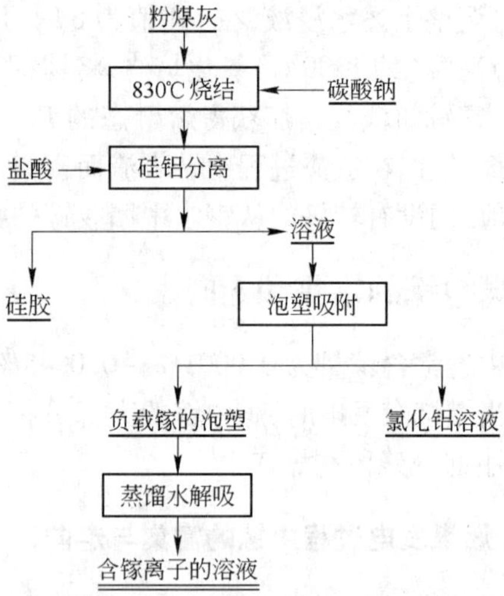

图 3－17　粉煤灰中分离镓的工艺流程

3.6.2　煤焦化过程中镓的富集与走向

在煤的焦化过程中,部分镓进入焦炭,其余部分转入煤焦油。在焦炭作为燃料的使用过程中,镓富集于烟尘。由于煤主要用于燃料,煤中的镓主要在煤的各种粉尘中得以富集,再采用多种技术加以提取回收。

3.7　刚玉生产中镓的富集与走向

我国铝土矿主要用于生产铝,其次为耐火材料与磨料－刚玉 3 个行业,20 世纪 90 年代投入刚玉砂生产的铝土矿近 70 万～100 万 t/a。

3.7.1　刚玉生产的烟尘中镓的走向

在熔炼刚玉过程中,经调查某砂轮厂获得:铝土矿中镓约 60% 转入烟尘,约 40% 进入硅铁,其相关物料的化学成分见表 3－20。

表 3－20　刚玉熔炼中各产物的化学成分　　　（质量分数/%）

产　物	Ga	Al_2O_3	SiO_2	Fe_2O_3	K_2O	C	V
铝土矿	0.005～0.0100						
烟　尘	0.13～0.16	34～46	13～21	2～10	18～22	2～3	
硅　铁	0.038～0.040		30.2	52.3			0.122
刚　玉	<0.0002						

刚玉厂的烟尘与硅铁中镓的走向分析:

(1)刚玉厂的副产品硅铁,含 Ga0.03%～0.04%、Fe82.8%～91.6% 及 $SiO_2$8%～14%,可作为提镓原料。$FeCl_2-NH_4Cl$ 电解硅铁脱硅,电解铁仅含镓 0.0001%,阳极泥中富集到含镓大于 0.1%。

(2)如试用 HCl 浸出烟尘,镓浸出率约 77%,后接 TBP 萃取提镓。

(3)电解硅铁合金,阳极泥含镓达 0.11%,副产物为铁,其纯度大于 99.9%,直收率为 90%。

(4)硅铁硫酸浸出,经中和除铁,碱溶后电解提镓,硅铁中铁以产物 $FeSO_4$ 回收。

3.7.2 刚玉渣中镓的走向

刚玉渣是以铝矾土为原料,炼制棕刚玉时得到的副产品,代表性化学分析结果见表 3-21。

表 3-21 刚玉渣的化学分析结果

Ga	TFe	Si	Ti	Al_2O_3	CaO	Mn	P	S
0.034	68.80	9.21	9.65	11.61	0.014	0.28	0.21	0.005

镓在天然铝矾土中以类质同象状态赋存于铝矿物中,在高温熔炼棕刚玉时,镓富集于刚玉渣中。

3.7.2.1 硫酸浸出法从刚玉渣中提镓的工艺流程

从刚玉渣中提镓的方法较多,硫酸浸出法是其中的一种,工艺流程如图 3-18 所示。

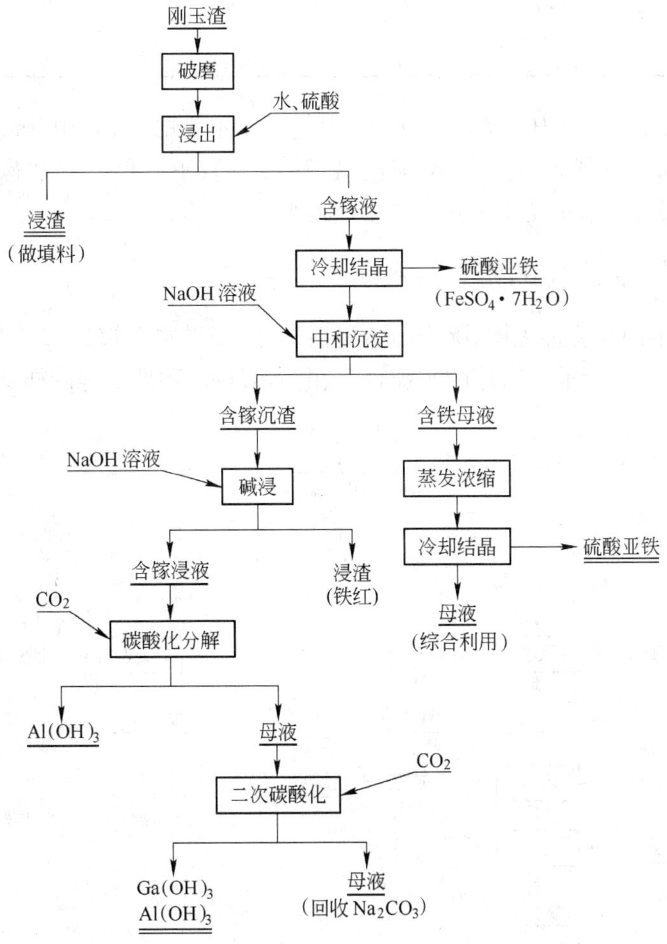

图 3-18 硫酸浸出刚玉渣回收镓的工艺流程

3.7.2.2　工艺过程

硫酸浸出刚玉渣回收镓的工艺过程包括浸出、结晶、中和沉淀、碱浸和两次碳酸化处理。在浸出过程中，铁和镓的走向一致，相同条件下二者浸出率的对应关系见表 3－22。

表 3－22　硫酸浸出刚玉渣中镓的浸出率　（%）

序　号	Ga 浸出率	Fe 浸出率
1	34.03	77.02
2	54.89	79.78
3	69.69	80.08
4	74.32	81.73
5	78.82	87.40
6	85.44	94.02

利用镓和铝与 2 价铁的氢氧化物沉淀 pH 值的差异，采用浓度为 10% 的 NaOH 溶液进行中和沉淀，从母液中沉淀出 $Ga(OH)_3$ 和 $Al(OH)_3$，基本实现分离 2 价铁的目的。中和沉淀结果见表 3－23。

表 3－23　中和沉淀结果

元　素	原母液含量/$g \cdot L^{-1}$	中和沉淀后母液含量/$g \cdot L^{-1}$	沉淀率/%
Ga	4.98	0.052	98.88
Fe	97.20	79.32	12.68
Al	11.09	0.011	99.89

中和沉淀得到的 $Ga(OH)_3$ 和 $Al(OH)_3$ 中仍含有不少的铁，采用 NaOH 溶液对沉淀物进行溶浸，生成偏镓酸钠和偏铝酸钠溶液，铁残留在渣中。再经二次碳酸化分解，得到 $Ga(OH)_3$初级产品，可采用现行工业方法继续提纯。

3.8　铝冶金副产物中镓的富集与走向

铝的电解与铝的精炼过程中，除产出金属铝外，还获得富含镓的阳极合金、电解槽炭末和烟尘等，如图 3－19 所示。富镓的阳极合金、电解槽炭末和烟尘等同样是提镓的原料。

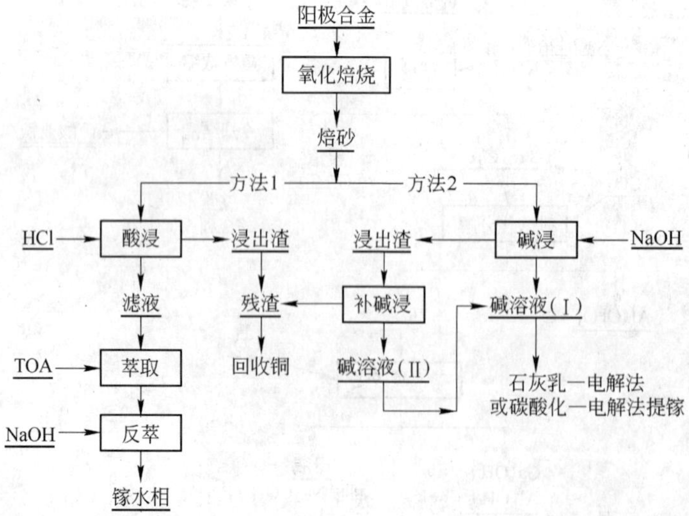

图 3－19　阳极合金中镓的富集

一般粗铝中含镓0.001% ~0.01%,在电解精炼铝过程中,其阳极合金经2~3年后富集的含镓量可达0.20% ~0.56%。这种阳极合金物相的组成复杂,宜采用(1)电解合金法提镓;(2)碱(或酸)浸出-萃取镓;(3)电溶法等技术回收其中的镓。

3.9 磷灰石还原熔炼生产黄磷过程中镓的富集与走向

磷灰石在电炉中还原熔炼生产黄磷时,原料中的镓在静电除尘器收集的烟尘中可富集至0.05%以上,使之成为镓的新资源。

电尘中的镓主要以Ga_2O_3的形式存在,磷主要是未反应的磷灰石,此外还含有少量元素磷氧化后形成的水溶性氧化物。电尘的化学组成见表3-24。

表3-24 电尘的化学组成 (%)

P_2O_5	F	CaO	Al_2O_3	Fe_2O_3	K_2O	SO_2	S	MgO	ZnO	Na	Ga
26.32	4.19	14.90	3.42	2.20	8.89	17.64	0.42	0.63	4.64	0.62	0.053

通过浸出和萃取等技术可以回收电尘中的镓。

参考文献

[1] 王金超. 镓生产工艺及用途[J]. 四川有色金属,2003(4):14~19.
[2] 刘志宏,张登凯,李玉虎,等. 海绵铁中提取镓的研究[J]. 有色金属(冶炼部分),2005(3):33~36.
[3] 张大维,张云,杨绍文,等. 刚玉渣回收镓、铁和铝的试验研究[J]. 矿产综合利用,1997(3):14~17.
[4] 陆涛. 从提钒废渣中回收金属镓的试验[J]. 四川冶金,1989(4):20~35.
[5] 许可,邓彤,刘军坛. 从电热法黄磷电尘中提取镓和磷的研究[J]. 矿产综合利用,2009(3):31~34.
[6] 吴文伟,苏鹏. 从碱性铝酸钠溶液中提取镓的研究进展[J]. 湿法冶金,2006,25(2):73~76.
[7] 汤艳杰,刘建,刘建朝,等. 从铝土矿中提取镓的工艺研究[J]. 湿法冶金,2000,19(3):45~48.
[8] 吕理霞. 氧化铝厂镓的回收[J]. 轻金属,2002(5):15~17.
[9] 左小红. 硫化锌精矿两段逆流氧压浸出原理及综合回收镓锗工艺研究[J]. 湖南有色金属,2009,25(1):26~28.
[10] 伍敬峰,刘侦德,邓卫. 凡口铅锌矿选矿过程中锗、镓行为走向探讨[J]. 矿业研究与开发,2001,21(2):35~37.
[11] 张亚平. 从浸锌渣还原铁粉中回收镓锗的工艺及机理[D]. 长沙:中南大学硕士学位论文,2003.6.
[12] 李裕后. 从韶冶工SP炉渣中富集和提取镓的新工艺研究[D]. 长沙:中南大学硕士学位论文,2004.9.
[13] 韦文宾,何启贤. 从湿法炼锌浸出渣中回收镍的试验研究[J]. 湿法冶金,2008,27(2):103~105.
[14] 李光辉,黄柱成,郭宇峰,等. 从湿法炼锌渣中回收镓和锗的研究[J]. 金属矿山,2004(6):61~64.
[15] 邹家炎,陈少纯. 稀散金属产业的现状与展望[J]. 中国工程科学,2002,4(8):86~92.
[16] 刘英俊,曹励明,李兆麟,等. 元素地球化学[M]. 北京:科学出版社,1984.360~421.
[17] 周令治,陈少纯. 稀散金属提取冶金[M]. 北京:冶金工业出版社,2008.
[18] 翟秀静,周亚光. 稀散金属[M]. 合肥:中国科学技术大学出版社,2009.4.
[19] 沈化生. 稀散金属冶金学[M]. 上海:上海人民出版社,1976.
[20] 李洪桂主编. 稀有金属冶金学[M]. 北京:冶金工业出版社,1990.5.
[21] 稀有金属冶金学编写小组编. 稀有金属冶金学[M]. 北京:中国工业出版社,1961.

4 镓的提取冶金技术

镓的主要富集物为铝土矿生产氧化铝过程中的铝酸钠母液、湿法炼锌过程中的浸出渣、氯化蒸馏提锗过程中的氯化残液或残渣、(铅)锌生产过程中的方铁矿、钛钒铁矿中的钒渣和煤燃烧过程中的煤烟尘。

镓的冶金提取技术主要包括电解法、萃取法、离子交换法和膜分离法等,镓在上述各种原料中赋存方式不同,提取方法也多样。提取过程中往往还要多次富集,通常需要多种方法联合使用。

4.1 电解法

根据提取原料的不同,电解法提取镓主要包括石灰乳－电解法、碳酸化－电解法、中和溶解－电解法和直接电解法等。

4.1.1 石灰乳－电解法

石灰乳－电解法提取镓的原料是烧结法生产氧化铝的富镓溶液。

4.1.1.1 电解液制备

采用石灰乳溶出二次沉淀过程中,镓便转入溶液而与铝分离:

$$Na_2O \cdot Al(Ga)_2O_3 \cdot 2CO_2 \cdot 3H_2O + 5Ca(OH)_2 \longrightarrow$$
$$2NaGaO_2 + 2H_2O + 3CaO \cdot Al_2O_3 \cdot 6H_2O\downarrow + 2CaCO_3\downarrow$$

此过程中得到了富镓溶出液,同时获得由40%的 $CaCO_3$ 与60%的 $3CaO \cdot Al_2O_3 \cdot 6H_2O$ 组成的铝酸钙渣。

富镓溶出液经第三次碳酸化处理后,得到含镓1.5%~3%、铝/镓比在10以下的三次沉淀物。用碱溶解此沉淀物,过滤后向滤液加入 Na_2S 以除去重金属杂质,即得到含镓5~9g/L的 $NaGaO_2$ 电解原液。

4.1.1.2 电解制备金属镓

采用不锈钢片作阴极、镍片作阳极,在电解液温度40~60℃、电流密度200~500A/m^2、槽电压3~4V和极距20~40mm的条件下电解制备金属镓。

电解过程的电化学反应为:

$$GaO_2^- + 2H_2O + 3e \longrightarrow Ga\downarrow + 4OH^- \qquad (4-1)$$

废电解液中镓的残留量为0.3~0.6g/L,废电解液送苛化脱铝,以实现综合利用。石灰乳－电解法的典型单耗见表4－1。

表4－1 石灰乳－电解法生产1kg镓的典型单耗

物　料	碳分母液/m^3	新水/m^3	石灰/t	CO_2/t	Na_2O/kg	$Na_2S \cdot 9H_2O$/kg
单　耗	58.4	30	0.9	4.4	52	0.11

续表 4 – 1

物料	盐酸/kg	循环水/m³	蒸汽/t	空气/m³	滤布/m²	电/kW·h
单耗	0.25	92	12	1120	6.6	695

石灰乳–电解法具有工艺简单、高效和无污染等优点。但由于各次产出的碳分母液和铝酸钙还需经过综合利用处理，各环节中会有部分镓损失，故镓的回收率较低，约为60%左右。

4.1.1.3 工艺流程

石灰乳–电解法提取镓的工艺流程如图 4–1 所示。

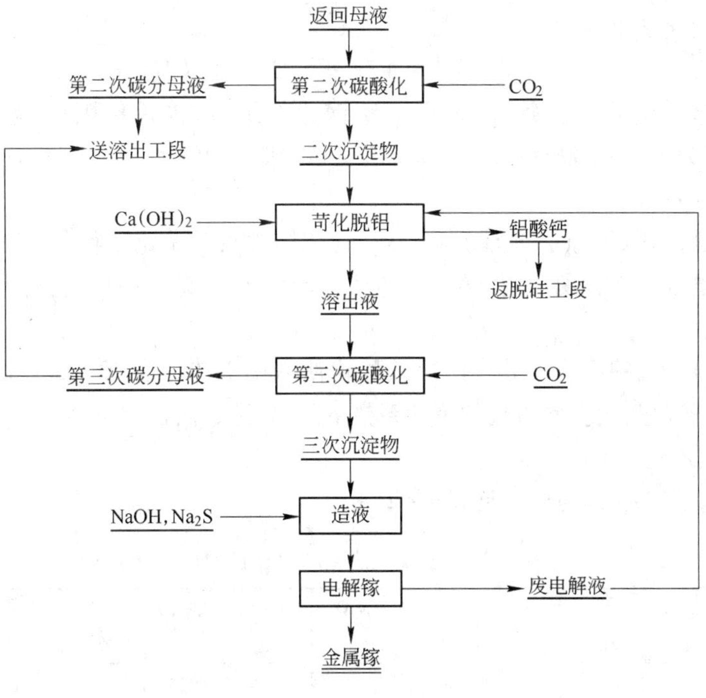

图 4–1 石灰乳–电解法工艺流程

4.1.1.4 石灰乳–电解镓实例

我国的铝业企业经多年研究，形成了石灰乳–电解提镓法。

A 加入石灰乳实现铝镓分离

在 65 ~ 75℃的温度下，向含镓 0.15 ~ 0.38g/L（拜耳法）或 0.03 ~ 0.08g/L（烧结法）的循环母液中通入 CO_2 为 35% ~ 40% 的碳酸气至饱和，铝以丝钠铝石（$Na_2O \cdot Al_2O_3 \cdot 2CO_2 \cdot 2H_2O$）与（OH）$_3$ 析出：

$$2NaAlO_2 + 2CO_2 + 2H_2O \longrightarrow Na_2O \cdot Al_2O_3 \cdot 2CO_2 \cdot 2H_2O \downarrow \quad (4-2)$$

$$2NaAlO_2 + CO_2 + 3H_2O \longrightarrow 2Al(OH)_3 \downarrow + Na_2CO_3 \quad (4-3)$$

镓以类质同象而全部以丝钠镓石（$Na_2O \cdot Ga_2O_3 \cdot 2CO_2 \cdot 2H_2O$）形态共沉淀：

$$2NaGaO_2 + 2CO_2 + 2H_2O \longrightarrow Na_2O \cdot Ga_2O_3 \cdot 2CO_2 \cdot 2H_2O \downarrow \quad (4-4)$$

富镓沉淀物含 Ga0.2% ~0.3%（拜耳法）或 0.07% ~0.10%（烧结法），向其加入石灰乳，进行苛化。所用石灰乳量按 $M_{f_{CaO}}:M_{Al_2O_3}=4$ 计，首先用其 1/4 量，在 90% ~95% 下苛化约2h,使95%的镓转入溶液,第二步加余量,于75℃下苛化约2h,使90%以上的铝沉淀析出,富镓沉淀物中的镓入液而铝留渣中,实现铝镓分离:

$$Na_2O \cdot Al_2O_3 \cdot 2CO_2 \cdot 2H_2O + 5Ca(OH) \longrightarrow 3CaO \cdot Al_2O_3 \cdot 6H_2O + 2CaCO_3 \downarrow + 2NaOH \quad (4-5)$$

$$Na_2O \cdot Ga_2O_3 \cdot 2CO_2 \cdot 2H_2O + 4NaOH \longrightarrow 2Na[Ga(OH)_4] + 2Na_2CO_3 + aq \quad (4-6)$$

B 电解制备金属镓

苛化后液经彻底碳酸化后,便可得到Al/Ca比10以下的含镓1%~3%的镓精矿:

$$2Na[Ga(OH)_4] + 2CO_2 \longrightarrow Na_2O \cdot Ga_2O_3 \cdot 2CO_2 \cdot 2H_2O + 2H_2O \quad (4-7)$$

镓精矿经加NaOH碱化造液,得到含镓5~9g/L的电解液。

电解镓的电化学反应为:

$$GaO_2^- + 2H_2O + 3e \longrightarrow Ga \downarrow + 4OH^- \quad (4-8)$$

电解制备金属镓的工艺条件:采用不锈钢片作阴极,镍片作阳极,电解温度为40~60℃,电流密度为500~2000A/m^2,槽压为3~4V,极距20~40mm,电解获得99.99%的金属镓。回收率约60%。

废电解液含镓0.6g/L(拜耳法)或0.3g/L(烧结法),反苛化回收。

石灰乳–电解工艺特别适用于烧结法的低镓母液回收镓,具有工艺简单、无污染和综合利用好等优点。

石灰乳–电解法的不足之处是两次碳酸化使NaOH转为含50~60g/L $NaHCO_3$溶液,如返Al_2O_3生产流程,则会使溶液的苛性系数下降,导致铝溶出率下降。

C 石灰乳法生产镓的单耗

石灰乳法生产1kg镓的单耗见表4–2。

表4–2 石灰乳法生产1kg镓的单耗

物料	循环母液/m^3	新水/m^3	循环水/m^3	石灰/t	CO_2/t	NaO/kg	Na_2S/kg	浓盐酸/kg	蒸汽/t	滤布/m^2	空气/m^3	电/kW·h
单耗	58.4	30	92	1.9	4.4	52	0.11	0.25	12	6.6	1120	695

D 石灰乳–电解法的改进

石灰乳–电解法的改进方法是:利用丝钠铝(或镓)石在常压下有较好的热解性,如采用压煮将温度提高到140~170℃,经2h的处理,既可提高溶解度,又可提高反应速率。丝钠铝(或镓)石经压煮后,镓转入溶液而铝以$Al(OH)_3$沉出。此工艺将实现无铝酸钙废渣产出,同时镓的回收率可提高到70%以上。

4.1.2 碳酸化–电解法

碳酸化–电解法采用的原料为脱铝的碳分母液。

4.1.2.1 电解液制备

脱铝的碳分母液经彻底碳酸化处理后,获得含镓1%~2%的富镓沉淀物。用碱溶解此沉淀,经过滤、除杂后即得到含镓电解原液,用于电解制备金属镓。电解制备金属镓后的废电解液含镓0.3g/L,可返回用于碳酸化分解脱铝。

4.1.2.2 金属镓的净化

电解产出的金属镓含有铝、锌、铅、钒、硅、钙和镁等杂质，一般需经过净化处理。净化处理采用两种方法：

(1)酸洗：用0.5～1mol 盐酸溶液作洗涤剂。酸洗过程中，电位较镓负的金属，如锌、铝、锰、铬、钒、镁、钙和硅等可通过酸洗除去，除去的程度不受它们原始含量的影响。

(2)过滤：用蒸馏水浸覆镓金属，加热到40℃，经搅拌一段时间后过滤，杂质硅、铁、钒、铝、钙、镁、锰、铜和镍等随水除去。

酸洗法和过滤法对于除铅和锌的效果均欠佳，可在电解液制备前加硫化物或通过结晶法预先除去。

4.1.2.3 工艺流程

美国和俄罗斯均采用碳酸化－电解法生产金属镓。碳酸化－电解法的优点是副产品 $Al(OH)_3$ 可做产品出售，其余副产物可返回氧化铝生产系统。碳酸化－电解法的缺点是回收率较低。碳酸化－电解法的工艺流程如图4－2所示。

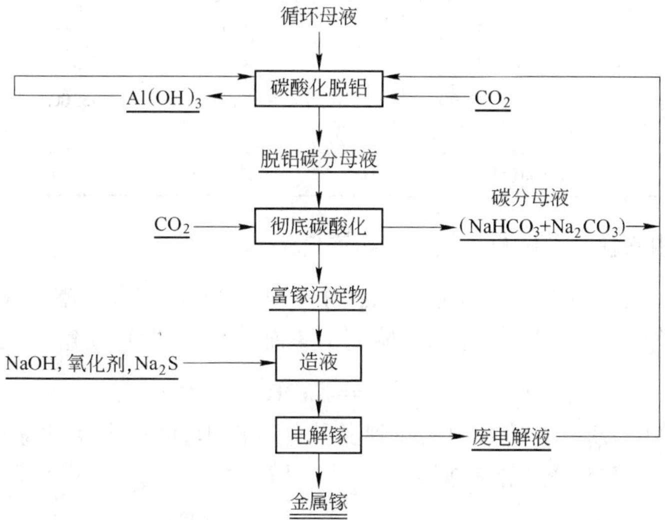

图4－2 碳酸化－电解法的工艺流程

4.1.3 中和溶解－电解法

中和溶解－电解法的原料为丝钠铝石。烧结法处理铝土矿的一次彻底碳分所得沉淀主要是氢氧化铝（$Al(OH)_3$）和丝钠铝石（$Na_2O \cdot Al_2O_3 \cdot 2CO_2 \cdot nH_2O$）两种化合物，镓以类质同晶的形态存在于上述两种化合物中，分别为氢氧化镓（$Ga(OH)_3$）和丝钠镓石（$Na_2O \cdot Ga_2O_3 \cdot 2CO_2 \cdot 3H_2O$）。二者的比例取决于原液中 Na_2O_T 与 Al_2O_3 的比例以及碳分作业条件。一次彻底碳分的沉淀物中的镓含量一般为0.1%～0.2%。

4.1.3.1 电解液制备

丝钠镓石易溶于水和碱液中。在20℃时，丝钠镓石的溶解度为0.037g/L，75℃时可达0.88g/L。丝钠镓石饱和溶液在20±0.5℃时的组成见表4－3。

表 4－3　$Na_2O \cdot Ga_2O_3 \cdot 2CO_2 \cdot 3H_2O$ 饱和溶液的组成（20±0.5℃）

饱和溶液组成（质量分数）/%	Ga_2O_3	8.13	7.96	7.74	7.43	5.88	4.43
	Na_2O	2.85	2.85	2.85	2.85	2.87	2.88
	CO_2	0	0.09	0.10	0.20	0.61	1.02
	H_2O	89.00	89.10	89.30	89.50	90.60	91.60
固　相		$Ga_2O_3 \cdot 3H_2O$		$Ga_2O_3 \cdot 3H_2O$			$Ga_2O_3 \cdot 3H_2O$

饱和溶液组成（质量分数）/%	Ga_2O_3	2.89	1.48	1.17	0.867	0.138
	Na_2O	2.89	2.90	2.91	2.91	2.92
	CO_2	1.44	1.86	1.97	2.07	2.28
	H_2O	92.80	93.70	93.90	94.10	94.60
固　相		$Ga_2O_3 \cdot 3H_2O$			$Ga_2O_3 \cdot 3H_2O + NaGa(OH)_2CO_3 \cdot H_2O$	

饱和溶液组成（质量分数）/%	Ga_2O_3	0.034	0.0128	0.0047	0.0037
	Na_2O	2.92	2.92	2.92	2.92
	CO_2	3.11	3.64	4.09	4.15
	H_2O	93.90	93.40	93.00	92.90
固　相		$NaGa(OH)_2CO_3 \cdot H_2O$	$NaGa(OH)_2CO_3 \cdot H_2O$		$NaGa(OH)_2CO_3 \cdot H_2O$

将丝钠镓石用稀释的返回母液溶解，反应式为：

$$Na_2O \cdot Ga_2O_3 \cdot 2CO_2 \cdot 3H_2O + 4NaOH = 2NaGa(OH)_4 + Na_2CO_3 + H_2O$$

伴随 Na_2CO_3 的形成，溶液的苛性系数下降到 1.8 而导致 $NaAlO_2$ 水解：

$$NaAlO_2 + 2H_2O = NaOH + Al(OH)_3 \downarrow$$

水解产出的 $Al(OH)_3$ 在溶液中又起到晶种分解作用，加速了丝钠镓石的分解，有利于铝转入 $Al(OH)_3$ 沉淀，镓进入溶液富集。获得含镓达 0.8～1g/L 的富镓溶液，此时溶液中的 $\frac{Al_2O_3}{Ga}=20$ 左右，将其采用碳酸化－电解法的造电解液方法，即将富镓溶液经彻底碳酸化后，制备成电解液而获得金属镓。

4.1.3.2　工艺流程

中和溶解－电解法的工艺流程如图 4－3 所示。

中和溶解－电解法的优点是：利用丝钠镓石的溶解性能，采用返回母液溶解镓，不需另加物料，既使成本下降，又可以把镓的回收率提高到 70%～80%。如采用压煮或高温溶解，镓的溶解率可达到 80%～90%。副产物可返回氧化铝生产系统。

中和溶解－电解法的不足之处是：二次沉淀物中镓的溶出率不高，仅约 80%；溶出残渣为含 SiO_2 高的 $Al(OH)_3$ 不能作为产品出售。

4.1.4　汞齐电解法

汞齐电解法用金属汞作阴极，从含镓的 $NaAlO_2$ 液中电解提镓。汞齐电解法的机理：镓

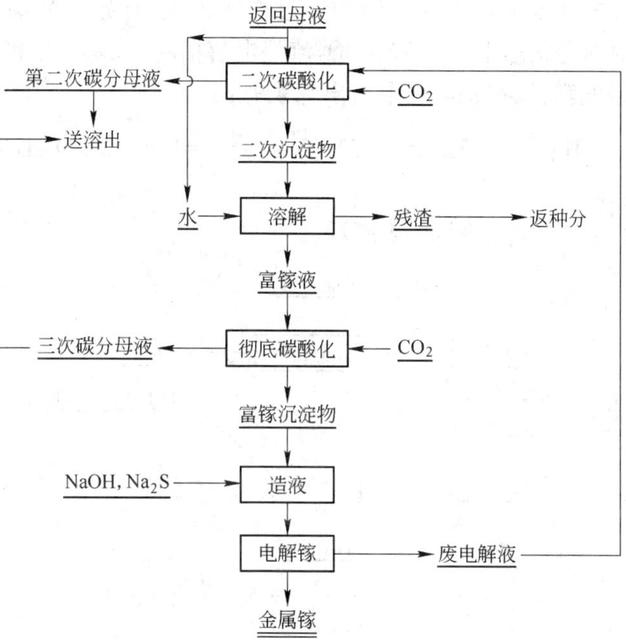

图 4－3　中和溶解－电解法工艺流程

属负电性金属，比氢电位更负，但因其在汞阴极上析出的是汞齐，致使其电位向正移，又加上氢在汞阴极上的超电压较大，故可从 $NaAlO_2$ 水溶液中电解析出镓。

4.1.4.1　电解液制备

将含镓 0.18g/L 的 $NaAlO_2$ 返回母液做初次电解液，在汞阴极面积 $12m^2$ 的电解槽内电解 24h，得到镓汞齐。工艺参数为：电流密度 $5000A/m^2$、槽电压 4V、电解液温度 40～50℃。

当初次电解到汞齐含镓 0.3%～1% 时，即可将含镓汞齐转入盛有铁屑（最好是石墨块）的密闭反应器中。加入 NaOH 煮至近沸，使 Ga－Hg 分解，便可得到含镓 10～60g/L 的 $NaGaO_2$ 溶液。这种富镓溶液经净化后即为电解液。

4.1.4.2　电解工艺过程

初次电解所得的镓汞齐经碱分解后所得，用不锈钢作阳极，在电流密度 $8000A/m^2$、槽电压 10V 下再次电解，结果获得纯度达 99.9% 的金属镓。

在电解过程中，镓在汞阴极上析出而与汞形成镓汞齐，其电化学反应为：

$$GaO_2^- + 2H_2O + 3e \xrightarrow{Hg} Ga(-Hg) + 4OH^- \quad (4-9)$$

虽然此反应的标准电位为－1.22V，但镓在汞阴极上析出的超电压较高，较镓更负的金属，如钒、铅及钠等便会与镓一起在汞阴极上析出。而钒在汞阴极上被还原到 3 价后，便以不溶物 $V(OH)_3$ 形式沉淀析出：

$$4VO_3^- + 3H_2O + 4e \longrightarrow V_4O_9^{2-} + 6OH^- \quad (4-10)$$

$$V_4O_9^{2-} + 3H_2O + 4e \longrightarrow V(OH)_3 + 6OH^- \quad (4-11)$$

过滤电解液获得的钒精矿，可进行综合利用。

4.1.4.3　汞齐电解镓的电解槽

在密闭的钢制电解槽底部盛有汞，用汞量为 $V_{Hg}/V^{NaAlO_2} = 1/(27 \sim 240)$（视所用汞阴极而异)，一钢制网栅式转鼓形阴极在转动中穿过槽底汞层，导致在鼓面上形成汞膜，在转鼓上部高有固定的钢制耙状形阳极，当 $NaAlO_2$ 流经电解槽时，采用电流密度 50～100A/m^2、槽压 1.2～1.5V 进行电解，镓在汞阴极上析出镓汞齐：

$$(Hg-Ga):GaO^{2-}+2H_2O+3e \xrightarrow{+Hg} Hg-Ga+4OH^- \quad (4-12)$$

4.1.4.4　工艺流程

汞齐电解法的工艺流程如图 4－4 所示。

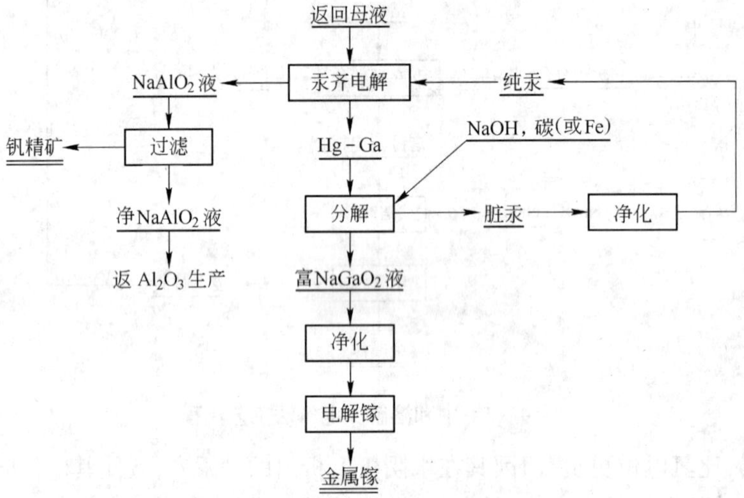

图 4－4　汞齐电解法提镓工艺流程

4.1.4.5　汞齐电解提镓实例

(1)在电流密度 5000A/m^2、槽电压 4V、电解液温度 40～50℃下电解所得的镓汞齐经碱分解后，用不锈钢作阳极，在电流密度 8000A/m^2、槽电压 10V 下再次电解，结果获得纯度达 99.9% 的电解镓。

技术条件为：极距 50mm，槽压 2.5～3.0V，电解液温度 40～50℃，电流密度 2000～3000A/m^2 下电解得 99.9%～99.99% 镓。

采用含 Ga 0.18g/L，V_2O_5 0.5g/L 的 4.8m^3 的 $NaAlO_2$ 返回母液，在汞阴极面积 12m^2(汞重达 1000kg)的电解槽内电解 24h，得到镓 0.6kg 及 V_2O_5 2.5kg，电能耗达 600kW·h。汞齐电解液及产物组成见表 4－4。

表 4－4　汞齐电解液及电解产物的主要组分

组　分		Ga	Al	Na	V_2O_5	Fe	Cr_2O_3	Zn	Pb
$NaGaO_2$ 液组成 /g·L^{-1}	电解前	0.190			0.263	0.005	0.003	0.034	0.003
	电解 24h 后	0.110			0.120	0.004	0.003	0.015	0.003
	电解 72h 后	0.060			0.024	0.003	0.003	0.005	0.003
Ga－Hg/%		10.8	0.4	12.00	0.148	0.05	0.147	1.4	0.1
分解后的 $NaGaO_2$ 液组成 /g·L^{-1}		20.25	3.5	75.00	0.015	0.08	0	0.43	0.01

(2)用 Zn－Hg 锌汞齐作流态化的阴极，在 32～60℃下电解，镓进入锌汞齐后提镓。锌汞齐法可直接从含镓的 $NaAlO_2$ 液中电解提镓，工艺简单，设备简易，且可综合利用钒。瑞士、匈牙利和德国等采用此技术提镓。但锌汞齐法用汞量大，生产 1kg 镓需用汞 2～3t。

钠汞齐电解法与其他汞齐电解法的技术指标见表 4－5。

表 4－5 钠汞齐电解法与其他汞齐电解法技术指标的比较

比较项	钠汞齐电解法	转鼓式汞齐电解法	直接汞齐电解法	汞齐电解法
$NaAlO_2$ 液中的 Ga/g · L^{-1}	0.185	0.280～0.310	0.214	0.190
电解槽容积/L	4	200	5	200
流通中 $NaAlO_2$ 液量/L · d^{-1}	24	200	4	150
补充汞量/kg · d^{-1}	1.36	12	2	30
汞齐阴极面积/m^2	0.0188	0.86	0.0177	0.20
电解液温度/℃	20～50	48	50	45
Hg/ $NaAlO_2$ 的容积比	1/240	1/226	1/27	1/68
析出镓量/kg · d^{-1}	0.00264	0.035～0.038	0.0007	0.013
电流效率/%	15～20	2.8	3～5	5～5.7
生产 1kg 镓的汞损失/kg	5	275	2～20	2

从表 4－5 看出，钠汞齐电解法的指标优于其他汞齐电解法。

(3)碳酸化－汞齐电解联合法：将含镓 0.02～0.035g/L 的碳分母液，在 55～70℃下通 CO_2 碳酸化，所得的沉淀用 NaOH 在 90℃下溶解，获得含 0.2～0.3g/L 的 $NaGaO_2$ 液。将其直接送汞齐电解，得到含镓 0.5～0.8g/L 的镓汞齐。经分解得含镓 40～60g/L 溶液，再按常规电解法制备纯度 99.999% 的电解镓。碳酸化－汞齐电解联合法的镓的回收率约 40%。

4.1.4.6 汞齐电解法的缺点

汞齐电解法存在如下缺点：

(1)所用汞量太大，生产 1kg 镓需用汞 2～3t；

(2)不利于搅动，因为搅动会导致汞损失量的增大，每生产 1kg 镓约损失汞 2～275kg；

(3)汞污染工作环境，影响人体健康，汞还会转入 $NaAlO_2$ 液中(含汞可达 0.02～0.1g/L)进入氧化铝的生产系统等。

4.1.4.7 改进的汞齐电解法

通过强化汞齐电解过程和改进电解槽结构，目的在于克服汞齐电解法的缺点。

A 采用转动阴极及改进的电解槽

改进的电解槽是一密闭电解槽，阴极用钢材制造成网栅结构，形成鼓状。当转动此鼓形阴极穿过储汞的密闭槽底时，便在鼓面上形成一汞膜，从而得到一大面积的阴极。

改进的电解槽结构如图 4－5 所示。

B 强化汞齐电解过程

通电电解时，镓、钠和锌在阴极析出并进入镓汞齐，钒与铝经放电还原以氢氧化物沉淀的形态析出，铝随废电解液返回氧化铝生产系统。

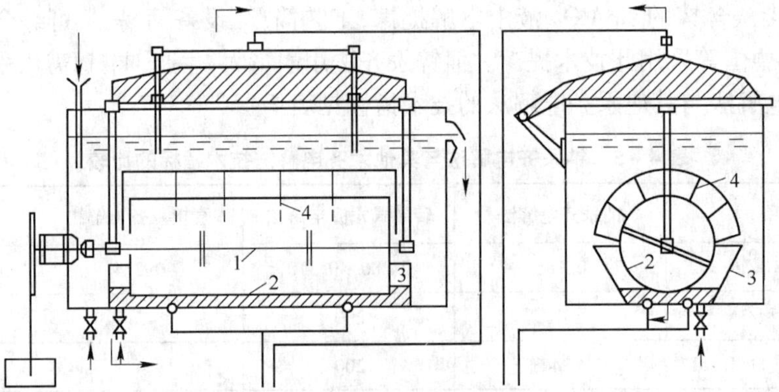

图 4 - 5 改进的转动阴极的汞齐电解槽

1—轴;2—转动钢鼓(即阴极);3—盛汞密封槽;4—针形阳极

向镓汞齐中加入石墨块和 10% NaOH 的溶液,加热到 100℃并强烈搅拌 0.5h,此时镓汞齐与石墨形成原电池,镓转入碱液并与汞分离,得到含镓多于 20g/L 的 $NaGaO_2$ 液。

不溶阳极电解 $NaGaO_2$ 溶液得到金属镓。分解后的脏汞用盐酸或硝酸净化后返回再用。现将汞齐电解液及电解产物组成见表 4 - 4。

4.1.5 直接铝酸钠溶液 - 电解法提取镓

直接从工业 $NaAlO_2$ 返回母液中电解法提取镓是有意义的尝试,它的成功可以简化金属镓的生产工序。

4.1.5.1 直接电解法的电化学反应

直接电解法提镓的电化学反应如下:

阳极反应:

$$GaO_2^- - 2e \longrightarrow GaO^+ + \frac{1}{2}O_2 \uparrow \qquad (4-13)$$

$$2OH^- - 2e \longrightarrow H_2O + \frac{1}{2}O_2 \uparrow$$

阴极反应:

$$2GaO^+ + 3e \longrightarrow Ga \downarrow + GaO_2^- \qquad (4-14)$$

当阴极上放出氢时会发生如下反应:

$$GaO_2^- + 2H + e \longrightarrow Ga \downarrow + 2OH^- \qquad (4-15)$$

$$GaO^+ + H + 2e \longrightarrow Ga \downarrow + OH^- \qquad (4-16)$$

电解镓的总反应为:

$$GaO_2^- + 2H_2O + 3e \longrightarrow Ga \downarrow + 4OH^- \qquad (4-17)$$

研究发现,溶液中的 $NaAlO_2$ 对电解镓无影响,只是会使电解液中的 OH^- 浓度增加,从而降低氢的超电压,使电流效率下降:

$$H_2GaO_3^- + H_2O + 3e \longrightarrow Ga \downarrow + 4OH^- \qquad (4-18)$$

4.1.5.2 直接电解法的技术条件

直接电解法提镓的技术控制条件见表 4 - 6。从表 4 - 6 可见,目前直接电解提镓的电流效率极低，同时电解液需经严格净化，目前尚未实现工业化生产。

表 4－6 直接电解法提镓的技术控制条件

返回母液主要组分含量/g·L^{-1}				阴极	阳极	电流密度/A·m^{-2}	槽压/V	电解液温度/℃	电效/%	电耗/kW·h·kg^{-1}	回收率/%	电解情况
Ga	Al_2O_3	Na_2O	SiO_2									
0.11～0.14	50	115	—	粗镓	铂丝	150	—	30	—	—	—	顺利
0.10～4	50	100	0.26	镓	镍	250～500	3～4	—	—	—		可行
0.2～0.3	—	—	—	镀镓	镍	200	4～4.2	40～50	0.8～1	300～400	55～65	可行
0.05～0.06	60～70	170～175	0.014～0.028	镀镓	—	120～200	—	35～40	≤0.5	500～1000	65～75	可行
0.35	160	320	—	锡	镍	200	—	41	—	—	—	—

4.1.5.3 直接电解法的改进

日本曾对直接电解法提镓进行改进，设想采用一种能提高氢超电压及降低镓析出电位的金属或合金作固态阴极，直接从 $NaAlO_2$ 返回母液中电解提镓。据报道已找到的固体阴极材料有锡、铟、锌及锡合金等，而效果较好的阳极材料是铝、镍及铅合金等。

英国铝业公司试验用锡作阴极，在 41℃及 220A/m^2 的条件下，电解含 Ga0.35g/L 的 $NaAlO_2$ 溶液，能从中提取 33% 的镓。电解获得的是镓锡合金，此合金经过滤取出，进行熔铸后再电解得金属镓。

试验表明，直接从 $NaAlO_2$ 返回母液中电解提镓，除电流效率低外，电解镓的质量也不好，故还难用于生产。

4.1.6 合金－电解法

利用镓的亲铁性，采用还原熔炼使锌渣中 80%～90% 和镓入铁中，形成 Fe－Ga 合金，再从 Fe－Ga 中提取镓。从 Fe－Ga 中提取镓的工艺研究较多，如酸溶法、磁选法、再造渣法、氯化挥发法和电解法等，其中比较成功的是合金－电解法。

合金－电解法工艺简单、无污染且经济效益较好，还可以产出副产品－还原铁粉。

4.1.6.1 合金－电解法的原料

粗铁中除镓外，还含有铟和锗，电解过程中，它们大部分进入阳极泥，仅小部分锗进入电解铁与电解液，阳极泥经直接氯化蒸馏提锗，从氯化残液回收镓及铟。

电解铁含 Fe 97.14%～98.98%，连同杂质 S、C、Si、Mn、P 及 As 等，含量均达粉末冶金用或焊条用还原铁粉的行业标准，可经清洗、磨碎、通氨保护于回火炉处理得铁粉或作还原铁粉出售。合金－电解法的原料见表4－7。

表4－7　合金－电解法的原料

粗铁组分/%	Ga	0.05～0.09	0.03～0.10		0.10
	In	0.01	0.12～0.19		0.08
	Ge	0.016～0.020		0.87～1.10	
	Fe	85～90	89～94	86～89	89～90
电解液组分/$g \cdot L^{-1}$	$FeCl_2$	35～40	40	35～45	
	$(NH_4)_2SO_4$				
	NH_4Cl	150	150	140～160	
	$FeSO_4$				50

4.1.6.2　合金－电解法的工艺条件

将Fe－Ga熔铸成阳极板，套以隔膜，加入电解液槽中进行电解。其原料与技术条件见表4－8。

表4－8　电解技术条件

电解条件	pH值	4.5～5.0	4～5.5	4～5.0	2.5～3.5
	电流密度/$A \cdot m^{-2}$	125～175	150～250	150～300	100～150
	E/V	0.7～0.9		1.5～1.8	1.0～1.2
	T/℃	50～62	50～60	50	60
阳极泥组分/%	Ga	0.21～0.42			0.1
	In				0.1～1.2
	Ge	0.025～0.038		2.1～3.4	
回收率/%	Ga	85	99		
	In	90			
	Ge			84	
	Fe	85～88	85	92	
电解铁/%	Fe	97.1～99.8		93～95	99.6
	回收率	85～88	85	85～95	

电解过程的阳极反应：

$$Fe \longrightarrow Fe^{2+} + 2e \quad (4-19)$$

$$2Ga + 3H_2O \longrightarrow Ga_2O_3 + 6H^+ + 6e \quad (4-20)$$

$$2In + 3H_2O \longrightarrow In_2O_3 + 6H^+ + 6e \quad (4-21)$$

$$Ge + 3H_2O \longrightarrow H_2GeO_3(aq) + 4H^+ + 4e \quad (4-22)$$

电解过程的阴极反应：

$$Fe^{2+} + 2e \longrightarrow Fe \quad (4-23)$$

$$H_2GeO_3(aq) + 4H^+ + 4e \longrightarrow Ge + 3H_2O \quad (4-24)$$

4.1.6.3 合金－电解法的工艺流程

合金－电解法的工艺流程如图 4－6 所示。

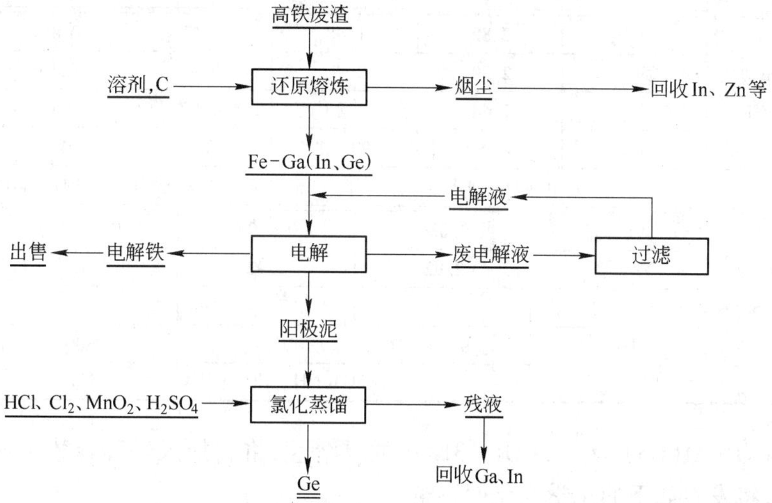

图 4－6 电解合金法工艺流程

4.1.6.4 合金－电解法的实例

当采用 ISP 渣提取镓时，ISP 渣中含镓大于 0.03% 时，而炉渣实际又存在足够多的铁时（含铁 25% ~33%），可利用镓的亲铁性质，通过电炉还原熔炼把镓富集到 Fe－Ga 合金中，然后从此合金回收镓。

还原熔炼时配入为料重 10% 的炭和一定量 CaO（有利于提高 Fe－Ga 中铁的品位），在 1460 ~1500℃ 下还原熔炼 60min，将渣中 85% 以上的镓与铁富集到 Fe－Ga 合金中，得到含镓不小于 0.1% 的 Fe－Ga 合金。再经电解铁工艺，Fe－Ga 中 85% 以上的镓转入阳极泥，而从含镓 0.4% ~0.45% 的阳极泥中回收镓。

4.1.6.5 合金－电解法的优势与不足

合金－电解法所产得的电解铁，其经济价值足够提镓成本。此法可充分利用 ISP 的热能，还可同时综合回收渣中的铅、锌和锗等。

ISP 渣的合金－电解法存在不理想之处：需要高温还原熔炼与电耗较高（1tFe 耗电 900kW · h），因此适合在电力充足地区实施。

4.1.7 中和－溶解提镓法

4.1.7.1 中和－溶解提镓法原理

丝钠铝（或镓）石 $Na_2O \cdot Al(Ga)_2O_3 \cdot 2CO_2 \cdot 3H_2O$ 具有易溶于水及碱液中的特性，在

20℃时丝钠镓石的溶解度为0.037g/L,75℃时可达0.88g/L。$CO_2-Ga_2O_3-Na_2O-H_2O$饱和溶液的组成见表4－9。

表4－9　$CO_2-Ga_2O_3-Na_2O-H_2O$饱和溶液的组成(20±0.5℃)

饱和溶液的组成(质量分数)/%	Ga_2O_3	8.13	7.96	7.74	7.43	5.88	4.43
	Na_2O	2.85	2.85	2.85	2.85	2.87	2.88
	CO_2	0	0.09	0.10	0.20	0.61	1.02
	H_2O	89.00	89.10	89.30	89.50	90.60	91.60
固　相	$Ga_2O_3\cdot3H_2O$						

饱和溶液的组成(质量分数)/%	Ga_2O_3	2.89	1.48	1.17	0.867	0.138
	Na_2O	2.89	2.90	2.91	2.91	2.92
	CO_2	1.44	1.86	1.97	2.07	2.28
	H_2O	92.80	93.70	93.90	94.10	94.60
固　相	$Ga_2O_3\cdot3H_2O$			$Ga_2O_3\cdot3H_2O\cdot NaGa(OH)_2CO_3\cdot H_2O$		

饱和溶液的组成(质量分数)/%	Ga_2O_3	0.034	0.0128	0.0047	0.0037
	Na_2O	2.92	2.92	2.92	2.92
	CO_2	3.11	3.64	4.09	4.15
	H_2O	93.90	93.40	93.00	92.90
固　相	$NaGa(OH)_2CO_3\cdot H_2O$				

利用$Na_2O\cdot Al(Ga)_2O_3\cdot2CO_2\cdot3H_2O$的易溶性,将它加入经稀释数倍的返回母液的碱性溶液中,将发生如下的化学变化而溶解:

$$Na_2O\cdot Ga_2O_3\cdot2CO_2\cdot3H_2O+4NaOH\longrightarrow2NaGa(OH)_4+2Na_2CO_3+H_2O$$

并伴随NaOH被CO_2所中和而形成Na_2CO_3,使溶液的苛性系数(a_k)下降到1.8而导致$NaAlO_2$水解:

$$NaAlO_2+2H_2O=\!=\!=NaOH+Al(OH)_3\downarrow$$

水解产出的$Al(OH)_3$在溶液中又起到晶种分解作用,加速了丝钠镓石的溶解,有利于铝转入$Al(OH)_3$沉淀。

4.1.7.2　中和－溶解提镓法工艺

镓进入溶液而富集,可获得含镓0.8～1g/L的富镓溶液,溶液中Al_2O_3/Ga比约为20。再经彻底碳酸化后,再碱化造液电解而获得金属镓,中和溶解法提镓工艺流程如图4－7所示。

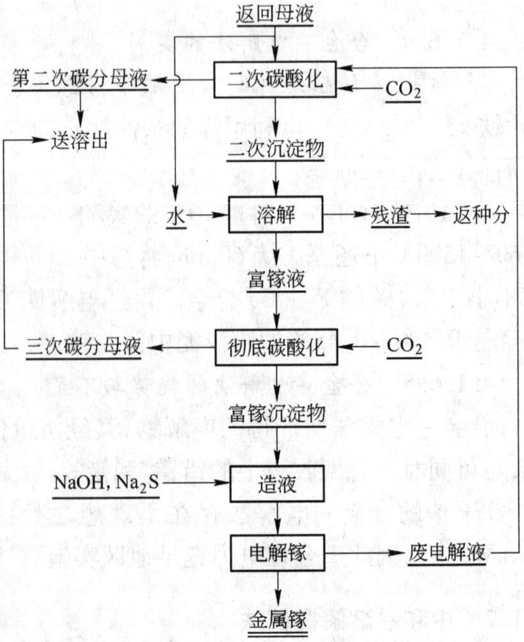

图4－7　镓的综合回收技术工艺流程

4.1.7.3　中和－溶解提镓法的优势与不足

中和－溶解提镓法利用丝钠铝(镓)石的溶解特性,采用返回母液溶解镓,既不需另加物料,还可将镓的回收率提高到70%～80%。同时,副产物可无害返回铝氧生产系统,从而使成本下降。

如果采用压煮(0.7MPa)高温溶解,可使镓的溶解率达到80%~90%,经彻底碳酸化后碱化造液电解的金属镓。

中和-溶解提镓法的不足之处是二次沉淀物中镓的溶出率不高,仅约80%;溶后残渣为含 SiO_2 高的 $Al(OH)_3$,不能作产品出售,需要另谋出路。

4.1.8 酸溶烟尘-电解提镓法

电解精炼铝过程中产出的烟尘,有时含镓达0.1%~0.2%,另含有 SiO_2、$\alpha-Al_2O_3$ 等,可采用酸浸法从此烟尘中提镓。在酸浸过程中 $\alpha-Al_2O_3$ 随镓转入溶液,然后视此酸浸介质是硫酸或盐酸,选用相应的萃取剂萃取回收镓,反萃后获得的富镓水相,经碱化后电解得金属镓。

4.1.9 烧结-电解法提取镓

4.1.9.1 处理电解铝烟尘

向电解铝烟尘(其中含镓0.2%、大量铝和氟化物)加入5倍尘重的 Na_2CO_3 的量,在800~850℃温度下,通入空气进行烧结30min。烧结产物用水浸出,滤液用铝片置换得粗镓,镓的回收率达70%,由此进一步提取金属镓。

4.1.9.2 处理电解铝槽内炭末

电解铝的电解槽内的炭末含镓0.02%~0.05%、含碳70%~80%和冰晶石($3NaF\cdot AlF_3$)15%~16%等,可用做提镓原料。

首先将炭末氧化焙烧除去碳,同时使焙砂中的镓富集近10倍。然后用5%浓度的NaOH于80℃下浸出焙砂,这时料中冰晶石进入溶液,而镓却留在浸出渣中,此渣含镓约1%。将渣配加石灰,在1000~1050℃下烧结,产出的含镓渣用碱浸出,铝以不溶的 $3CaO\cdot Al_2O_3$ 形态残留在浸出渣中,而镓则以 $NaGaO_2$ 形态进入浸出液。浸出液成分为(g/L):Ga0.89~0.97、Na_2O 90~100、$Al_2O_3$70~80及 $SiO_2$0.6~0.7。可参照铝片置换或电解法回收镓。

4.2 溶剂萃取法

采用溶剂萃取法自铝酸钠溶液中回收镓的研究已经开展30余年。法国 Helgorsky J 于1974年提出用 Kelex-100 作萃取剂,从碱性溶液中回收镓;1981年,法国罗纳-普朗克厂采用8% Kelex-100+8%癸醇/煤油萃取体系,直接从铝酸钠循环母液中萃取镓实现工业生产。

溶剂萃取法自铝酸钠溶液中回收镓工艺的难题是解决萃取剂与碱性溶液接触时间长会造成的萃取剂损耗大和萃取速率慢问题,加入长链羧酸钠盐表面活性剂作稀释剂解决了萃取速率慢的问题。

根据所用萃取剂的不同,溶剂萃取法分为中性萃取、酸性萃取、螯合萃取和胺类萃取剂萃取法等。

中性萃取剂主要有醚类萃取剂、中性磷类萃取剂、酮类萃取剂、亚砜类(如二烷基亚砜)和酰胺类(如N503)萃取剂等。

酮类萃取剂，如甲基异丁酮，在萃取镓时首先在强酸性介质中质子化，然后与镓化合物缔合进入有机相。

醚类萃取剂包括乙醚、二异丙醚和二异丁基醚等，萃取镓时也是先在强酸性介质中质子化，然后缔合成萃合物。由于醚类萃取剂沸点低和易燃，目前在工业中应用受到限制。中性磷类萃取剂主要有磷酸三丁酯(TBP)。

目前，酸性萃取及螯合萃取体系的研究活跃且应用广泛。酸性萃取剂有磷酸类、脂肪酸类和羟肟酸类，其中磷酸类是研究充分的一类萃取剂，主要有 P204、P507、P5709 和 P5705 等。

有机胺类萃取剂从盐酸介质中萃取镓时，其萃取能力依伯、仲、叔、季胺顺序依次增强。常见的胺类萃取有三辛基胺、季铵盐和胺醇类等。

4.2.1 Kelex－100 萃取镓

从拜耳法种分母液中萃取镓所采用的萃取剂为 7－十二烯基－8－羟基喹啉，这是 8－羟基喹啉的衍生物，代号为 Kelex－100。Kelex－100 不同于 8－羟基喹啉，即使在强碱性介质中也不溶解，但其溶解于很多有机溶剂中。

4.2.1.1 萃取条件

Kelex－100 萃取镓的体系：萃取剂 Kelex－100 的浓度为 8%～10%，相比(有机相:水相)＝1:1，癸醇作添加剂，煤油为稀释剂。萃镓后的负载有机相需用 0.2～0.5mol 盐酸溶液洗涤以除去钠与铝等杂质，然后用 1.6～1.8mol 盐酸溶液反萃。萃取温度一般为 50～60℃，提高有利于加速萃取过程。

Kelex－100 萃取镓的同时还从铝酸钠溶液中萃取出少量的铝和钠，但铝和钠与萃取剂生成的配合物在碱性介质中的稳定性低于镓配合物：

$$Ga(OH)^-_{4(水相)} + 3HL_{(有机相)} \xlongequal{} GaL_{3(有机相)} + OH^- + 3H_2O \tag{4-25}$$

$$Al(OH)^-_{4(水相)} + 3HL_{(有机相)} \xlongequal{} AlL_{3(有机相)} + OH^- + 3H_2O \tag{4-26}$$

$$Na^+ + OH^- + HL_{(有机相)} \xlongequal{} NaL_{(有机相)} + H_2O \tag{4-27}$$

研究发现，Kelex－100 可实现选择性萃取镓。

4.2.1.2 萃取过程

采用 8% 的 Kelex－100－煤油溶液从拜耳法溶液中萃取镓，相比为 1:1。

溶液的成分(g/L)为：Na_2O：166，Al_2O_3：81.5，Ga：0.24，原液中 Al/Ga 为 180:1。

萃取结果为：溶液中有 61.5% 的 Ga，0.6% 的 Na 和 3% 的 Al 进入有机相，有机相中的 Al/Ga 为 9:1。

铝酸钠溶液经多级逆流萃取后返回氧化铝生产流程，负载于有机相中的 Ga、Al 和 Na 的分离在洗涤与反萃过程中实现。用 0.6molHCl 溶液洗涤有机相(组成为(g/L)：Ga 0.197，Al_2O_3 2，Na_2O 1.4，相比＝1:1)，结果有机相中 Ga197 g/L 和 $Al_2O_3$0.02 g/L，Al:Ga 比例降低到 0.05:1。用 2molHCl 溶液进行镓的反萃，镓的提取率为 99%。

反萃后的有机相经水洗除酸后返回流程。一段反萃液用磷酸三丁酯进行二段萃取，再用水反萃得到富镓水溶液，经过沉淀、过滤、碱溶除杂等后处理，即可进行电解得到金属镓。

4.2.1.3 工艺流程

Kelex－100萃取镓工艺流程如图4－8所示。

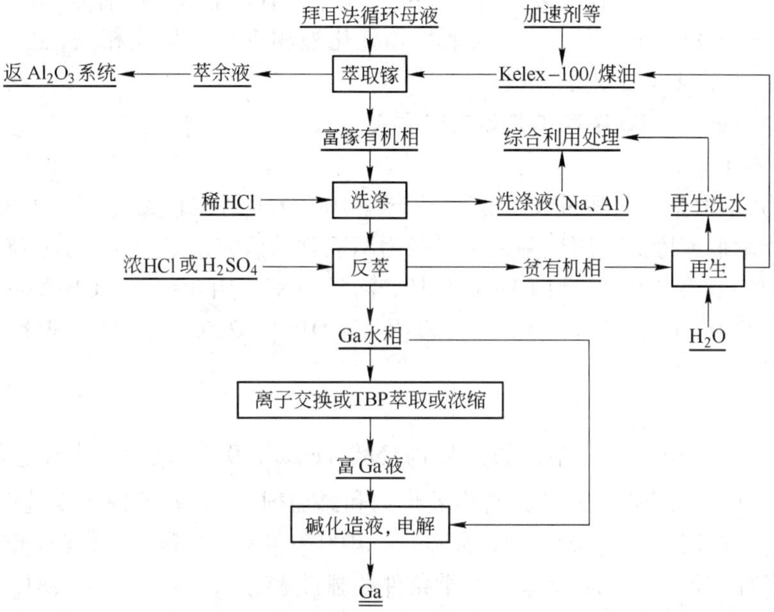

图4－8 Kelex－100萃取镓的工艺流程

4.2.1.4 Kelex－100萃取法的实例

法国罗尼普仑克厂(Rhone－Poulenc)于1980采用Kelex－100（7取代－8羟基喹啉，以HL表示)萃镓工业化。

采用种分母液为原料,成分为(g/L):Ga0.18～0.24,Na_2O 150～200,Al_2O_3 70～100,有机相为:6%～12%(体积分数)Kelex－100煤油＋癸醇(煤油:癸醇＝9:1)从种分线液萃取镓:

$$Ga(OH)_4^-(a)+3HL(o)^+\longrightarrow GaL_3(o)+OH-(a)+3H_2O(a)$$

添加剂癸醇有利于萃取镓并能防止第三相的形成,但其浓度的增加会使萃钠量上升,导致萃镓时与铝的选择性降低。添加癸醇浓度与镓、铝、钠元素的分配比的关系曲线如图4－9所示。

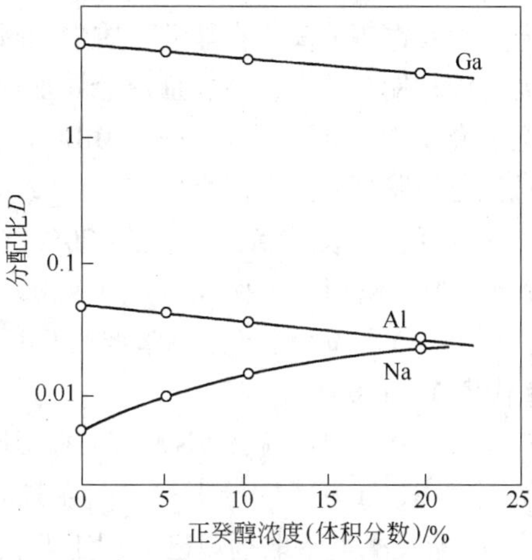

图4－9 癸醇浓度对镓等分配比的影响

用0.3～0.6mol/L HCl洗涤得到的富镓有机相,目的在于去除铝与钠等杂质。再用1.6～1.8mol/L HCl(或H_2SO_4)反萃镓,得到含镓0.1～10g/L的水溶液,经浓缩得富镓液,经碱化造液电得金属镓。

4.2.1.5 Kelex－100萃取法的优缺点

Kelex－100萃取法可以从镓含量很低的分解母液中不经富集而直接提镓,具有流程短、镓的纯度高、工艺流程简单、不改变铝酸钠溶液的成分、不影响氧化铝生产、无污染和镓的回收率高的优点。镓的回收率高于80%,萃余液可无害处理后返回氧化铝系统。

Kelex－100 萃取法的缺点也很突出：萃取剂价格高，萃取剂在碱液中易氧化，萃取速率较低，因而需要使用一些添加剂；在萃取温度下稀释剂煤油易挥发；反萃剂用盐酸，而最后电解镓则需用碱液，增加了过程的复杂性。同时，Kelex－100 萃取工艺存在 Kelex－100 萃取平衡时间过长的问题。研究认为，这与水相和乳化液相界面的反应相关，也与 Kelex－100 的分子结构相关，需要对工艺加以改进。

4.2.1.6　Kelex－100 萃取工艺的改进方式

A　改变萃取剂

分析认为，萃取平衡时间过长可能与 Kelex－100 分子结构有关，改用—CHR—NR 取代衍生物以改善萃取速度。改用烷基邻苯二酚为萃取剂的研究结果证明，用含 18 碳的烷基邻苯二酚萃取镓的效果较好，然后用 1mol/L HCl 溶液反萃。用含═N—OH 基的螯合树脂从成分为(g/L)：Ga0.01～0.5、$Al_2O_3$50～100 及 Na_2O100～200 的 $NaAlO_2$ 返回母液中吸附镓，取得了较好的结果。

B　加入添加剂

加入的添加剂种类很多，例如，添加异构羟酸 Versatic10、F_7 试剂作为加速剂，加入 kermac4706 稀释剂，加入长链羟酸的钠盐作乳化剂和添加剂 2－乙基乙醇作改进剂等。

研究取得了进展，例如，加入 10% 的 Kelex－100 和 8%～12% 的混合醇(作改性剂)，同时添加一定量加速剂 F_7 试剂，萃取动力学条件明显改善，从含 Ga0.16g/L、$Al_2O_3$40～60g/L 及 Na_2O140g/L 的拜耳法返回母液几乎可以定量萃取镓。负载有机相经稀盐酸洗涤后，用盐酸反萃，结果得到了大于 98% 的反萃率。

4.2.2　碳酸化－萃取法

碳酸化－萃取法采用的原料为碳酸化得到的附加液，经溶解使镓转入酸性介质中，然后采用相应萃取剂萃取提镓。

4.2.2.1　萃取体系

选用三辛胺(TOA)、醚及乙酸乙(或丁)酯组成萃取体系，萃取后可实现镓与铝、铁(Ⅱ)、锌、钴、镍及铜等分离。在盐酸介质中用磷酸三丁酯(TBP)萃取镓，可实现镓与重金属杂质，即锌、钴、镍和铜等分离，但铁(Ⅲ)及锑(Ⅲ)会同时被萃取，且易于产生第三相。在含 2.5～8mol 盐酸的介质中，用甲基异丁基酮(MiBK)可定量萃取镓，但 MiBK 存在水溶性较大的缺点。还可选用乙酰胺、环已酮、混合醇和二－(2－乙基已基)磷酸(P204)等萃镓。

可采用萃取体系还包括：20% 叔碳羧酸/煤油(或二甲苯)，叔羧酸(商品名 Versatic911H)和 P204＋YW100(YW100 为协萃剂)。

P204＋YW100 可单独协萃镓，也可以协萃镓和锗，萃取反应为(以 H_2A_2 代表 P204，以 HR 代表 YW100)：

$$Ga^{3+}_{(水)} + H_2A_{2(有)} + 2HR_{(有)} \longrightarrow Ga(HA_2)R_{2(有)} + 3H^+_{(水)} \quad (4-28)$$

$$Ge(OH)^{3+}_{3(水)} + H_2A_{2(有)} + 3HR_{(有)} \longrightarrow Ge(OH)_3HA_2 \cdot 3HR_{(有)} + H^+_{(水)} \quad (4-29)$$

醚、酯及酮类萃取剂现已实现工业化。

4.2.2.2　工艺过程

盐酸溶解碳酸化产出的富镓的 $Al(OH)_3$ 沉淀，制备盐酸含量为 5.45mol 的含镓溶液，然后用醚萃取提镓。镓的最大分配比可达 75。负载有机相在 40～50℃下进行蒸馏挥发醚，

残留的 $GaCl_3$ 经碱化造液,电解获得金属镓。挥发的醚经收集后净化,然后返萃取工段。

4.2.2.3 工艺流程

碳酸化－萃取法提镓工艺流程如图 4－10 所示。

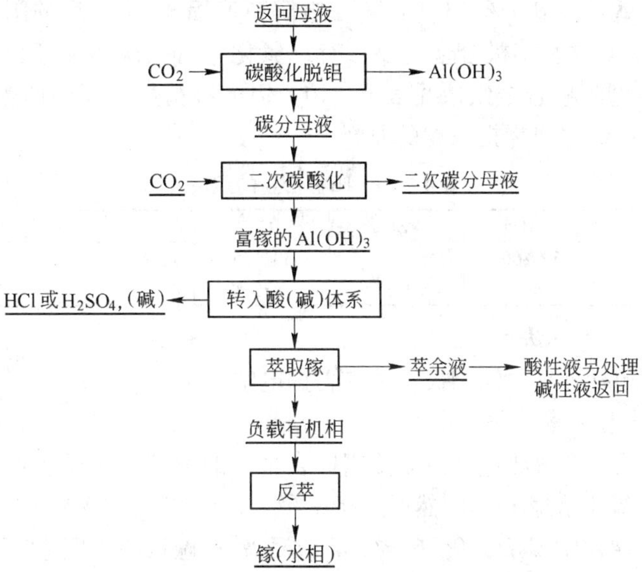

图 4－10 碳酸化－萃取法提镓的工艺流程

4.2.3 中性挥发－萃取法

中性挥发－萃取法适用于从锗石中回收镓。锗石是目前世界上发现的唯一具有单独工业开采价值的锗镓矿物,通常含锗 6% ~10%,含镓 0.76% ~1.85%。

在 800℃下,在氮气氛中挥发锗进入烟气,而镓留在渣中。用盐酸溶解此渣,滤液用硫化氢除去杂质。所得溶液经中和处理,使镓进入沉淀,然后盐酸溶解沉淀使镓转入盐酸介质。用醚萃取镓,反萃后的镓进入水相,经造液后电解法制取金属镓。

4.2.4 中和－萃取法

中和－萃取法也用于从锗石中回收镓。将锗石磨碎到 0.15mm,用 50% 浓度的 NaOH 溶液浸出,浸出液蒸发至疏松产物。用热水溶解产物,所得滤液用 70% 的硫酸溶液酸化至 pH 值为 8,加热至沸后加入硝酸,使溶液保持 5% 的游离酸。过滤除去砷的硫化物沉淀,然后用 NaOH 中和到 pH 值小于 3,此时溶液中镓以 $NaH_2Ga(AsO_4)\cdot1.5H_2O$ 形态析出。溶液中的锗采用中和沉锗的方法回收。

原料中的镓约有 88% 转入酸式砷酸盐中,用盐酸溶解此沉淀物,用醚萃取镓,反萃得到的镓水相经净化后电解制取金属镓。

4.2.5 氯化分锗－萃取法

先将锗石投入反射炉内进行氧化焙烧,接着以两段硫酸浸出,最终酸度控制在含硫酸 10g/L 左右。过滤后将滤液浓缩到原液的 1/10,再进行氯化蒸馏完成氯化分锗,镓进入残液。向残液加入酸与盐析剂后,用醚萃取镓。

4.2.6　酸、碱处理－萃取法

一般粗铝中含镓约0.001%～0.01%,在电解精炼铝2～3年后的阳极合金中,镓会富集到0.2%～0.56%。这种阳极合金主要含有二氧化硅、铜、铁和镓等杂质,实质是一种铁(铜)镓合金。其典型阳极合金组成见表4－10。铝电解精炼过程中产生电解槽煤沫和烟尘,同样在其中富含镓,也成为提取镓的原料。

表4－10　阳极合金的组成　　(质量分数/%)

组　分	Ga	Al	Zn	Cu	Fe	SiO_2	Mn
试料1	0.1～0.3	50～60	—	30～35	4～8	1～3	—
试料2	0.1～0.4	40	1.3	25	19	12	1.5

4.2.6.1　碱溶－萃取法

碱溶－萃取法包括处理含镓阳极合金和含镓电解槽煤沫。

A　碱溶阳极合金－萃取法

碱溶阳极合金是一个放热过程。为使阳极合金中的镓与杂质迅速且完全的分离,合金先于500～700℃下氧化焙烧5～6h,然后进行碱浸。碱浸过程中95%～97%的镓转入碱液,可获得含镓0.2～0.4g/L、Al_2O_3 40～60g/L的碱浸液,耗碱量约为理论需要量的1.5倍。

碱浸液中的镓可按前述Kelex－100萃取镓的方案提取镓,也可采用石灰乳－电解法和碳酸化－电解法提取镓。

B　碱溶含镓电解槽煤沫－萃取法

电解铝的电解槽内的煤沫主要组成为:含镓0.02%～0.05%、含碳70%～80%及冰晶石15%～16%等。采用碱浸法提取煤沫中的镓。

煤末在碱浸之前,通常采用氧化焙烧法脱碳处理,脱碳后的焙砂中镓富集近10倍。然后于80℃下用5%浓度的NaOH浸出焙砂,结果是冰晶石进入溶液,而镓留在浸出渣中。

渣含镓大约1%,加入石灰并在1000～1050℃下熔炼,产出的含镓渣用碱浸出。渣中的铝以不溶的$3CaO\cdot Al_2O_3$形式残留在浸出渣中,而镓则以$NaGaO_2$形式进入浸出液。

浸出液的组成为(g/L):含镓0.89～0.97,Na_2O 90～100,Al_2O_3 70～80及SiO_2 0.6～0.7。可按前述的Kelex－100萃取镓、石灰乳－电解法和碳酸化－电解法提取镓。

C　碱浸锌渣－萃取法

采用苛性钠分解浸锌渣使镓进入溶液,铁则留在残渣中。

浸锌渣成分:Ga 0.0012%,Zn 13.7%,Fe 36.5%,Pb 2.05%。

用1.0mol/L NaOH溶液在25℃下浸出浸锌渣,镓的浸出率随反应的延长几乎达到100%。向溶液中添加碳酸钠沉淀镓,再以盐酸溶解,借助乙醚萃取镓。反萃液中的镓用NaOH中和,沉淀出$Ga_2O_3\cdot H_2O$。再采用碱溶－萃取法,可实现镓的回收率达90%。

碱浸锌渣－萃取法处理浸锌渣的优点是工艺简单、设备材质容易解决、综合回收有价金属和碱液可再生返用。缺点是浸锌渣中含硅高时,高碱浓度浸出液中液固分离较难问题。

4.2.6.2　酸溶－萃取法

A　酸溶阳极合金－萃取法

酸溶阳极合金可采用盐酸作浸出试剂。在饱和盐酸中镓与铝的溶解度差异较大($GaCl_3$

为 130g/L,而 $AlCl_3 \cdot 6H_2O$ 仅 1.09g/L),从而达到镓、铝分离的目的。

当用含 6.2 ~7.2mol 盐酸溶液浸出经粉碎的合金粉料时,可得到含镓 0.46 ~0.48g/L 及 Al_2O_3 6.6g/L 的溶液。此溶液可采用碳酸化 - 电解法提取镓,也可采用癸醇/煤油(0.1molTOA +0.1mol 煤油)体系萃取镓。

用 5% 浓度的 NaOH 反萃有机相中的镓,相比控制在 10,反萃液经碱化后电解便得到金属镓。

酸浸过程中,合金中的铜、铁及铝等会进入溶液,需增加净化工序,也会多耗盐酸。通常采用冷却结晶除铝、加亚硫酸钠还原除铁及电解脱铜等方法除杂。

B 酸溶烟尘 - 萃取法

电解精炼铝过程中产出的烟尘中有时含镓量可达 0.1% ~0.2%,同时含有 SiO_2 和 Al_2O_3 等。可采用酸浸烟尘提取镓。

在酸浸过程中,Al_2O_3 随镓一起进入溶液,选用前述相应的萃取剂提取镓,通过反萃使镓进入水相,经碱化后电解得金属镓。

C 高压酸浸 - 萃取法

高压酸浸 - 萃取法用于从湿法炼锌的浸锌渣中回收镓。浸锌渣中含有镓、锗和铟,常压浸出难以获得较高的镓、锗的浸出率,而通过加压浸出则浸锌渣中的镓、锗、铟的浸出率可分别达到 97%、96% 和 94%。

高压酸浸条件:外压为 250kPa、P_{SO_2} 约 60kPa、温度 100 ~130℃,用锌废电解液浸出3 ~6h。在镓、锗、铟转入溶液的同时,大部分铁、锌和铜等也转入溶液。

浸出液通入空气的同时,分两段加入石灰石进行中和:首段中和控制 pH 值为 2,得纯 $CaSO_4$;二段中和控制 pH 值为 4.5,使镓与铟等水解沉入二次石膏中。

再将二次石膏加水浆化并用硫酸溶解,得到含镓溶液。通入 H_2S 除去重金属离子,并将 Fe^{3+} 还原为 Fe^{2+},添加氨水并严格调节 pH 值到 2.5 ~3.5,用叔碳羧酸萃取镓。

从富含镓阳极合金中提取镓的工艺流程如图 4 -11 所示。流程图分别列出了两种方法,即酸溶和碱溶处理含镓阳极合金。

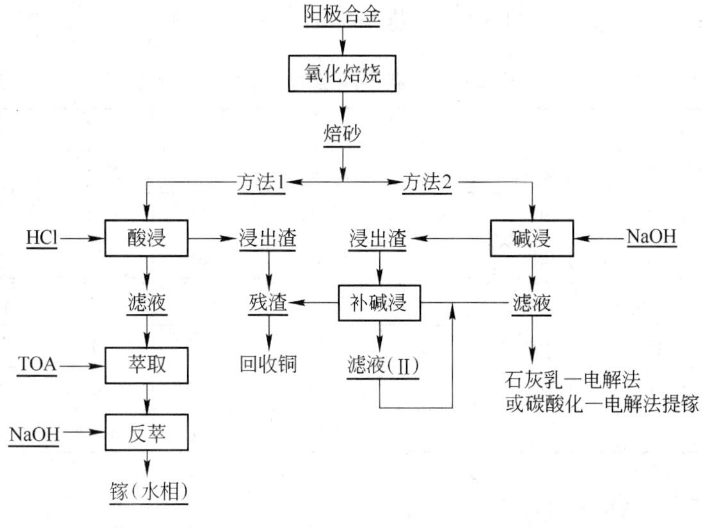

图 4 -11 从富含镓阳极合金中提取镓的工艺流程

镓水相经碱化造液,电解获得金属镓。

酸、碱处理－萃取工艺的优势是实现了无废物生产,充分利用了浸锌渣中包括铁在内的各种元素。但采用高压釜这类特殊设备,不仅投资较大,且镓、铟在二次石膏中和沉淀效果不好,造成回收率不高。

4.2.7　电溶阳极合金－萃取法

含镓阳极合金也可采用电溶方法处理。以含1%～19%硫酸的溶液作电解质、以铜片作阴极、阳极合金作阳极,在电流密度1000～700A/m^2、槽压为2.2V和电解温度70℃的条件下电溶阳极合金。

电溶过程中,阳极合金中约95%～97%的镓和铝转入电解液。电溶结束后得到的电解液(g/L)含镓0.11～0.25,铝19～21.5及铁2.5～3.6,可选用P204＋YW100体系萃取回收镓,然后经电解制取金属镓。

4.2.8　煅烧－萃取法

煅烧－萃取法用于提取煤矸石中的镓。煤矸石是采煤、选煤和洗煤加工过程中产生的固体废弃物。富镓煤矸石通常含镓30g/t以上,对于含镓高的煤矸石,特别是镓品位达到60g/t时,其综合利用应以回收镓为中心,同时兼顾煤矸石其他有用组分(主要是铝和硅)的利用。

将煤矸石粉碎到一定粒径后,在500～1000℃温度下煅烧,然后用酸浸出煅烧渣得到含镓溶液,通过溶剂萃取回收镓。镓提取率达95%以上。

4.2.9　还原熔炼合金－萃取镓

采用还原熔炼工艺使煤中的镓和锗富集于铜合金中,氯化蒸馏回收锗,再从净化的溶液中用醚萃取镓。

4.2.9.1　原料

煤的成分非常复杂,表4－11列出了英国各种煤尘的成分。

表4－11　英国煤尘的化学成分　　(质量分数/%)

组成物	Ga_2O_3	GeO_2	C	SiO_2	Al_2O_3	Fe_2O_3	ZnO	CaO＋MgO
棕色煤尘	0.75	1.24	0	29.33	15.15	22.56	8.54	4.56
红色煤尘	0.73	0.80	痕	27292	12.90	21.80	2.29	4.89
黑色煤尘	0.38	0.29	49.99	11.50	5.10	7.58	0.14	4.18

组成物	Na_2O+K_2O	PbO	CuO	As_2O_3	SO_3	S	Cl	H_2O
棕色煤尘	3.45	0.10	0.19	0.50	10.00	0	0	2.98
红色煤尘	5.41	0.81	0.08	1.11	14.55	0	0.13	5.60
黑色煤尘	4.92	0.30	0	0.52	4.04	1.43	1.95	8.35

4.2.9.2　工艺过程

还原熔炼合金－萃镓法包括如下处理步骤:

A 还原熔炼法制备 Cu－Ga 合金

含镓煤尘配以 CuO、Na_2CO_3、SiO_2 及 Al_2O_3 等熔剂还原熔炼，在还原熔炼中，分别有 50%～60% 的镓和 99% 的锗进入 Cu－Ga 合金，其余成分入炉渣。为了尽量回收炉渣中镓，通过再一次加碱熔炼，使镓形成 Cu－Ga(Ⅱ)合金，这样转入 Cu－Ga 合金总镓量共达 83%。所得 Cu－Ga 合金成分为(%)：Ga(1.5～2.0)，Ge(3～4)，还有 Cu、As、Fe、和 S 等杂质。

B 净化处理制备萃取液

Cu－Ga 合金经氯化蒸馏法提锗，镓留在氯化蒸馏的残液中。从氯化蒸馏残液中回收镓，通常有几种方法：

(1)首先经中和除铁，或低温冷却结晶除铜，再水解沉淀析出镓。沉淀物经酸溶、萃取、碱化造液后电解得金属镓。

(2)直接在除铜后进行萃取提镓，如残液成分为(g/L)：Ga(0.08～0.05)，Fe(5.6)，HCl 浓度为 9mol/L 的条件下，用乙醚或 TBP 萃取镓。

4.2.9.3 工艺流程

还原熔炼合金－萃镓法工艺流程如图 4－12 所示。

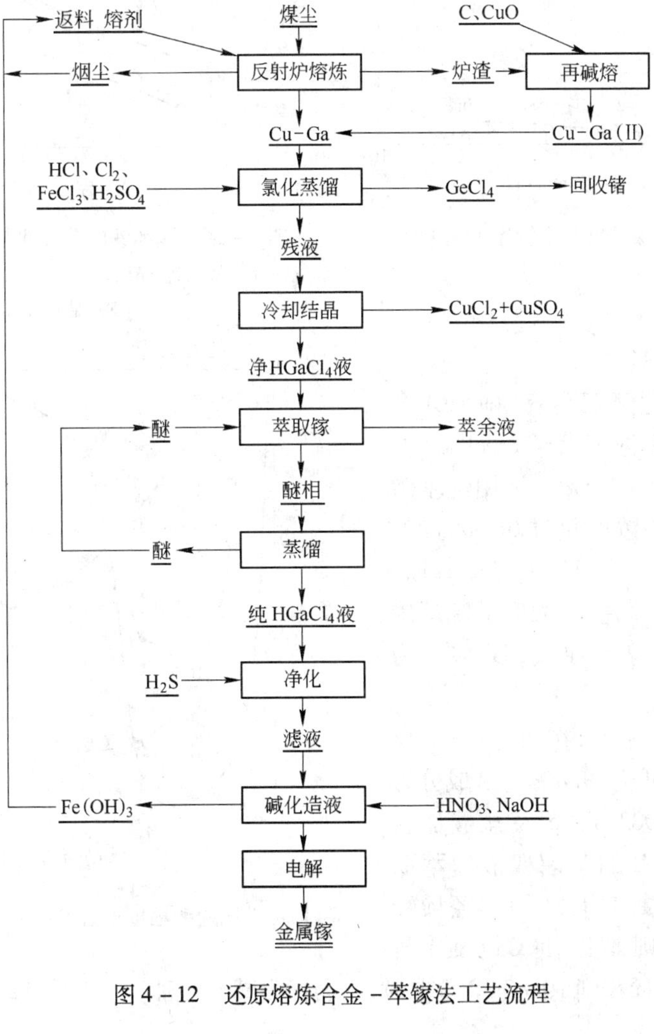

图 4－12 还原熔炼合金－萃镓法工艺流程

4.2.9.4　萃取过程的影响因素

萃取镓的影响因素包括酸度、酸介质种类、萃取剂种类和还原条件等。

A　酸度的影响

萃取过程中酸度的影响因素如图4-13所示。

从图4-13看出,以采用5~6mol/L浓度的盐酸为好。图4-14给出了在盐酸介质中用TBP萃取镓时金属分配比与TBP和盐酸浓度的关系曲线。

从图4-14中看出,当HCl浓度大于4mol/L后,镓的分配比D_{Ga}比铁的分配比D_{Fe}大两个数量级。

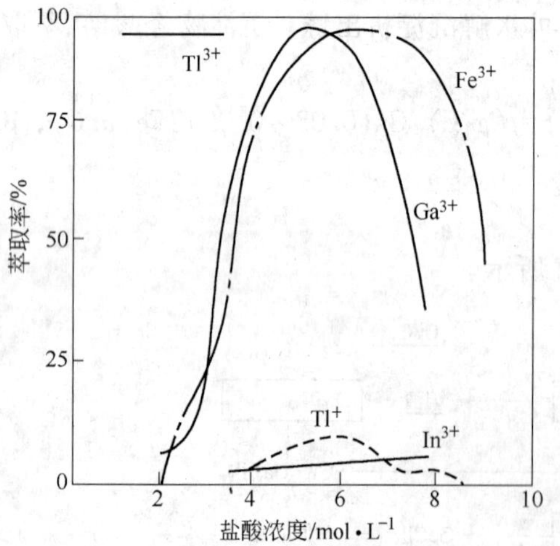

图4-13　盐酸浓度与萃镓率的关系

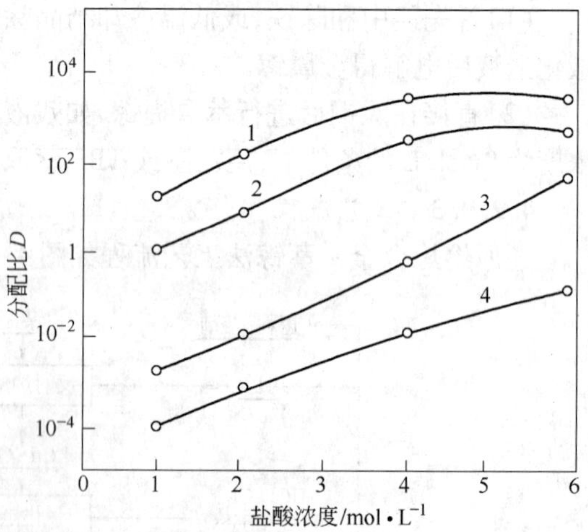

图4-14　镓和铁的分配比与盐酸浓度的关系

1—Fe(Ⅲ),纯TBP;2—Ga,纯TBP;3—Ga,10%TBP;4—Fe(Ⅲ),10%TBP

B　萃取剂的影响

从提锗的氯化蒸馏残液(即HCl介质)中萃镓,当盐酸浓度大于8mol/L时,D_2EHPA萃镓率大于90%。采用烷基磷酸作萃取剂当盐酸浓度超过6mol/L时,残液中的镓可被D_2EHPA所定量萃取。图4-15给出了不同盐酸浓度下烷基磷酸类萃取剂的萃镓率曲线,反萃剂为草酸。

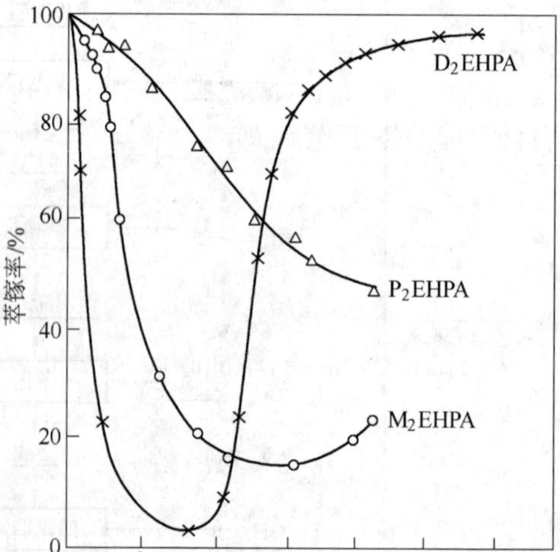

图4-15　不同盐酸浓度下烷基磷酸类萃取剂的萃镓率

采用TBP作萃取剂,在相比$o/a=1/5$下萃镓,萃镓率可达99.8%。从成分为(g/L):Ga8、Ge0.002、Fe56及盐酸加硫酸的酸度为8mol/L的蒸馏残液中萃取镓的连续试验结果表明:如用不经稀释的TBP萃取镓,则难以使Ga(Ⅲ)与Fe(Ⅲ)分离,但用稀释到10%TBP萃取时,则会优先萃Ga(Ⅲ)。表4-12列出TBP萃镓的技术条件和进料产物的组成变化数据。

表 4-12 TBP 萃取剂从氯化蒸馏的残液中萃镓的结果

物 料	技术控制条件			组分变化/g·L^{-1}			
	试 剂	相比(o/a)	级数	Ga	TFe	Fe^{3+}	HCl
蒸馏残液	10% TBP+20% ~25% 异癸酸	1(1.1~1.4)	4	5.17	60.09	4.00	190
萃余液				0.02	48.37	2.64	107
洗涤液(进)	盐 酸	6/1	2				91
洗涤液(出)				4.00	12.40	12.40	125
反萃剂	盐 酸	9/1	4				15
镓水相				34.3	5.04	5.04	29
水解产物	通 SO_2 并加 NaOH			50.0%	1%		pH 值为 3.8~4.2

研究表明，当盐酸浓度不足 2mol/L 时，镓会以 $GaCl_3$ · TBP 的形式被萃取；当盐酸浓度超过 2mol/L 后，镓的萃合物则为 $HGaCl_4$ · TBP。镓的分配比 D_{Ga} 随添加各种盐析剂（如食盐等）而增大。过程中每处理 1m^3 原液约损失 0.02kg 的 TBP。

C 还原剂的影响

加入铁粉到溶液中作还原剂，使 Fe^{3+} 被还原到 Fe^{2+}（TBP 不萃 Fe(Ⅱ)），再采用 10% TBP+20% ~25% 异癸醇作萃取剂、Esacid 110 为稀释剂萃取镓，用盐酸反萃得镓水相。通过控制 pH 值为 3.8~4.2，可水解得富镓渣，然后进一步回收镓。

4.2.10 直接萃取法提取镓

1981 年，法国的罗尼普化克（Rhong-Poulenc）工厂实现从 Al_2O_3 生产循环的碱性母液中直接萃取法提取镓。

4.2.10.1 从 Al_2O_3 生产循环母液中直接萃取镓

采用 8% Kelex-100+10% 癸醇/煤油的萃取体系，从 Al_2O_3 生产循环母液中萃取镓。再以 5.8mol/L 盐酸洗涤除去铝和钠，然后用 1.5mol/L 盐酸反萃镓，获得镓水相，经电解得金属镓。图 4-16 所示为工艺流程。

改用含氧肟基的螯合树脂，从 Al_2O_3 生产的循环母液（含 0.01~0.5g/L Ga、50~120g/L Al_2O_3、100~200g/L Na_2O）中回收镓，镓富集达 40~50 倍。图 4-17 所示为工艺流程。

4.2.10.2 从碳酸化法脱铝后液直接萃取镓

采用前述碳酸化法脱铝，使镓转入碱性溶液，实现用 Kelex-100 萃镓。

由于 Kelex-100 价格较高，萃取镓的选择性较差，欲获得 90% 的萃取率需要众多的设备和消耗的药剂多。

4.2.11 全萃法提取镓

全萃法用于处理锌的湿法冶金体系中的含镓、铟和锗的硫酸溶液，采用 P204 萃铟，P204+YW100 协萃镓和锗，在萃取过程中发生如下一些反应：

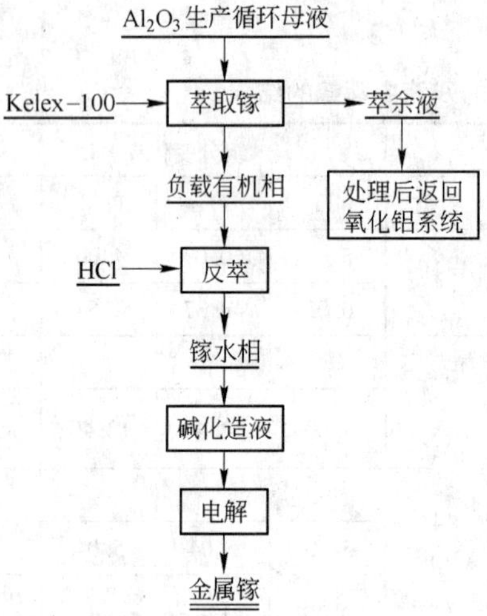

图 4－16　直接提镓法从碱性溶液中提取镓
（Kelex－100 萃取剂）

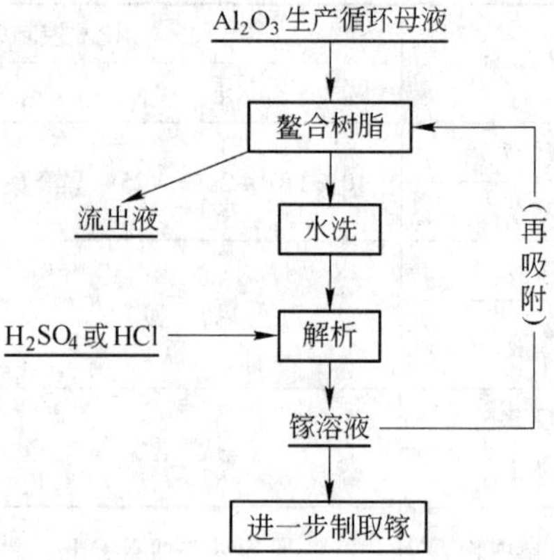

图 4－17　直接提镓法从碱性溶液中提取镓
（螯合树脂）

$$Ga^{3+}_{(水)} + H_2A_{2(有)} + 2HR_{(有)} \longrightarrow Ga(HA_2)R_{2(有)} + 3H^+_{(水)}$$

$$Ge(OH)_3^+{}_{(水)} + H_2A_{2(有)} + 3HR_{(有)} \longrightarrow Ge(OH)_3HA_2 \cdot 3HR_{(有)} + H^+_{(水)}$$

$$In^{3+}_{(水)} + 3H_2A_{2(有)} \longrightarrow In(HA_2)_{3(有)} + 3H^+_{(水)}$$

全萃法提镓工艺流程如图 4－18 所示。

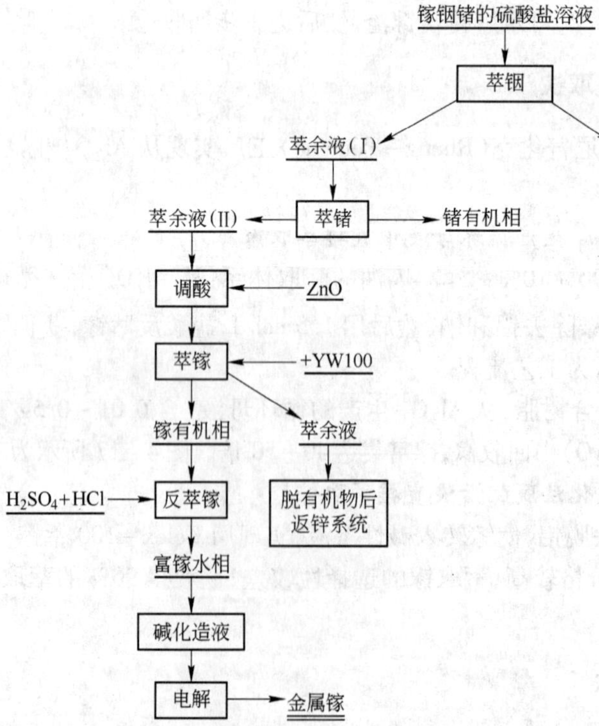

图 4－18　全萃法提取镓的工艺流程

在图4－18中，全萃法提取镓的工艺流程图的“锗有机相”送去回收锗工序，“有机相”部分则送到提铟工序回收铟。

全萃法已经为工业试验证实可行。铟的回收率在90%以上，锗至GeO_2的回收率为97%，镓至镓水相的回收率超过88%。

4.2.12 赤铁矿－萃取法提取镓

赤铁矿－萃取法用来处理锌浸出渣，在日本已实现工业化。赤铁矿－萃取法的工艺流程如图4－19所示。

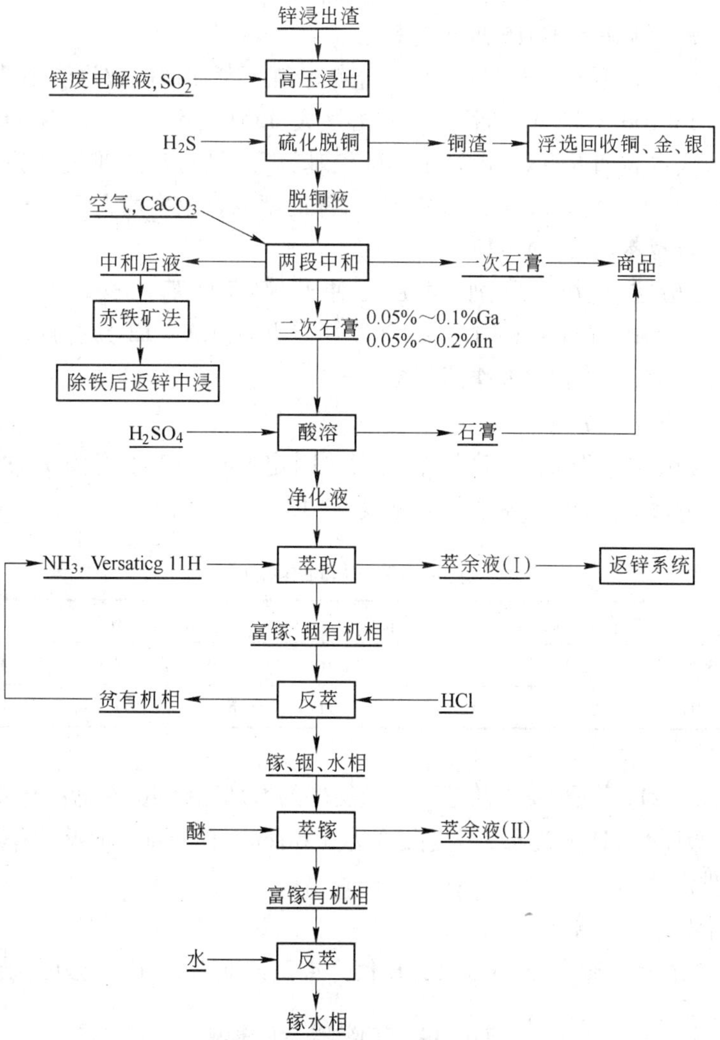

图4－19 赤铁矿－萃取法提镓、铟流程

如图4－19所示，赤铁矿来自于锌浸出渣的除铁过程：

(1)锌浸出渣经高压浸出、硫化脱铜和两段中和后，得到中和后液；

(2)中和后液经赤铁矿法除铁，铁形成赤铁矿；

(3)硫化脱铜后得到的脱铜液,经两段中和,镓和铟富集于二次石膏中;

(4)将二次石膏经酸溶、萃取,镓与铟进入有机相;

(5)反萃后,镓与铟进入水相;

(6)再经过一次萃取镓,实现镓与铟分离,得到富镓溶液。

赤铁矿—萃取法会产生赤铁矿渣和石膏,需要进一步处理。

4.2.13 用于提取镓的新型萃取剂

用于提取、分离和回收镓的萃取剂主要有羧酸类萃取剂,酸性磷类萃取剂和取代8-羟基喹啉类萃取剂等,这里介绍两种近年来发展的新型萃取剂。

4.2.13.1 新型萃取剂G315用于提取镓

我国自主合成的新型的萃取剂G315,用于锌冶炼厂萃取回收锌浸渣中的镓和锗。萃取剂G315克服了YW100(C7-9羟肟酸)的水溶性大、LIX63(5,8-二乙基-6-羟基十二烷基酮肟)的合成成本高和Kelex-100(十三碳烷基异羟肟酸)反萃难度大弊端,G315对镓、锗的萃取能力较强,实现镓萃取率在98%以上,镓的萃取直收率均大于90%。

4.2.13.2 新型萃取剂CA-12

采用一种新型羧酸类萃取剂,学名为仲辛基苯氧基乙酸,化学结构式为S-$C_8H_{17}C_6H_4OCH_2COOH$,简称CA-12。从萃取性能上看,CA-12具有较好的化学稳定性,在水中溶解度小,不易乳化和萃取率高等特点。

A 酸度对萃取率的影响

CA-12为羧酸类萃取剂,酸度影响较大。固定CA-12浓度为7.59×10^{-2}mol/L,Ga^{3+}浓度为7.80×10^{-4}mol/L,萃取结果见表4-13。

表4-13 酸度的影响

酸 度	盐酸浓度/$mol\cdot L^{-1}$			pH值				
	3.6	1.2	0.7	1.0	2.0	3.0	4.2	4.8①
萃取率/%	0.016	2.78	6.34	9.31	96.84	97.04	100	77.7

①出现第三相。

从表可见,CA-12萃取Ga^{3+}的萃取率随酸度的增加而降低,在盐酸体系中CA-12萃取Ga^{3+}的最佳酸度是pH值为4.2。当酸度为3.6mol/L时,Ga^{3+}的萃取率近似0,这正是反萃的酸度条件。

B 萃取剂浓度的影响

固定的Ga^{3+}浓度7.80×10^{-4}mol/L,pH值为4.2,改变CA-12的浓度,结果见表4-14。

表4-14 萃取剂浓度的影响

CA-12浓度/$mol\cdot L^{-1}$	0.5×10^{-3}	0.9×10^{-3}	1.4×10^{-3}	1.8×10^{-3}	2.3×10^{-3}	3.0×10^{-3}	4.6×10^{-3}	6.0×10^{-3}
萃取率/%	12.36	28.27	43.04	74.40	81.22	84.18	100	100

表4-14的结果表明,当CA-12浓度为4.6×10^{-3}mol/L时,萃取率为100%,继续提高CA-12的浓度,其萃取率不变。

C 镓离子浓度的影响

固定 CA－12 的浓度为 4.6×10^{-3}mol/L,pH 值为 4.2。改变 Ga^{3+} 离子的浓度,结果见表 4－15。

表 4－15 镓离子浓度的影响

$c(Ga^{3+})$/mol·L^{-1}	1.56×10^{-3}	3.12×10^{-3}	4.68×10^{-3}	6.24×10^{-3}	7.80×10^{-3}
萃取率/%	100	99.87	100	100	99.83

表 4－15 的结果说明,Ga^{3+} 的浓度在(1.56～7.80)$\times10^{-4}$mol/L 之间时,其萃取率均可达到 100%。

CA－12 对镓(Ⅲ)的最佳萃取条件为 pH 值为 2,CA－12 的浓度为 4.6×10^{-3}mol/L,振荡 30min。在此条件下,一次即可达到完全萃取。

4.3 吸附法

吸附法被用于从铝酸钠溶液中回收镓,拜耳法种分母液和烧结法的碳分母液均可作为树脂吸附法的原料。

4.3.1 树脂吸附法

吸附法常用的树脂主要是含胺肟基或含盐的螯合树脂,它们能有效地从强碱性含镓溶液中回收镓,并具有很高的选择性。如采用乙烯胺肟螯合树脂处理铝酸钠溶液,镓的吸附率可达 96%,而铝的吸附率只有 0.1%。

阴离子交换树脂 AB－16 对镓有很高的吸附能力和合适的吸附速度,并能使镓完全地与溶液中的铝(Al)、钼(Mo)、钨(W)、砷(As)、铬(Cr)及钒(V)等杂质分离。

4.3.1.1 原料

种分母液中的镓浓度 0.17～0.24g/L,此浓度范围适用于树脂吸附法。

4.3.1.2 树脂吸附法的工艺原理

铝酸钠溶液流经树脂时,其中的镓被吸附在树脂上,而流经树脂后的铝酸钠溶液则返回原氧化铝生产流程。吸附剂可采用取代羟基喹啉,如 7－烷基－8 羟基喹啉,浸渍过吸附剂的树脂作为固定床,镓被吸附在树脂上。对吸附饱和的树脂进行洗脱,实现树脂的再生和镓与铝酸钠溶液的分离。通常用 0.5～5mol/L 的硫酸或盐酸溶液作洗脱剂。对含镓脱附液进行富集、除杂和电解法生产金属镓。

4.3.1.3 吸附法的工艺流程

树脂吸附法回收镓是利用胺肟螯合树脂从含镓溶液中吸附镓,使镓与其他杂质分离,然后通过解吸把镓从树脂上转移至溶液中。在此过程中,镓得到纯化和富集。最后通过电解可获得 99.99% 的金属镓。螯合树脂的吸附容量为 2.0～2.5g/L,镓的吸附率大于 60%;镓的解吸率大于 90%;镓产品中的镓大于 99.99%。吸附法的工艺流程如图 4－20 所示。

4.3.1.4 吸附法优势与不足

树脂吸附法具有流程短、操作方便、无需往铝酸钠溶液中添加任何试剂和对主流程不产生任何影响的优势,是被世界上公认的从拜耳工艺溶液中回收镓的好方法。

吸附法的不足之处是生产成本高，原因是螯合树脂价格昂贵，生产成本难以降低。

采用硫酸或盐酸溶液作洗脱剂，形成同碱法生产氧化铝的不协调性。

4.3.1.5　吸附法富集分离镓实例

A　从含有肟酸基的螯合树脂酸性溶液中回收镓

在 pH 值为 2～3 的酸性溶液中，带有肟酸基的螯合树脂可以有选择性的吸附 Ga^{3+}。一些共存的金属离子，如 Al^{3+}、Zn^{2+} 干扰极小，镓的吸附量达到 105g/kg。吸附在螯合树脂上的 Ga^{3+} 可用 1～6mol/L 的无机酸洗脱下来予以回收。树脂经数十次的再生循环使用后，其吸附能力仍未降低。

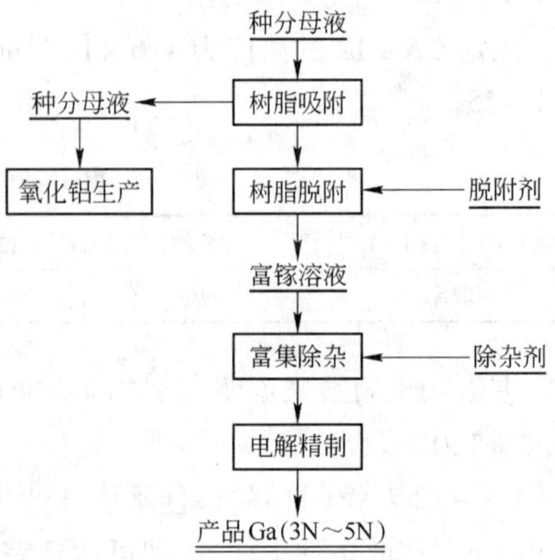

图 4－20　树脂吸附法的工艺流程

B　以烷基－8－羟基喹啉螯合树脂从碱性溶液中回收镓

以烷基－8－羟基喹啉螯合树脂从碱性溶液中回收镓的操作表明，镓的回收效率高，在大量铝存在的情况下对镓有较好的选择性。对镓的吸附容量 3.94mol/ kg，用 2mol/L 盐酸洗脱回收。

C　从 Cu、Pb、Zn、Ni、Co、Mn、Fe、Cd 和 In 中选择性地浓缩和分离镓

以 Muromac A－1 树脂（一种亚氨基二乙酸螯合树脂）为吸附剂，实现了从 Cu、Pb、Zn、Ni、Co、Mn、Fe、Cd 和 In 中选择性地浓缩和分离镓。当将 pH 值调节为 5.5 的样品通过树脂柱后，可用 2mol/L 的氨水将镓有选择性地定量洗脱下来。

4.3.2　固体吸附剂法

4.3.2.1　乙醚基泡沫海绵附剂法吸附镓

采用开口乙醚基泡沫海绵 OCPUFS 固体提取剂，吸附分离净化液中的镓。用盐酸浸出含镓的煤烟尘，盐酸浓度为 1～8mol/L，在室温下浸出 24h，每克煤烟尘中可浸出镓 95μg。

浸出液经净化除硅、铁后，用开口乙醚基泡沫海绵 OCPUFS 固体提取剂吸附分离净化液中的镓，镓的相对吸附率达 95% 以上。然后用常温两段逆流水解吸，得到富镓溶液。该溶液经电解处理即可得到金属镓。

4.3.2.2　聚氨醋泡沫吸附稼

A　吸附时间的影响

在温度为 298K，镓离子浓度为 1g/L 的条件下，吸附时间分别为 20、40、60、80 和 100min，图 4－21 中给出了泡沫塑料在 6mol/L 的 HCl 溶液中对镓的吸附率。

镓在 60min 时达到了最大的吸附率。

B　吸附温度的影响

用水浴恒温振荡器控制温度分别为 20、25、35、45、50℃，时间为 60min，其结果如图 4－22所示。

由图 4－22 中可知，温度为 35℃时吸附效果最好。泡沫塑料吸附为一放热过程，因此

选择35℃为吸附的较佳温度。

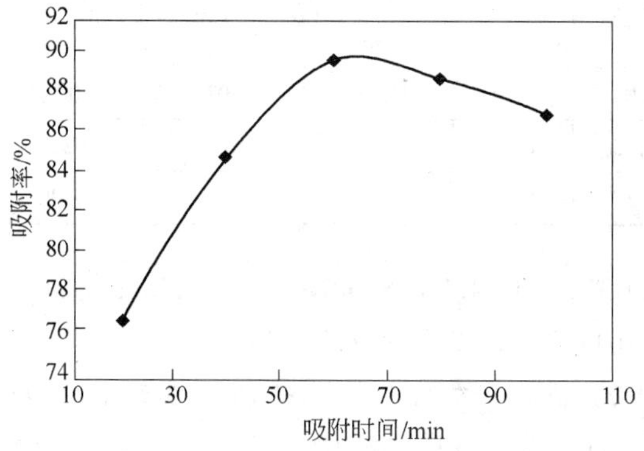

图4-21 吸附时间的影响

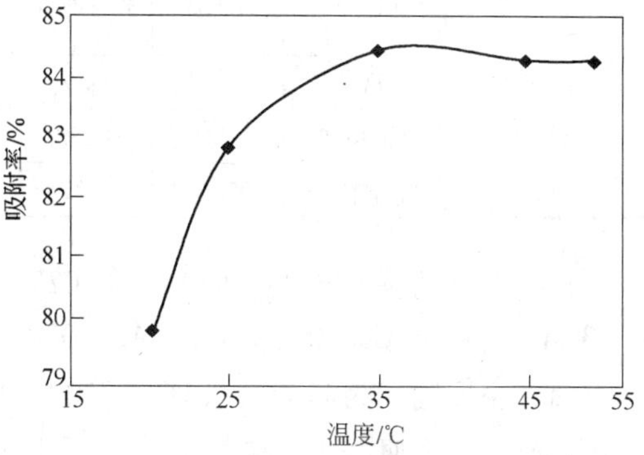

图4-22 吸附温度的影响

C 共存离子的影响

实际应用中要考虑锌、铜、铅、镉和铁等离子的影响。在用该泡沫塑料吸附镓的酸度高于3mol/L的条件下，泡沫塑料对Pb^{2+}、Cd^{2+}、Fe^{2+}和Fe^{3+}这几种离子不吸附，但在较高的酸度范围内对Fe^{3+}有一定的吸附。泡沫塑料在不同酸度下对干扰金属离子的吸附率见表4-16。

表4-16 泡沫塑料在不同酸度下对干扰金属离子的吸附率 (%)

金属离子	pH值			HCl/mol·L^{-1}			
	3.0	4.0	5.0	2.5	3.0	4.0	5.0
Zn^{2+}	20.1	24.6	28.6	0.5	0.0	0.0	0.0
Cd^{2+}	15.2	20.8	23.3	0.6	0.0	0.0	0.0
Fe^{2+}	23.2	28.3	29.0	0.8	0.0	0.0	0.0
Fe^{3+}	50.1	48.6	46.5	20.6	12.8	10.0	8.8

4.4 烟化法

烟化法适用于回收火法过程中的ISP炉渣和湿法炼锌过程中的酸浸渣中的镓，同时回收其中的锗和铟。其主导思想是将浸渣中易挥发的有价元素挥发除去，留在渣中的再进行处理。

4.4.1 ISP炉渣中镓的氯化-烟化法

密闭鼓风炉法(ISP)生产铅与锌的过程中，烧结块中的绝大部分镓进入ISP炉渣。ISP炉渣的物料组成见表4-17。

表4-17 密闭鼓风炉炉渣的物质组成

	组 成	Fe^{2+}	Fe^{3+}	Fe^0	TFe
铁物相	质量分数/%	25.48	0.18	1.52	27.18
	分布/%	93.75	0.66	5.59	100.00

续表 4 – 17

	组　成	方铁矿	锌尖晶石	锌黄长石	硫化铁	硅酸盐玻璃体	$\alpha-Fe+AsFe_2$	总　计
硅酸盐物相	矿物量/g	11.60	1.17	0.04	0.06	84.46	2.07	100
	镓品位/%	0.22	0.085	0.38	0.13	0	0	0.0245
	镓分布/%	95.42	3.72	0.57	0.29	0	0	100.00

ISP 炉渣的渣成分为(%)：Ga0.025 ~ 0.031，GeO34.95，$SiO_2$18.75，CaO18.35，MgO 0.73，$Al_2O_3$5.46，Cu0.01，As0.15，Au0.0003，Ag0.0015，C0.042 及 Zn12.34。

渣的主要物相为硅酸盐玻璃体(约 85%)和方铁矿(约 12%)，由于渣中缺乏 Fe^{3+} 及 Al_2O_3，故镓以类质同象置换渣中的 Fe^{2+} 及 Zn^{2+} 而进入方铁矿结构中。镓在方铁矿中的量约占渣中镓量的 95% 以上，但方铁矿却又均匀地分布在占 ISP 炉渣量近 85% 的硅酸盐玻璃体中。研究发现，从硅酸盐玻璃体中回收镓，首选还原烟化法。

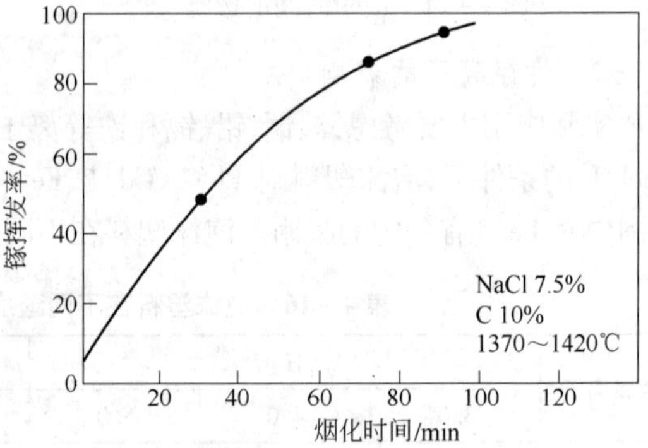

图 4 – 23　氯化烟化 ISP 渣时渣中镓的挥发率与烟化时间的关系

硅酸盐玻璃体经破碎，在 1460℃ 左右烟化 30min，镓的挥发率仅有 10% ~40%。如添加炉渣重的 7.5% 食盐进行氯化烟化 90min，则可挥发镓 90% 以上，尘中的镓品位较原渣高出 6 ~17 倍。图 4 – 23 所示为氯化烟化 ISP 渣时渣中镓的挥发率与烟化时间的关系。

此法可同时综合回收 ISP 渣中镓、锗、铅和锌等。但高温氯化需要解决能源及设备的防腐问题。

4.4.2　湿法炼锌过程中的酸浸渣的还原 – 烟化法

烟化法的主要设备是回转窑，将浸渣配碳在回转窑中还原挥发铅锌后，用多膛炉脱氟和氯，所得的氧化锌尘用硫酸浸出，然后加入锌粉置换，得到含镓 0.1% ~0.3% 和含锗 0.1% ~0.16% 的置换渣。置换渣中的镓以 Ga_2O_3 形式存在，而锗约有半数以 $MeO\cdot GeO_2$ 形式存在，其余存在形式为 GeO_2。大约 65% 的铁以 Fe^{2+} 存在。酸浸含镓和含锗的置换渣，经过 P204 萃铟、丹宁沉锗和乙酰胺萃取镓的综合法回收其中镓、锗和铟。

4.4.3　烟化法的改进

(1)在浸锌渣中配入 3% ~7% 的石英砂，通过回转窑烟化处理，可以大大减少窑结的生成，同时提高锌的挥发率。

(2)烟化法在实践中进一步完善，采用 P204 + YW100 协同萃镓、锗和铟工艺，实现了首先萃取铟、萃铟余液用于萃锗、再用萃锗余液经调酸补加 YW100 后萃取镓的连续萃取过程。

(3)针对回收稀散元素制出了选冶联合法,将锌浸渣配入30%的煤粉,送入回转窑进行高温(1300℃)还原焙烧,使渣中的锌、铅挥发,少部分的锗、镓挥发,大部分锗、镓留在窑渣内。由于镓、锗的亲铁性,它们富集在还原铁里。将焙烧渣破碎后磁选,进入磁选物的镓在电炉熔炼时进入粗铁,电解铁从阳极泥中回收镓。

4.5 萃淋树脂法

在酸性溶液中,镓能以水合离子、配阴离子等形态稳定存在。依据镓的离子存在形态,在已有的研究中多以磷酸酯类萃取剂在酸性介质中萃取分离镓。在低含量镓溶液中,萃取过程往往存在萃取率低、试剂损失大等难以克服的缺陷。

进行深度分离富集镓,用树脂法固液分离具有更明显优势,例如,CL－TBP萃淋树脂是以苯乙烯－二乙烯苯为骨架,共聚固化中性磷萃取剂磷酸三丁酯(TBP $(C_4H_9O)_3P=O$)制备而成。固化锁闭在骨架的TBP仍以微小液滴存在,因此可使树脂既具有萃取速度快、容量大的特点,又具有可固液分离、无有机溶剂流失污染的优点。

实验过程为采用常规静态、流动法室温下测定树脂的吸附性能,分析吸附前后的镓含量,差减法计算树脂平衡吸附量,并计算吸附率($E\%$)、分配比(D)及测定树脂对镓的饱和吸附容量。

4.5.1 酸介质种类与溶液浓度对镓吸附率影响

在H_2SO_4、HNO_3、HCl三种酸介质溶液中,树脂对镓吸附率有较明显差别,其中HCl介质中吸附率在同等酸度下最高,HNO_3介质最低(见图4－24)。吸附率差别与镓和酸根阴离子形成配阴离子的稳定性有关,同时吸附率也依赖溶液的酸度。三种介质酸都随其浓度的增大而吸附率剧增,至6mol/L时,HCl介质中静态吸附率可达94.5%。

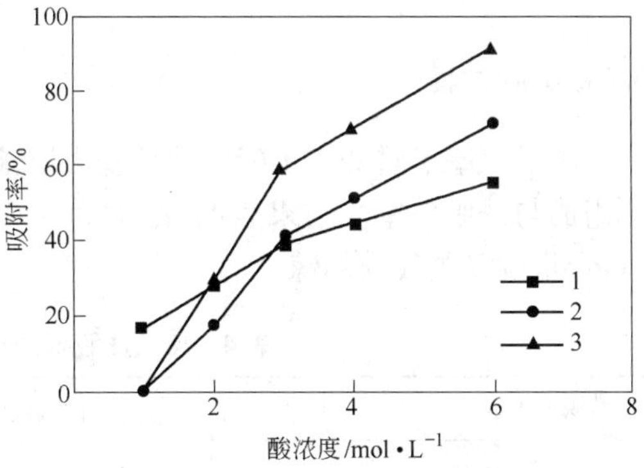

图4－24 介质条件对镓吸附率的影响

1—HNO_3;2—H_2SO_4;3—HCl

镓浓度 Co＝50mg/L,树脂＝0.100g,液固比 L/S＝500

4.5.2 吸附时间与吸附率关系

取不同吸附时间条件下的溶液,检测其吸附率。测定结果表明25min即可达到吸附平衡,显示树脂保持了萃取剂萃取速度快的特性。

4.5.3 镓浓度与吸附平衡关系

在液固比不变的条件下,改变镓溶液浓度,分别用等量树脂吸附至平衡,得到等温吸附曲线(见图4－25)。显然,图4－25中的等温吸附曲线属Langmuir吸附1型,表明吸附发生在树脂表面,且无其他复杂反应发生。

4.5.4 杂质离子对镓吸附率影响

镓常见的共存离子主要有Zn^{2+}、Al^{3+}、Fe^{2+}和Fe^{3+},静态法考察了4种离子共存条件下树脂对镓吸附率影响，结果发现 Fe^{2+} 和 Fe^{3+} 对镓的吸附有较大干扰，Zn^{2+} 和 Al^{3+} 对吸附率影响不大。共存离子对吸附率的影响同其生成氯配阴离子稳定性有关，例如 Fe^{2+} 和 Fe^{3+} 容易形成较稳定的 $FeCl^{4-}$、$FeCl_4^{2-}$ 的络离子，能与 $GaCl^{4-}$ 发生竞争吸附，从而导致吸附率下降。

4.5.5　温度对镓吸附率的影响

在 20～45℃范围内，测定温度变化对镓吸附率影响。以 $\lg D$（D 为分配比）对 $1/T$ 作图，结果如图 4－26 所示，由曲线斜率得到吸附活化能 E_a = 4.71kJ/mol。实验结果表明，吸附为放热过程，升温不利于镓吸附。

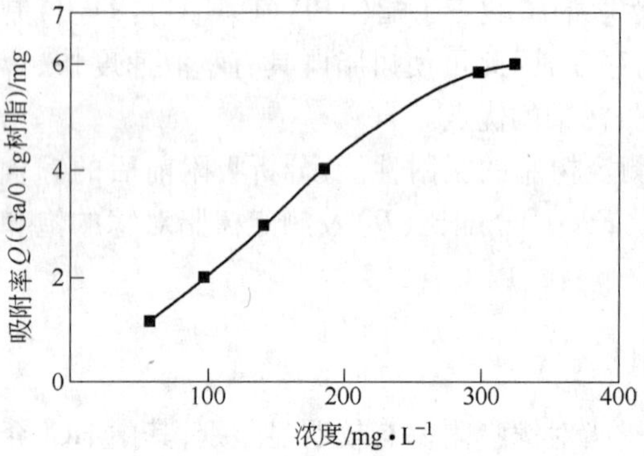

图 4－25　静态吸附曲线

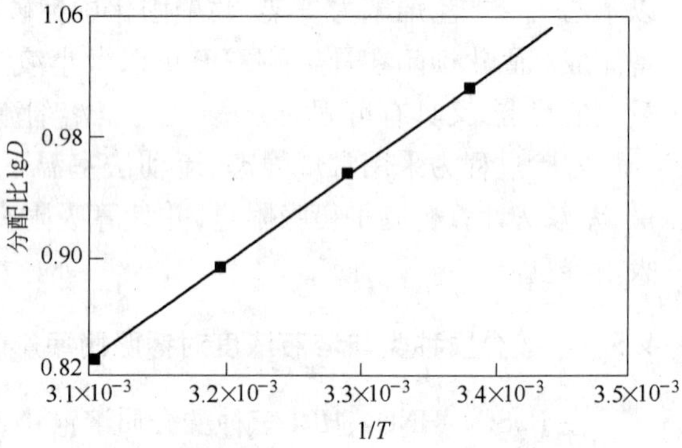

图 4－26　$\lg D$(Ga)－$1/T$ 曲线

4.5.6　洗脱过程

洗脱过程基于磷酸三丁酯的磷羰基去质子而改变活性基团的交换性能。表 4－18 为洗脱剂组成与洗脱效率。结果表明，浓度为 0.15～1.5mol/L NH_4Cl 溶液具有良好的洗脱性能，可定量洗脱被吸附的镓。

表 4－18　洗脱剂的组成与洗脱效率数据

洗脱剂组成，c_{NH_4Cl}/mol·L⁻¹	洗脱液酸度（pH 值）	洗脱率/%
0.2	2.50	76.0
0.5	2.60	100.0
1.0	2.53	100.0
1.5	2.61	99.7
2.0	2.50	97.6

动态洗脱曲线如图 4－27 所示，曲线呈正态分布，说明洗脱镓量集中和无拖尾现象。

CL－TBP 萃淋树脂在 6mol/L HCl 介质中对镓有良好吸附性能，可有效从含镓溶液中分离富集镓，洗脱容易且可定量回收。

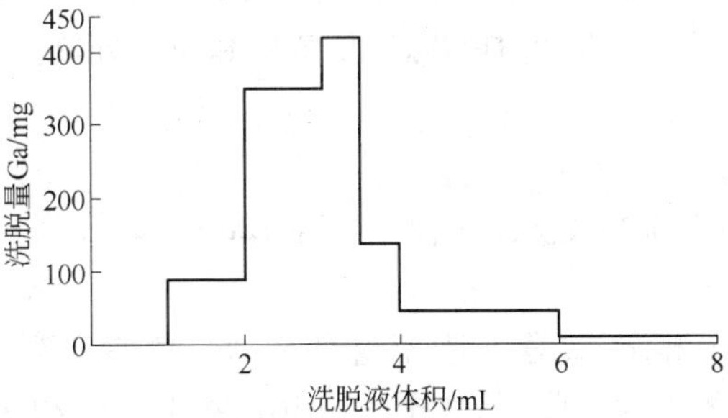

图 4－27 镓的动态洗脱曲线

4.6 离子交换法

离子交换法可用于从氧化铝厂的种分母液中直接提取镓，具体操作为：(1) 当镓在种分母液中的质量浓度达到 190～240mg/L 时，设计使种分母液先经一个约 1.5m^3 的贮槽澄清，温度降至约 40℃ 左右；(2) 澄清后的种分母液进入吸附塔进行吸附，吸附废液返回氧化铝生产线；(3) 吸附饱和后用碱液洗涤和淋洗；(4) 淋洗后的贫树脂用稀碱液转型，转型余液可返回配淋洗剂；(5) 淋洗合格液经处理后采用电解法得到金属镓产品，电解母液 80% 返回配淋洗剂和转型液，其余返回氧化铝生产线。

全流程无有害污水，全部溶液或进入原流程或本流程自循环使用。

4.6.1 离子交换法的设备

离子交换法的设备主要包括吸附塔、洗涤塔、淋洗塔和转型塔。同传统的固定床相比，这种塔具有结构简单、运行可靠、造价较低且维修方便。设备全部采用单塔运行，易于实现自动化，占地面积小，是一种半连续的操作系统。吸附和淋洗分别在两个不同塔中进行，树脂在各塔间转移快，所以树脂投入量少。

淋洗时，饱和树脂与淋洗剂保持一种逆流接触方式并保持一定浓度梯度。淋洗传质高度可以根据需要进行选择。固定床一般需 2～3 个床体积的淋洗剂才能淋洗干净，而密实移动床仅用 1.0～1.2 个床体积的淋洗剂即可。淋洗合格液经简单处理后可直接进行电解。

4.6.2 工艺过程

工艺过程包括吸附、饱和树脂洗涤、淋洗和贫树脂用稀碱液转型。

4.6.2.1 吸附

澄清后的种分母液以下进上出的方式通过吸附塔，溶液在树脂空隙间呈活塞状向上流动，树脂由塔底部向上逐渐饱和。待塔下部的树脂饱和后，关闭进液阀，打开树脂排放阀，将饱和树脂排到计量桶内。

当体积达到预定值后，关闭树脂排放阀，排放出的树脂体积由塔顶部补充。排放的饱和树脂由人工从饱洗塔顶部加入淋洗塔中。停 10min 后打开进液阀，至此完成一个吸附操作过程。

温度保持在 30～40℃，吸附流速维持在 3m/h 左右。在运行过程中，每 2.5h 排放一次树脂,每次排放10L。排放树脂前从塔顶和塔底各取液体样分析 Ga^{3+} 的质量浓度。试验平稳后取系统样,分别分析溶液和树脂中的镓质量浓度和质量分数。在进液口以上每间隔1m设一个取样口。

4.6.2.2　饱和树脂洗涤

树脂饱和后,用NaOH稀溶液洗涤。树脂床高12m,空塔线速度1~2m/h。

4.6.2.3　淋洗

采用碱性络合淋洗剂淋洗,过程与吸附过程相似。树脂床高12m,空塔线速度0.6~12m/h。每运行2.5h排放一次树脂,每次排放约10L,控制流量约5~6L/h。

排放树脂前从塔顶和塔底各取样分析镓的质量浓度,实验达到平稳状态后取系统样,分析溶液中镓的质量浓度和树脂中镓的质量分数。淋洗后的贫树脂用稀碱液转型,转型余液可返回配淋洗剂。

4.6.3　工艺流程

离子交换法提取镓的工艺流程图如图4-28所示。

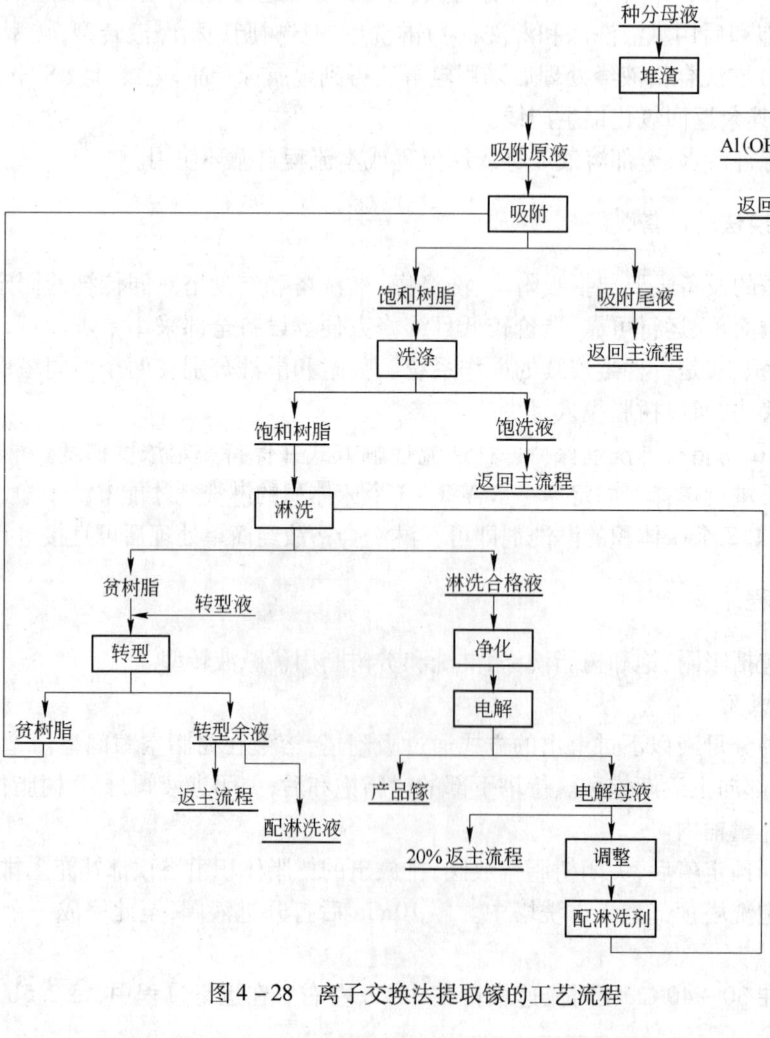

图4-28　离子交换法提取镓的工艺流程

采用离子交换树脂从氧化铝生产过程的种分母液中选择性吸附镓，用碱性络合淋洗剂解吸镓，效果较好。离子交换树脂可以再生使用。淋洗液经进一步处理可采用电解法，得到99.9%的产品镓。

4.6.4 离子交换法提镓实例

4.6.4.1 离子交换法从氧化铝厂种分母液

A 原材料

实验采用 DHG586 型螯合树脂，主要技术指标见表 4－19。

表 4－19 DHG586 型螯合树脂的主要技术指标

水分/%	54～64
总交换容量/mol · g^{-1}	不小于 5.4
松装密度/g · mL^{-1}	0.75～0.87
孔容/mL · g^{-1}	0.1～0.3
比表面积/m^2 · g^{-1}	不小于 65
磨后圆球率/%	不小于 90
工作容量/g · L^{-1}	不小于 2.5

实验原料为氧化铝厂种分母液，主要成分见表 4－20。

表 4－20 某氧化铝厂种分母液主要成分

名 称	质量浓度 ρ(Ga)/mg · L^{-1}	质量浓度 ρ(NaOH)/mg · L^{-1}	质量浓度 ρ(V)/mg · L^{-1}	质量浓度 ρ(Al)/g · L^{-1}
四蒸发母液	254	8.8	288	74.7
五蒸发原液	174	5.3	180	43
五蒸发母液	189	6.1	222	52
精 液	209	5.93	172	120

B 实验方法

新树脂用 1mol/L NaOH 溶液浸泡 4h，然后用 5mol/L NaOH 溶液再浸泡 4h，使树脂充分溶胀；取预处理好的树脂装到有机玻璃柱中；室温（23～24℃）下，将母液以 280mL/h 的流速通过树脂柱，每 200mL 流出液取 1 个样品，分析镓的质量浓度。

C 实验结果

对表 4－20 中的 4 种母液，按实验方法分别进行，结果见表 4－21。

表 4－21 实验结果

母 液	流出液中质量浓度 ρ(Ga)/mg · L^{-1}										质量浓度
	1	2	3	4	5	6	7	8	9	10	ρ(Ga)/g · L^{-1}
四蒸发母液	121	200	223	228	234	238	237	—	—	—	136
五蒸发原液	41.5	94.7	117	130	137	144	149	152	153	153	2.22

续表 4-21

母　液	流出液中质量浓度 $\rho(Ga)/mg\cdot L^{-1}$										质量浓度 $\rho(Ga)/g\cdot L^{-1}$
	1	2	3	4	5	6	7	8	9	10	
五蒸发母液	66	118	134	135	156	158	159	160	167	167	1.84
调配母液	104	162	176	182	190	193	200	204	210	168	1.34
精　液											1.38

从表 4-22 看出，四蒸发母液、调配母液中镓的质量浓度都较高，但树脂的工作容量却不高。而五蒸发原液、五蒸发母液中镓的质量浓度相对较低，但树脂的吸附容量却相对较高。

分析认为，DHG586 型螯合树脂适宜处理五蒸发原液的回收镓，树脂的吸附容量随母液碱度的升高而降低。同时，树脂的吸附容量也受母液中其他成分（如铝）的影响。

用 DHG586 型螯合树脂从拜耳法种分母液中提取金属镓的工艺已经应用于工业生产。在生产实践中发现，树脂的工作容量是决定生产成本的重要因素。树脂的工作容量受许多因素影响，其中种分母液的组成影响较大。

氧化铝生产流程中产出的种分母液因蒸发浓缩比不同，其镓、钒、碱等的质量浓度也有所不同。从理论上讲，母液中镓的质量浓度越高，对树脂的吸附越有利，即树脂的工作容量越高。

在实际生产中，不同来源的种分母液的成分不同，选择适宜采用离子交换法回收镓的母液对降低金属镓的回收成本非常关键。

4.6.4.2　离子交换法从铜锌硫化矿中回收镓实例

A　实验原料

实验原料成分见表 4-22。

表 4-22　原料成分

原料成分	Ga	Ge	Cu	Pb	Zn	Fe
质量分数/%	0.0012	0.001	0.40	1.48	14.89	24.07

B　实验方法

在 650～700℃下，通入 SO_2 进行硫酸化焙烧，过程中 95% 以上的锌、铜及 5%～8% 的铁转为硫酸盐。焙砂用 5% 浓度的硫酸，在液固比为 2.5∶1、60～70℃下浸出，几乎全部镓和锗都转入溶液，进入溶液中的铁不到 7%。

调整浸出液到 pH 值不大于 5，同时强烈搅拌，溶液中铁发生水解以 $Fe(OH)_3$ 形式进入铁渣，溶液中的镓和锗几乎全部随 $Fe(OH)_3$ 共沉淀入铁渣。

C　离子交换法回收镓

用 4～6mol/L HCl 溶解共沉淀渣，得到的溶液成分为（g/L）：Ga0.1，Ge0.035，Fe2.3～6。

用离子交换树脂 AB-17 或 AH-2ϕ 吸附回收溶液中的镓，再用水解得到富镓的解析液，析出的 $Ga(OH)_3$ 以 NaOH 溶解造液，通过电解得电解镓。

4.6.4.3　离子交换法从提取铟后液中回收镓

A　实验原料

实验原料成分见表 4-23。

表 4-23 原料成分

提铟后液	Ga	NaOH	Al	As	Zn	Fe	Ni	Cd	Ge
质量浓度/g·L^{-1}	0.2~0.5	15~25	5.32	4.96	0.5	0.056	0.049	0.041	0.016

B 实验方法

采用 AB-16 离子交换树脂(活性基团为—N$^+$,交换容量达 9.8~10.5mg/g)吸附其中的镓,能使镓与溶液中的砷、锑、镍、镉、铁及锗完全分离,也能与大部分铝分开。

C 离子交换法提镓

将提铟后液加入 AB-16 离子交换树脂,待树脂饱和后,洗涤处理,接下来用含 150g/L 的硫酸溶液解析,所得的解析液组成见表 4-24。

表 4-24 解析液的组成

提铟后液	Ga	Al	As	Zn	Fe	Ni	Cd	Ge
质量浓度/g·L^{-1}	4.3	0.87	0.0028	3.9	0.00054	0.049	痕量	痕量

镓的富集倍数达到 40 以上。

解析液经水解沉淀,析出 $Ga(OH)_3$,然后以 NaOH 溶解造液,通过电解得电解镓,镓回收率约 80%。

4.7 液膜法

液膜技术是用一薄层溶液/有机试剂,让两种或多种组成不同而又互溶的溶液隔开、通过界面反应而选择分离与富集微量金属。液膜技术包括支撑液膜技术和乳状液膜技术。

乳状液膜法是一种高效、快速和节能的分离方法,特别适合低浓度组分的分离和回收。乳状液膜法在湿法冶金领域已得到应用,采用 P204、TBP 和 TRPO 作流动载体,从湿法炼锌系统中分离回收 Ga^{3+} 的研究已取得进展。

4.7.1 三烷基氧膦为流动载体

以 TRPO(三烷基氧膦)为流动载体、从湿法炼锌系统的酸浸液中用内水相结晶的乳状液膜法分离富集镓为例,讨论乳状液膜法提取镓的条件。

4.7.1.1 实验操作

称取一定量的表面活性剂、载体、煤油注入容器中,按比例加入内相试剂,以 3000r/min 搅拌 15min 制乳。加入乳液和含 Ga^{3+} 的外水相,在 200r/min 下搅拌迁移 10min 后,静置分层并取样分析外水相 Ga^{3+} 的浓度,迁移后的乳液用高压静电破乳器破乳回收内水相晶体。

4.7.1.2 工艺过程

工艺过程包括考察载体浓度、表面活性剂浓度、料液的酸度、内水相试剂浓度和乳水比等。

A 载体 TRPO 浓度的影响

载体在液膜中起着传输镓离子的作用,增大其浓度有助于提高迁移率,但浓度过高对液膜稳定性有一定的影响,反而不利于迁移率的提高。图 4-29 所示的结果表明,当载体浓度低于 5% 时增大载体浓度可以提高迁移率,超过 5% 后迁移率则稍有降低。

B　表面活性剂浓度的影响

表面活性剂对于乳状液膜的稳定性至关重要，但过量的表面活性剂对迁移却有一定阻碍作用。图 4 – 30 所示的研究结果表明，选择表面活性剂浓度为 4% 时，镓离子迁移率达到最大值。

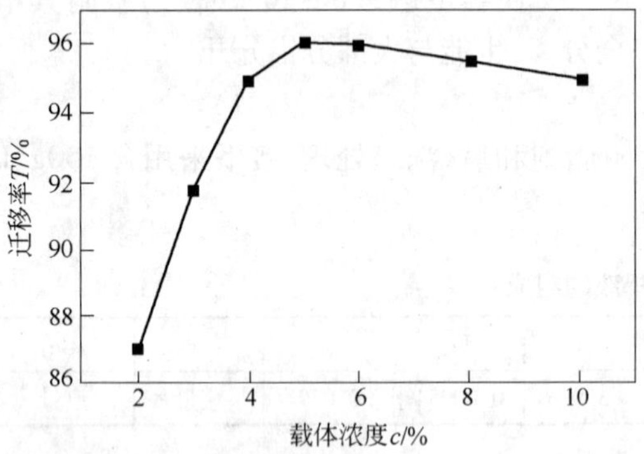

图 4 – 29　载体浓度对 Ga^{3+} 迁移的影响

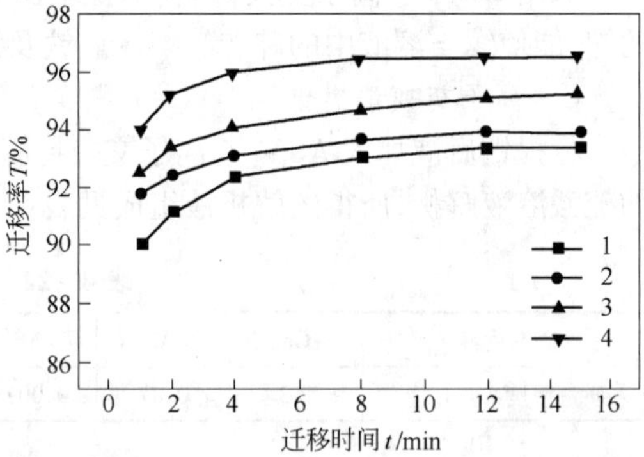

图 4 – 30　表面活性剂浓度对 Ga^{3+} 迁移的影响
1—4% LMS – 2；2—2% LMS – 2；
3—6% LMS – 2；4—8% LMS – 2

C　料液的酸度的影响

在料液酸度较大的情况下，载体 TRPO 更易于与 Ga^{3+} 相结合，对提高迁移率有利。如图 4 – 31 所示表明在外相料液酸度 1 ~ 0.5mol 范围内，随酸度的升高 Ga^{3+} 迁移率提高幅度较大，而在 0.5mol 至 pH 值为 1.5 的范围内 Ga^{3+} 迁移率提高幅度很小。

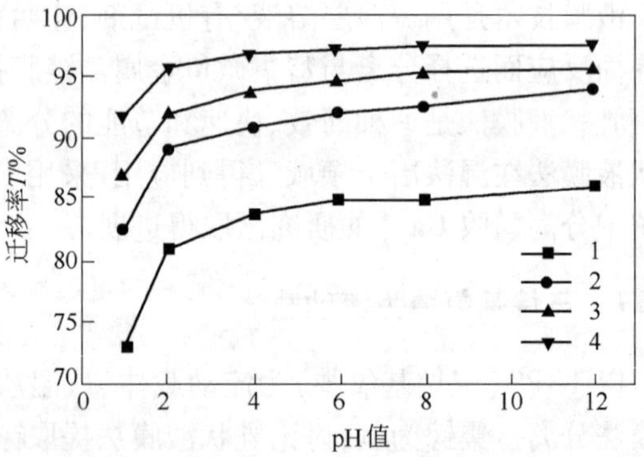

图 4 – 31　料液的酸度对 Ga^{3+} 迁移的影响
1— pH 值为 1.02；2—pH 值为 1.53；
3—pH 值为 0.51；4—1mol

D　内水相试剂浓度的影响

内水相试剂 $K_4[Fe(CN)_6]$ 可与 Ga^{3+} 反应生成结晶体，利用此反应可降低内水相中 Ga^{3+} 的浓度，增大膜两侧 Ga^{3+} 的浓度梯度，使其最大限度地迁移至内水相，并沉淀结晶析出。所以提高内水相试剂浓度有利于加快内水相解吸反应的进行，从而促进 Ga^{3+} 的迁移。根据图 4 – 32 所示的结果，内水相试剂为 15% 时，迁移 10min，Ga^{3+} 的迁移率达 95% 以上。

E　乳水比的影响

乳水比是指乳状液与所处理外水相的体积比。增大乳水比有利于提高乳水接触面积，但单位体积乳状液处理液量却有所降低。在图 4 – 33 所示条件下，乳水比为 1∶5 时 Ga^{3+} 迁移率达到最大。

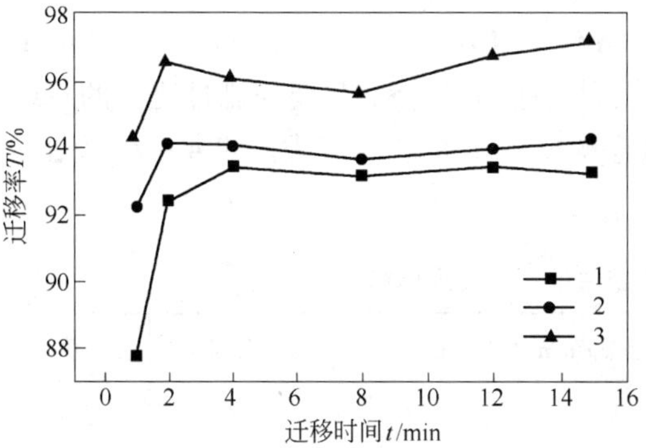

图 4-32 内水相试剂浓度对 Ga^{3+} 迁移的影响
1—15%;2—10%;3—5%

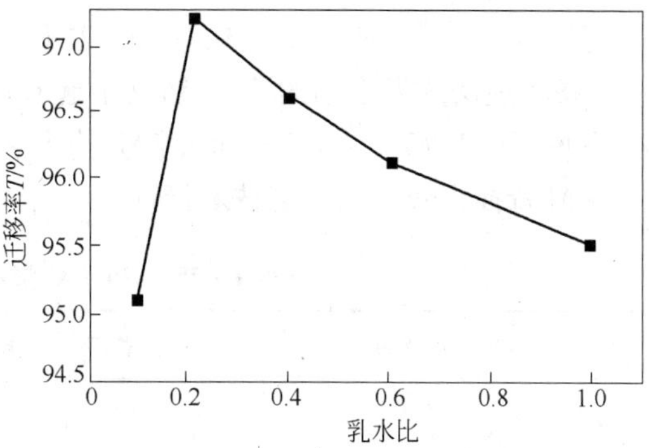

图 4-33 乳水比对 Ga^{3+} 迁移的影响

乳状液膜体系可快速、有效地处理湿法炼锌系统中的含 Ga^{3+} 料液，镓的提取率可达98%以上，同时溶液中的 Fe^{3+}、Ge^{4+} 和 Cu^{2+} 等对 Ga^{3+} 的迁移基本无影响，同时含 Zn^{2+} 料液可返回炼锌系统。

4.7.2 以 D_2EHPA（H_2A_2）为流动载体

4.7.2.1 液膜组成

膜试剂组成为：表面活性剂 EM301 2.5% ~ 3.5%，$D_2EHPA(H_2A_2)$ 4.5% ~ 5.5% + YW100(HR)1.5% + 煤油，高速搅拌形成液膜。

4.7.2.2 提取过程

加入含 Ga0.02 ~ 0.04g/L 的外相硫酸料液，发生相界面反应，镓进入膜内相。

$$Ga^{3+}(a) + H_2A_2(o) + HR(o) \longrightarrow Ga(HA_2)R(o) + 2H^+(a)$$

由于式中有 H^+ 迁移，宜控制介质酸度在 pH 值为 2 ~ 3。经重力分离与破乳而获得富镓溶液，提镓率达 90%。

4.8 置换法

置换法基于金属之间的电极电位的差别而实现的电化学过程，它不需用外加电源。置换法可从含 Ga0.2 ~ 1.0g/L 的溶液中提镓。原料为一次彻底碳分沉淀物用石灰乳脱铝后的溶液，可不再进行第二次彻底碳分而直接用置换法从中提取镓。

4.8.1 反应机理

目前，工业上从铝酸钠溶液中置换镓采用镓铝合金作置换剂。用镓铝合金代替铝粉克服了铝消耗量大和置换速度小等缺点。铝粉置换存在氢在铝上析出电位与镓的析出电位相近，氢大量析出，这不仅消耗铝，而且铝的表面为析出的氢气所屏蔽，使镓离子难于被铝置换。同时由于氢激烈析出而产生很细的镓粒，也会重新溶解于溶液中。

采用镓铝合金发生如下置换反应：

$$GaO_2^- + Ga-Al \longrightarrow AlO_2^- + Ga\downarrow \tag{4-30}$$

与上述反应相平行的为氢的还原反应：

$$Ga-Al+2OH^{-}\longrightarrow AlO_2^{-}+Ga+H_2\uparrow \qquad (4-31)$$

按上述两式发生铝的溶解，势必引起 Ga - Al 周期性的不饱和，只要控制过程中的 Ga - Al 电位于 -1.75 ~ -1.85V 间，就会使上述的置换反应不断进行下去。表 4 - 25 列出了 Ga - Al 置换提镓法的经济技术指标。

表 4 - 25　Ga - Al 置换提镓法的经济技术指标

项目	$NaAlO_2$ 液含镓/$g\cdot L^{-1}$	Ga - Al 含铝/%	搅拌速度/$r\cdot min^{-1}$	置换温度/℃	置换时间/min	置换率/%
例 1	0.01	0.5 ~ 1	800	80	20	≧90
例 2	0.2 ~ 4	0.2 ~ 6	—	60 ~ 80	60 ~ 24	约 100

采用镓铝合金置换镓有如下优点：

(1)镓在镓铝合金中可无限溶解；

(2)过程无毒，因镓的蒸气压力很小；

(3)与用纯铝比较，铝的消耗减少；

(4)只要在合金中始终有负电性的金属铝存在，已还原出来的镓就不会反溶；

(5)氢在镓铝合金上析出的超电压比在固体铝上高。

4.8.2　操作过程

镓铝合金置换的适宜作业条件为：合金中 Al 含量为 1% 左右(在置换镓含量高的溶液时，合金中的铝含量应提高)，置换温度 50℃左右，需要强烈搅拌。

4.8.3　置换法的优缺点

置换法的主要优点是可从镓含量较低的溶液中直接提镓，工艺比较简单，得到的金属镓质量较好，镓的回收率高(50% ~80%)，不污染环境，也不改变铝酸钠溶液的性质。

置换法的缺点是对溶液的纯度要求很高，特别是溶液钒的存在对铝的消耗量影响很大。溶液中 V_2O_5 的含量不应超过 0.22g/L(水合铝酸三钙是 V_2O_5 最有效的吸附剂)。置换效果也与所用镓铝的纯度有很大关系，如其中铁含量高，将使 Ga 的回收率降低，渣的生成量增加，铝的有效利用率下降。在生产中积压着大量价值贵重的金属镓。

4.9　生物冶金法

采用氧化铁硫杆菌和黑曲霉真菌用于黄铜矿和铝烟尘提取镓的生物冶金法取得进展。实施方法包括堆浸、槽浸和气渗柱浸等。

4.9.1　氧化铁硫杆菌用于提镓

4.9.1.1　作用机理

氧化铁硫杆菌从硫化矿中提取镓新陈代谢作用：

直接：

$$Ga_2S_3+6O_2\xlongequal{T\cdot f}Ga_2(SO_4)_3 \qquad (4-32)$$

间接： $3Ga_2S_3 + 3Fe_2(SO_4)_3 \longrightarrow 3Ga_2(SO_4)_3 + 6FeSO_4 + 3S^0$ (4-33)

式4-33产生的 $FeSO_4$ 与 S^0 被细菌氧化为 $Fe_2(SO_4)_3$ 和 H_2SO_4，此 $Fe_2(SO_4)_3$ 继续参与氧化 Ga_2S_3 的作用。

典型的氧化铁硫杆菌培养基为：$(NH_4)_2SO_4$ 0.15g，10% $FeSO_4$ 10mL，$MgSO_4$ 0.5g，KCl0.05g，$K_2HPO_4$0.05g，$Ca(NO_3)_2$0.01g和蒸馏水1000mL。

4.9.1.2 工艺过程

用氧化铁硫杆菌参与从含镓1.18%的黄铜矿（矿浆浓度为25%，pH值为1.8，25℃）的浸取，可获得含镓2.25g/L的溶液。相比无菌参与，富集率提高了10~12倍（不加氧化铁硫杆菌时仅能获得含镓0.18~0.23g/L）。

如果氧化铁硫杆菌培养基内添有22.6~66.7g/L的 $Na_2S_2O_3$ 时，镓的富集从0.0025g/L提高到0.011g/L。显然有利于镓浓度很低的溶液。

4.9.2 黑曲霉真菌用于提镓

用黑曲霉真菌从含镓0.25%的铝厂尘中浸取镓率可达38%，如用黑曲霉真菌处理过的草酸和柠檬酸去浸取镓，可获得含镓达0.2g/L的溶液。

黑曲霉真菌提镓简易、经济且不污染环境，但有局限性，主要缺陷是反应速度慢，氧化铁硫杆菌易被砷毒害而失效。但作为一种新的处理手段，生物冶金法很有发展前途。

4.10 络合-吸附法

单宁能与镓发生络合反应，生成可溶性的单宁-镓络合物，利用活性炭吸附单宁-镓络合物。吸附了单宁-镓络合物的活性炭经过滤分离，使镓从溶液中得以回收，这种提取方法称之为络合-吸附分离法。滤渣灼烧经碱溶解后，调至合适的pH值，通过水解，即可得到较纯的氢氧化镓。烤胶中存在大量的单宁，因此可以用烤胶代替单宁来作为提取镓的络合剂。络合-吸附法提取镓的工艺流程如图4-34所示。

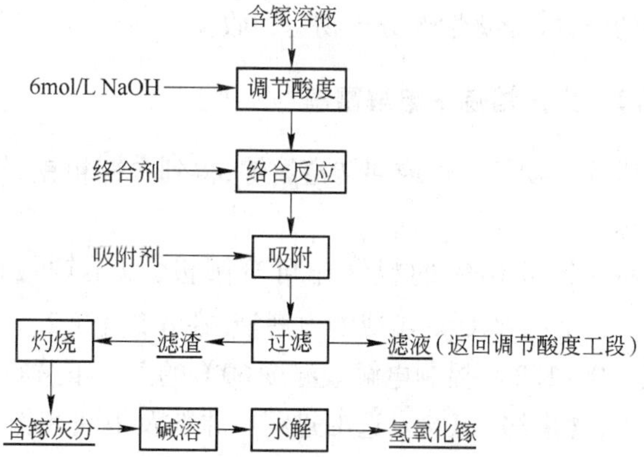

图4-34 络合-吸附法提取镓的工艺流程

单宁（tannin）又称为丹宁或鞣酸，分子式为 $C_{76}H_{32}O_{46}$，其分子量为1680，属于多羟基酚类化合物。单宁为淡黄色的无定型粉末，在空气中能被氧化变黑，易溶于水，水溶液呈酸性。单宁分子内有多个邻位酚羟基，可作为多基配位体与中心离子形成环状螯合物，所形成的螯合物一般有颜色。在冶金工业中，用来提取某些金属元素。

单宁的结构式为：

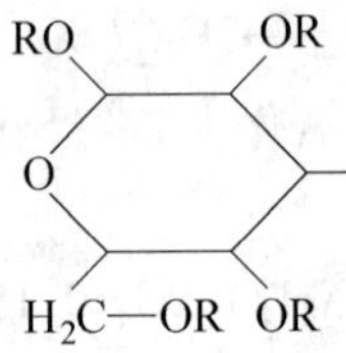

式中 R 为:

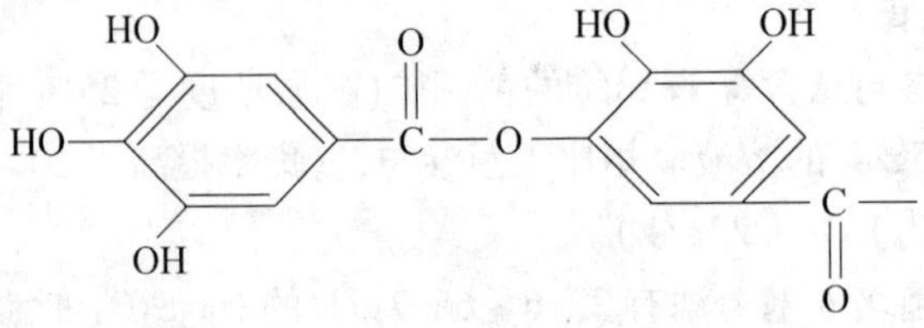

单宁分子内有多个邻位酚羟基 - OH,可以作为配位体,在一定的酸度下,单宁与镓生成单宁 - 镓络合物。镓与单宁形成的螯合物可以用吸附剂吸附分离。用活性炭吸附时,具有分离容易,灼烧后只有很少灰烬的优点,可以提高灼烧灰中镓的含量。单宁从锌渣酸浸液中对镓的分离、富集和提取,回收率达到 91% 以上。

4.11　选冶联合法

选冶联合法适用于回收锌浸出渣中镓与铟。

4.11.1　还原焙烧 - 磁选富集

将渣配上 30% 的煤粉,送入回转窑内进行高温(1300℃)还原焙烧,焙烧后镓留在窑渣内。窑渣经粉碎到 50% 小于 0.074mm(200 目),进行磁选,获得含 Ga0.01% 的富镓的磁性部分的产物(非磁性部分产物送回收铜)。

4.11.2　火法熔炼 - 电解富集

磁性产物经电炉或回转窑熔炼,得到含镓粗铁,镓进入阳极泥中,再采用电解法或酸溶回收镓。

将含镓 0.01% 的粗铁作可溶阳极,以不锈板作阴极,采用由 $FeSO_4$(含铁 50g/L)、$(NH_4)SO_4 \cdot 6H_2O$ 等组成的电解液,在 pH 值为 2.5 ~ 3.5、阳极电流密度 100 ~ 150A/m^2、槽电压 1.0 ~ 1.2V、控制电解液温度 60℃的条件下进行电解。电解产物为电解铁,镓富集于阳极泥中,含量约 0.1%。选冶过程中原料及中间产物的化学成分见表 4 - 26。

表 4 - 26　选冶过程中原料及中间产物的化学成分　　(质量分数/%)

组　分	锌浸出渣	窑　渣	挥发物	磁性部分	粗　铁	阳极泥	氯化物尘
Ga				0.01	0.01	0.1	
In			0.089			0.1 ~ 0.2	0.3 ~ 1
Pb	3.4	0.04	9 ~ 10	1.3			44.4
Zn	22.0	1.32	60 ~ 65	1.6			8.67
Cu	0.8	2.2		1.5 ~ 2.5	2 ~ 2.5	15 ~ 18	

续表 4-26

组分	锌浸出渣	窑渣	挥发物	磁性部分	粗铁	阳极泥	氯化物尘
Cd	0.28		0.75				4.34
Fe	28.4	49.3	3.1	49~76	约90	25~30	
C		10.2		1.7	1.5~2.5		
S	5.5	4.7		3.6			
F							0.265
Cl							12.5
SiO_2	2.8	21.8		2.2~2.7			
Al_2O_3	3.6	6.9		0.6			
CaO	1.8	3.7		0.6			
Ag	320g/t	5000g/t		554~700g/t	500~700g/t	600~900g/t	

4.11.3 选冶联合法的工艺流程

选冶联合法工艺流程如图 4-35 所示。

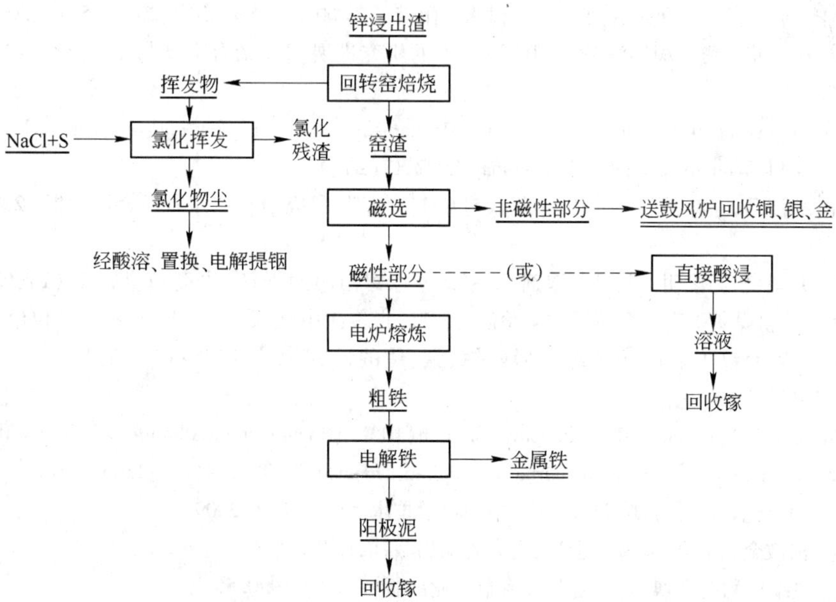

图 4-35 选冶联合法提镓流程

富集于阳极泥中的镓采用电解法和萃取法回收。

参考文献

[1] Yamamoto Kazutomo Uematsu Toshikatsu. The Covery of Gallium from Semiconductor Scraps [P]. Jpn Kokai Tokyo Koho JP 2000 44 237. 200.02.

[2] 汤艳杰,刘建,刘建朝,等. 从铝土矿中提取镓的工艺研究[J]. 湿法冶金,2000,19(3):45~48.

[3] Mitsubishi. Chen. IND, Nip. Pon. Light Metal Co, Method for Recovering Galliu [P]. United States Patent, US4865823. 1989. 09.

[4] Rhone Poutenc Chimie. Recovery of Gallium vatues from Basic Aqueous Solution [P]. Unlted States Patent, U5204074, 1993. 04.

[5] 姚保纲. 用萃取剂 Kele 100 提取镓[J]. 国际冶金动态(世界有色篇), 1989(6):4 ~ 5.

[6] 李裕后. 从烟化炉渣中回收镓的研究概况[J]. 有色矿冶, 2004, 20(5): 26 ~ 28.

[7] 刘建, 闫英桃, 赖昆荣. 用 TBP 从高酸度盐酸溶液中萃取分离镓[J]. 湿法冶金, 2002, 21(4): 188 ~ 194.

[8] 石太宏, 王向德, 万印华, 等. P204 与 C5 - 7 羟肟酸液膜体系自湿法冶锌系统中同步迁移分别回收镓和锗[J]. 膜科学与技术, 1999, 19(4):34 ~ 38.

[9] 刘建, 闫英桃, 邵海欣, 等. CL - TBP 萃淋树脂吸附分离镓(Ga)研究[J]. 化学通报, 2001(2): 119 ~ 121.

[10] 谢访友, 郭朋成, 王纪. 用离子交换法从拜耳工艺溶液中提取镓的工业实践[J]. 湿法冶金, 2001, 20 (2)66 ~ 71.

[11] 石太宏, 汤兵, 张秀娟. 液膜法从湿法炼锌系统中提取镓的研究[J]. 稀有金属, 1998, 22(1):1 ~ 4.

[12] 范家骅. 超纯镓的研制和产业化[J]. 广东有色金属学报, 2006, 16(2):92 ~ 99.

[13] 马向国, 刘同娟, 顾文琪. 液态金属镓离子源的制备[J]. 微细加工技术, 2007(1):7 ~ 10.

[14] 王继扬, 韩荣江, 尹鑫, 等. 硅酸镓镧晶体研究进展[J]. 功能材料, 2003, 34(1):9 ~ 16.

[15] 冯峰, 李一帆. 拜耳法种分母液组成对树脂吸附镓的影响[J]. 湿法冶金, 2006, 25(1):30 ~ 32.

[16] 刘军深, 李桂华. 螯合树脂法分离回收镓和铟的研究进展[J]. 稀有金属与硬质合金, 2005, 33(4): 41 ~ 45.

[17] Xiong Chunhua, et al. Sorption Behavior and Mechanism of Indium(Ⅲ) onto aminomethylenephosphonicacidresin[J]. WuhanUniversityof Technology. 2002, 17(2):47.

[18] 王海北, 林江顺, 王春, 等. 新型镓锗萃取剂 G315 的应用研究[J]. 广东有色金属学报, 2005, 15(1): 8 ~ 11.

[19] 张秀英, 尹国寅, 汤俊明. 新型萃取剂 CA - 12 萃取镓(Ⅲ)的研究[J]. 稀有金属, 26(1):65 ~ 68.

[20] 曾青云. 从粉煤灰中提取金属镓的实验研究[D]. 北京:中国地质大学(北京)硕士学位论文, 2007. 5.

[21] 龙来寿. 从冶锌工业废渣中综合回收镓、铟、锗的研究[D]. 广州:广东工业大学硕士学位论文, 2004. 4.

[22] A N Turanov, N K Evseeva, B G Karepov. Gallium(III) Extraction from Alkaline Solutions with 5 - Amylthio - 8 - quinolinol[J]. Russian Journal of Applied Chemistry, 2001, 74(8) :1305 ~ 1309.

[23] 翟秀静, 周亚光. 稀散金属[M]. 合肥:中国科学技术大学出版社, 2009. 4.

[24] 沈化生. 稀散金属冶金学[M]. 上海:上海人民出版社, 1976.

[25] 李洪桂 主编. 稀有金属冶金学[M]. 冶金工业出版社 [M]. 1990. 5.

[26] 稀有金属冶金学编写小组编. 稀有金属冶金学[M]. 北京:中国工业出版社, 1961.

[27] 邹家炎, 陈少纯. 稀散金属产业的现状与展望[J]. 中国工程科学, 2002, 4(8):86 ~ 92.

[28] 刘英俊, 曹励明, 李兆麟, 等. 元素地球化学[M]. 北京:科学出版社, 1984. 360 ~ 421.

[29] 周令治, 陈少纯. 稀散金属提取冶金[M]. 北京:冶金工业出版社, 2008.

5 金属镓

5.1 概述

金属镓包括粗镓(99% ~99.9%)、精镓(99.99% ~99.999%)和高纯镓(99.9999% ~99.99999%),粗镓为镓冶金产品,经提纯可得到精镓和高纯镓。

高纯镓主要用于电子工业和通讯领域,高纯镓是制取各种镓化合物半导体的原料,同时是硅、锗半导体的掺杂剂和核反应堆的热交换介质。

高纯镓质软,有淡蓝色光泽。高纯镓的熔点为29.78℃,沸点则高达2403℃。高纯镓属斜方晶型,各向异性显著。高纯镓在0℃时的电阻率沿 a、b、c 三个轴分别为 $1.75\times10^{-6}\Omega\cdot m$、$8.20\times10^{-6}\Omega\cdot m$ 和 $55.30\times10^{-6}\Omega\cdot m$。高纯镓剩余电阻率比值 $\rho(300K)/\rho(4.2K)$ 为55000。

高纯镓广泛用于半导体材料、光电材料、光学材料和热电材料等领域,其纯度均在99.999%以上。高纯镓按其镓含量分为5N、6N、7N和8N共4种级别,要求杂质(Cu、Pb、Zn、Fe、Co、Ni、Mn、Cr、Sn、Cd、Hg、As、Ag、S、Mg、Al与Si等)的总和不大于0.001%。国内外99.99999%镓的质量水平见表5-1。

表5-1 国内外99.99999%镓标准及质量水平

元素	美国(实例)	俄罗斯(实例)	日本(同和株式会社)		中国	
			标准	实例	标准	实例
Cu	$<0.02\times10^{-6}$	$<2\times10^{-6}$	$<1\times10^{-6}$	$<1\times10^{-6}$	$<5\times10^{-6}$	0.6×10^{-6}
Pb	$<0.01\times10^{-6}$	$<2\times10^{-6}$	$<1\times10^{-6}$	$<1\times10^{-6}$	$<6\times10^{-6}$	0.9×10^{-6}
Zn	$<0.04\times10^{-6}$	$<3\times10^{-6}$	$<1\times10^{-6}$	$<1\times10^{-6}$	$<10\times10^{-6}$	$<2\times10^{-6}$
Al	0.1×10^{-6}	$<10\times10^{-6}$	$<10\times10^{-6}$	3×10^{-6}	2×10^{-6}	—
In	$<0.3\times10^{-6}$	$<3\times10^{-6}$	$<10\times10^{-6}$	$<1\times10^{-6}$	—	$<0.3\times10^{-6}$
Ca	$<0.1\times10^{-6}$	—	—	$<20\times10^{-6}$	—	—
Fe	0.1×10^{-6}	$<20\times10^{-6}$	$<20\times10^{-6}$	$<1\times10^{-6}$	$<10\times10^{-6}$	5×10^{-6}
Sn	$<0.1\times10^{-6}$	$<3\times10^{-6}$	$<1\times10^{-6}$	$<1\times10^{-6}$	$<10\times10^{-6}$	3×10^{-6}
Ni	$<0.004\times10^{-6}$	$<2\times10^{-6}$	$<1\times10^{-6}$	$<1\times10^{-6}$	$<5\times10^{-6}$	4×10^{-6}
Si	0.6×10^{-6}	$<30\times10^{-6}$	$<10\times10^{-6}$	8×10^{-6}	$<20\times10^{-6}$	—
Hg	$<0.1\times10^{-6}$	—	$<1\times10^{-6}$	$<1\times10^{-6}$	—	—
Mg	$<0.01\times10^{-6}$	$<6\times10^{-6}$	$<10\times10^{-6}$	$<1\times10^{-6}$	$<10\times10^{-6}$	5×10^{-6}
Mn	$<0.004\times10^{-6}$	—	—	—	$<5\times10^{-6}$	$<0.2\times10^{-6}$
Cr	$<0.01\times10^{-6}$	—	—	—	$<5\times10^{-6}$	2×10^{-6}

我国某企业生产的高纯镓(99.99999%以上)的主要杂质含量见表5-2。

表5-2　某企业生产的高纯镓(99.99999%以上)的主要杂质含量　　(质量分数/%)

元素	含量	元素	含量	元素	含量	元素	含量	元素	含量
C	55×10^{-7}	N	150×10^{-7}	O	60×10^{-7}	F	$<1\times10^{-7}$	Na	$<0.2\times10^{-7}$
Mg	$<0.2\times10^{-7}$	Al	$<0.2\times10^{-7}$	Si	0.7×10^{-7}	P	$<0.2\times10^{-7}$	S	$<0.5\times10^{-7}$
Cl	2×10^{-7}	K	$<5\times10^{-7}$	Ca	$<5\times10^{-7}$	Ti	$<0.05\times10^{-7}$	V	$<0.1\times10^{-7}$
Cr	$<0.2\times10^{-7}$	Mn	$<0.1\times10^{-7}$	Fe	$<0.1\times10^{-7}$	Co	$<0.1\times10^{-7}$	Ni	$<0.1\times10^{-7}$
Cu	$<0.5\times10^{-7}$	Zn	$<1\times10^{-7}$	Ge	$<30\times10^{-7}$	As	$<0.5\times10^{-7}$	Ag	$<50\times10^{-7}$
Cd	$<0.5\times10^{-7}$	In	$<0.5\times10^{-7}$	Sn	$<1\times10^{-7}$	Sb	$<0.5\times10^{-7}$	Ce	$<10\times10^{-7}$
B	$<0.1\times10^{-7}$	Au	$<10\times10^{-7}$	Hg	$<5\times10^{-7}$	Pb	$<0.5\times10^{-7}$	Bi	$<0.1\times10^{-7}$

5.2　镓的提纯技术

以99.9%~99.99%的工业产品作为提纯的原料,提纯的途径包括:对原料金属继续精炼;转化成某种化合物作为提纯对象,提纯后再还原成金属。主要的分离提纯技术包括:

(1)化学处理法;

(2)电解精炼法;

(3)分步结晶法(从过冷的液态镓中);

(4)多级转筒结晶法;

(5)区域熔融法;

(6)拉单晶法(从熔体中);

(7)真空处理和分子蒸馏法;

(8)$GaCl_3$ 精馏-区域提纯-电解还原;

(9)$GaBr_2$ 熔盐电解或有机试剂中电解精制。

其中,化学处理、电解精炼、熔体拉晶、分步结晶和真空蒸馏等方法具有实用价值,由这些方法可以适当组合成合适的流程。例如,化学处理法→电解精炼二次→拉单晶→高纯镓是一种组合,也可将电解、精馏、结晶、区域熔炼、离子交换和萃取等方法进行组合。任一个单一的方法都不能完全满足提纯的要求,实际生产中多采用几种方法的组合。

5.2.1　电解精炼法

电解精炼是提纯金属行之有效的方法,应用非常普遍。镓的电解精炼既可以在酸性溶液中进行,也可以在碱性溶液中进行。由于在碱性溶液中电解更方便和有效,所以在实际生产中通常采用 $NaGaO_2$ 作电解质,在 NaOH 水溶液中电解。

5.2.1.1　镓电解精炼的特点

镓的电解精炼不同于其他金属的电解精炼,主要有如下差别:

(1)电解在碱性电解液中进行,镓以 GaO_2^- 状态存在于电解液中,并在阴极上极化放电;

(2)阴极和阳极都是液态金属;

(3)电解质 $NaGaO_2$ 在水溶液中的电离度比较低,为避免污染和简化操作,需添加 NaOH 以降低电解液的电阻,提高电解效率。

随着电解的进行,电解液的电阻会逐渐增加,电流密度逐渐减小,必须不断补充 NaOH。

5.2.1.2 镓电解精炼的机理

电解过程中,阳极镓以 GaO_2^- 离子进入电解液;在阴极 GaO_2^- 放电析出金属镓,电极反应为:

阳极: $$Ga + 4OH^- - 3e = GaO_2^- + 2H_2O \quad (5-1)$$

阴极: $$GaO_2^- + 2H_2O + 3e = Ga + 4OH^- \quad (5-2)$$

镓在碱性溶液中电解时,因 GaO_2^- 带负电荷,在阴极表面受到排斥,使极化放电发生困难:

$$Ga + NaOH + H_2O \longrightarrow NaGaO_2 + \frac{3}{2}H_2$$

$$Ga + NaOH + H_2O = NaGaO_2 + \frac{3}{2}H_2\uparrow$$

$$GaO_2^- + 2H_2O + 3e = Ga\downarrow + 4OH^- \quad (5-3)$$

根据弗留姆金理论,GaO_2^- 在阴极上极化放电的速度 v_d 为:

$$v_d = kc\exp\frac{(1+\alpha)F\psi_1 - \alpha F\Phi}{RT} \quad (5-4)$$

式中 k——反应速度常数;

Φ——电极电位;

ψ_1——距阴极表面等于离子半径处的电位;

c——溶液中 GaO_2^- 的浓度。

在较高的负电极电位下,v_d 基本上取决于 $\exp[-\alpha F\Phi/RT]$,即 Φ 越负,极化放电的速度越快,但在 ψ_1 负电位下,阴离子穿过双电层移向阴极表面就困难,向电解液中加入 NaOH,可使 ψ_1 的绝对值减小,导致阴离子就容易穿过双电层,并在阴极上极化放电。

在 GaO_2^- 溶液中,当 Na^+ 过剩时,由于 ψ_1 的负电位而引起的 C_{GaO-2} 在双电层中的下降效应可以忽略不计,镓在阴极上的析出速度,基本上取决于 GaO_2^- 向阴极的扩散。

5.2.1.3 镓电解精炼的条件

镓电解精炼的条件包括电解液组成、电解温度、电流密度和搅拌等。

A 电解液组成

镓电解精炼的电解液组成:Ga50~60g/L,NaOH100~200g/L。$NaGaO_2$ 的电离度较低,需加入 NaOH 来提高电解液的导电性。为保证电解镓的纯度,所配入的 NaOH 为电子级。市供的电子级 NaOH 还不能满足电解精炼超纯镓的要求,因此在用于电解精炼前,必须先用电解的方法对其进行预净化。主要采用电解处理 NaOH 溶液,除去带进的杂质。

B 电解温度

镓电解精炼电解温度控制在 35~70℃之间。电解时阴极的镓表面会发生氧化生成氧化膜,导致局部电流密度升高,这时电位较正的杂质就有可能进入溶液,并可能在阴极上沉积。为了使在阳极表面逐渐富集的杂质尽快向阳极内部扩散,液态镓作为阳极将很有利,因此电解液的温度需要适度提高,以确保镓呈液态。

C　电流密度

镓电解精炼的电流密度在0.02～0.2A/cm² 之间。采用较低的电流密度可以防止正电位的杂质溶解入电解液，在电极电压稳定的情况下，电流密度由电解液的碱度和温度所决定。

D　搅拌

电解液的搅拌有利于 GaO_2^- 向阴极扩散，同时有利于消除阳极表面的氧化。

E　其他要求

镓电解过程中定期更换新液和过滤清除阳极镓的不溶杂质，如阳极泥、浮渣等物。在电解过程中由于镓表面氧化膜的生成使电阻增加、槽电压提高，因此需不时添加 NaOH 加以溶解以保持槽电压的稳定。采取较低的电流密度电解，并对电解液搅拌等措施，都可减少杂质析出的可能。对于99.99%纯度的原料镓，经电解两次可制得99.9999%纯度的高纯镓。

对用不锈钢、镍、铬、钡、铂等材料作电极引线的研究发现均有污染，污染来源于阳极的微电化学腐蚀和镓的微合金化。通过严密的保护层可以防止微电化学腐蚀，但镓的微合金化尚无合适的办法避免。不过其污染的程度较小。

5.2.1.4　电解设备

镓电解精炼的电解槽为一圆筒状，中间设置一小圆环体将电解槽分隔出阳极区和阴极区。槽体用聚四氟乙烯材料制成，整体浸入水浴中加热。分别用铂丝作导电极插入镓中。

原料镓由阳极区加入，电解析出的镓在阴极区富集，镓的上面用电解液浸没。电解过程中定期补充原料镓和抽出阴极镓并及时排出阳极的浮渣。槽结构如图5－1所示。

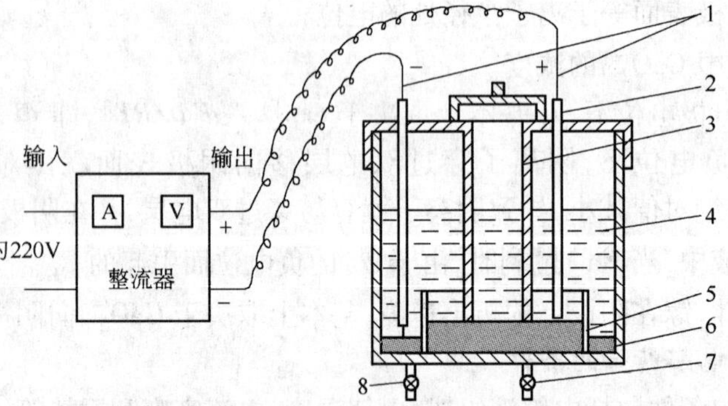

图5－1　镓电解槽示意图

1—铂棒；2—铂棒套管；3—阳极加料管；4—20% NaOH 溶液；
5—粗镓；6—高纯镓；7—活塞（放残阳极）；8—活塞（出料）

5.2.1.5　杂质的处理

在镓的碱性电解精炼时，杂质的主要来源有两方面：

（1）存在于粗镓中的杂质，主要有 Cu、Pb、Zn、Fe、Ni 和 Al 等；

（2）存在于电解液（NaOH 溶液）中的杂质，主要包括 K、Na、Ca、Mg、Cu、Fe 和 Ag 等。

镓的标准电极电位为－1.22V，上述杂质按照它们在碱性溶液中的电势排列次序，可分为以下三类（见表5－3）。

表 5-3 碱性溶液中杂质的标准电势排序

1	标准电极电位较镓为正的杂质/V	Ag + 0.344, Pb - 0.54, Co - 0.73, Cu - 0.224, Ni - 0.66, Fe - 0.877
2	标准电极电位较镓为负的杂质/V	Ca - 3.02, K - 2.922, Na - 2.712, Mg - 2.67, Al - 2.35
3	标准电极电位与镓相近的杂质/V	Zn - 1.216, Si - 1.73

采用碱性电解精炼镓时，理论上可以除去第 1 类和第 2 类杂质，第 3 类杂质较难除去。

杂质 Si 在碱性溶液中的标准电极电位为 -1.73V，与镓的电位也比较接近，易于和镓一起在阴极析出。实验证实，在电解过程中，Si 对阴极镓的污染主要是吸附作用。

当电流密度提高到 $6000A/m^2$ 时，阴极镓中 Cu、Pb 的含量显著升高，当电流密度电解为 $300A/m^2$ 时，Sn 便开始在阴极析出。为使正电位杂质尽可能地留在残阳极中，采用较低的电流密度（$200A/m^2$）电解为好。

控制电解的温度高于镓的熔点（一般为 40 ~ 50℃），使镓呈液态，阳极表面就得到不断的更新，表面杂质的浓度就不会因镓的溶解而迅速提高。

电解液的纯度对阴极镓的质量也有着直接的影响。采用电解净化提纯 NaOH，可有效地除去电解液中的杂质，避免其对产品的污染。

5.2.2 结晶法

结晶法是提纯物质常用的方法。通过若干次的重结晶，最终使杂质含量大大降低，主体物质液相逐渐凝固的方法。重结晶法又称为分凝法或部分结晶法。

结晶法可以控制结晶的速度和结晶的比例。由于结晶时使用籽晶，可以生长成单或晶粒较大的多晶体，有利于减少晶粒间界可能包络的杂质。结晶法的关键在于热场的设计和容器材料的选择。

5.2.2.1 结晶法原理

结晶法的原理是利用主体物质在液态转变成固态的过程中，杂质在不同的相态中分布不同。结晶法分离某一杂质的效果可以用分凝系数 k 来评定。分凝系数 k 表示溶解在固相中该杂质的平衡浓度 c_s 与杂质在液相中的平衡浓度 c_L 之比。即：

$$K = c_s / c_L \tag{5-5}$$

K 值大致在 0.001 ~ 1 范围内变动，当 K 值接近 1 时，表示采用结晶法对该杂质不会有明显的脱除效果；当 K 值远小于 1 时，结晶法可以得到杂质浓度低的提纯物。K 值偏离 1 越远，分离的效果就越好。金属镓中几种主要杂质的分凝系数见表 5-4。

表 5-4 金属镓中几种杂质的分凝系数 k

杂 质	Cu	Hg	Sn	Pb	Zn	In	Ag
k	0.025	0.014	0.049	0.011	0.145	0.075	0.044

可见，除 Zn 外，结晶法对镓中其他杂质都将有较好的分离效果。

镓的熔点只有 29.7℃，用结晶法提纯容易实施。

结晶过程中，固相结晶物不断从液相析出，结晶物含杂质浓度随析出的数量按下式变化：

$$c = kc_0(1-g)^{(K-1)} \tag{5-6}$$

式中　c——某一时刻固相析出物的杂质浓度；

c_0——杂质的原始浓度；

k——分凝系数，是某种杂质在体系主体物质固体中的浓度 c_s 与在液体中的浓度 c_L 之比，即 $k = c_s/c_L$；不同杂质的 k 值不同，大部分杂质的 k 值均小于1，k 值越小，经过部分凝固后杂质的偏析越明显。

g——已凝固的物质中所含有的杂质占杂质总量的比例。

图5-2所示为不同 k 值的杂质经部分凝固后浓度分布的计算值。

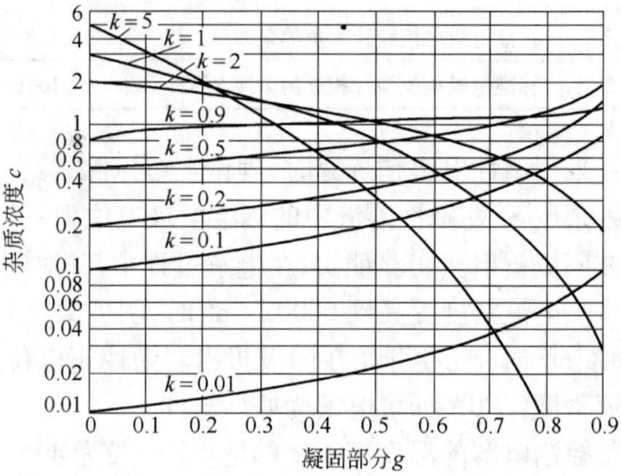

图5-2　不同 k 值的杂质经部分凝固后的浓度分布

5.2.2.2　结晶法装置

结晶装置为一聚四氟乙烯制成的结晶储料圆筒，下装有铜制的热交换器，热交换器表面用有机膜覆盖，避免与镓接触。储料器内装有一个带筛孔的圆形刮板，刮板由外部传动机构带动可上下往复移动。结晶储料器整体浸没在水浴槽中，热交换器与水浴之间做隔热处理。

一种用于结晶法提纯镓的装置如图5-3所示。

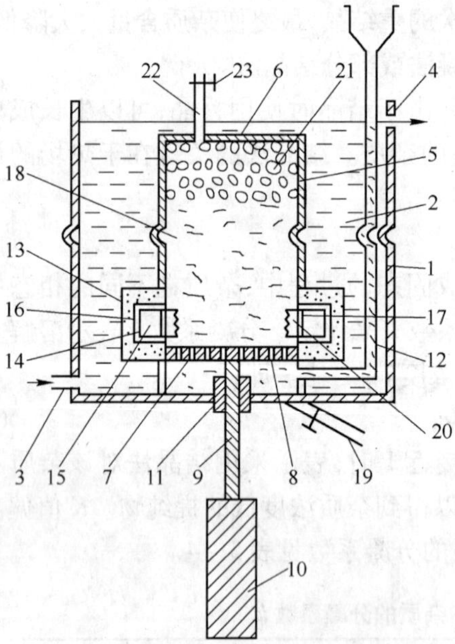

图5-3　结晶(凝固)法提纯的装置

1—水浴槽；2—热水；3，4—水浴进出口；5—结晶储料口；6—盖板；7—刮板；8—筛孔；9—推杆；10—千斤顶；11—密封套；12—加料管；13，16—隔热套；14，15—铜换热器；17—结晶面；18—液态镓；19—镓排出口；20—结晶镓；21—固态镓；22—排气管；23—开关

5.2.2.3　结晶法工艺过程

将35℃的金属镓从导管加入结晶储料器中，用3mol/L的盐酸覆盖保护。通入15℃的水到热交换器，时间为1min，金属镓此时在热交换器的内壁表面冷凝结晶析出。析出一定量后，再将40℃的热水通入热交换器，时间为20s，当器壁表面的镓少许熔化时，启动刮板向上运动，将析出的固态镓刮下，同时推向储料器上部压实。

反复重复冷凝-熔化过程，使析出的固体镓达到总量的40%~50%为止。排出残余的液态镓后，将水浴加热熔化析出的固体镓，用3mol/L的盐酸洗涤数次，可获得99.99998%的高纯镓。

结晶前后，杂质含量的变化见表5-5。

表5-5 结晶法制取高纯镓的结晶前后杂质变化 (质量分数/%)

杂质	Cr	Ni	Fe	Zn	Co	Mg	In
结晶前	70×10^{-6}	70×10^{-6}	140×10^{-6}	20×10^{-6}	170×10^{-6}	12×10^{-6}	1.6×10^{-6}
结晶后	$<0.7\times10^{-6}$	$<5\times10^{-6}$	$<6\times10^{-6}$	$<5\times10^{-6}$	$<5\times10^{-6}$	$<2\times10^{-6}$	$<0.4\times10^{-6}$

5.2.2.4 制备高纯镓的环境因素和辅助设施

A 制造超纯材料需要考虑环境因素

对于科学研究,局部环境洁净就可以制得高纯度的样品,但对于规模化生产,环境因素是生产高纯产品的前提和条件。生产超纯镓的环境洁净度不应低于10000级。

B 辅助材料和设施

如果超纯镓用于微电子和光电子工业,则其辅助材料和设施必须与之适应,如化学试剂应是电子级,高纯水应是动态16MΩ管道,容器和模具应是无污染的塑料制品,内包装应是免清洗的铝塑复合袋、PE或PP瓶,防护手套应是无粉尘乳胶手套,防护服应是防静电整体防护服。

5.2.2.5 结晶法实例

将纯度很高的电解镓置于结晶槽中,用HCl或NaOH溶液覆盖镓表面,控制结晶温度为15~25℃,搅拌速度为5~15r/min,结晶速度为8~10kg/h。结晶8~10h后分离出晶体镓并洗涤干净;得到纯度为99.9999%~99.99999%的高纯镓,直收率为68%~75%。

依据结晶法原理,相应的技术还有定向结晶法、拉单晶法及区域熔炼法:

(1)定向结晶法:镓保持在30℃,界面温度保持在10~25℃,一端用液氮冷却到0~5℃,结晶速度为5~30mm/h,3次定向结晶得到高纯镓。

(2)拉单晶法:将镓熔融,选晶种温度7~10℃,拉单晶速度为10~25mm/h。

(3)区域熔炼法:将镓置于一垂直放置的管中并冷凝成固体,加热线圈使镓局部熔化,并以7.3mm/h的速度从下往上移动,杂质最终富集到上部的镓中,得到99.99999%纯度的高纯镓。

目前制备高纯镓主要采用部分凝固(结晶)法和定向结晶法。部分凝固(结晶)法操作中,冷凝析出的比例难以精确控制,产品质量波动,但操作和设备都较简单而应用最广。定向结晶法结晶速度容易控制,可以在结晶时投入籽晶以生长出单晶或晶粒较大的多晶体,因而产品纯度较高且设备也不复杂。综合来看,采用定向结晶法比较适宜,并能将镓提纯到99.99999%以上。

拉单晶法及区域熔炼法的提纯效果优于部分结晶法和定向结晶法,但由于镓的熔点太低,要创造一个在镓熔点以下且温度梯度较大的热场让镓的结晶热尽快排除而冷凝结晶,实际的操作难度较大,效率较低,因此在规模化生产中应用不多。

5.2.3 真空精炼法

真空精炼法是通过真空冶金将蒸气压比金属镓大的杂质通过挥发除去。

在温度为800~1000℃、真空度为13.3Pa、精炼时间为150~170h的条件下,对99.9999%的电解镓进行真空精炼,可使镓的纯度提高一个等级,到99.99999%。

提高真空度和增大蒸发表面积对除杂的效果及效率都有明显的作用。真空精炼还能有效消除镓表面的油膜。

真空精炼与电解精炼制取的高纯镓杂质含量见表5-6。

表5-6 电解及真空挥发除杂制取的高纯镓的杂质含量 (质量分数/%)

元素	Zn	Ag	Cu	Ca	Al	Mg	Ni	Pb	Sn	Fe	Mn	Cr	Si
电解精炼	5×10^{-6}	6.4×10^{-6}	6.4×10^{-6}	10×10^{-6}	5×10^{-6}	2×10^{-6}	5×10^{-6}	16×10^{-6}	16×10^{-6}	16×10^{-6}	2×10^{-6}	5×10^{-6}	40×10^{-6}
真空精炼	2×10^{-6}		3.2×10^{-6}		5×10^{-6}	0.5×10^{-6}		16×10^{-6}	2.3×10^{-6}	1.2×10^{-6}	0.3×10^{-6}		

真空精炼提纯镓工艺过程简短,镓直收率高,同时镓的高沸点、低挥发致使镓与许多杂质得到相当大程度的分离,是值得重视的提纯方法。

5.2.4 有机化合物热分解法

镓可以生成有机化合物,许多金属则难以生成有机化合物。利用这一区别,将镓转化成某种有机化合物可以将粗镓所含的大部分金属杂质分离除去。

镓的有机化合物用低温蒸馏、分子筛吸附等手段进一步提纯,最后热分解产出纯度极高的金属镓,这是金属有机化合物热分解气相沉积法(MOCVD)制备镓化合物半导体薄膜的主要手段,也是制备超高纯镓的有效途径。

重要的镓有机化合物是三甲基镓 - $Ga(CH_3)_3$ 和三乙基镓 - $Ga(C_2H_5)_3$。三甲基镓可用二甲基汞与镓反应制得:

$$2Ga + 3Hg(CH_3)_2 = 2Ga(CH_3)_3 + 3Hg \qquad (5-7)$$

也可用三甲基铝与三氯化镓反应制得:

$$3Al(CH_3)_3 + GaCl_3 = Ga(CH_3)_3 + 3Al(CH_3)_2Cl \qquad (5-8)$$

三甲基镓的熔点为 -15.8℃,沸点为55.7℃,通过精馏和冷冻结晶等方法可将提纯。

将工业纯的粗镓制三乙基镓后,用蒸馏法提纯,然后在惰性气体保护下用紫外光照射使其热分解,得到纯度为99.999%的金属镓。

5.2.5 三氯化镓法

将金属镓制成三氯化镓,提纯后采用电解三氯化镓水溶液,即可制得高纯金属镓。

采用 $GaCl_3$ 提纯制取高纯镓的优势是 $GaCl_3$ 与氯化物杂质之间的分离程度大,特别是可通过精馏将As、P、B和Si等杂质脱除到极低的含量,从而满足半导体行业对As、P、B和Si等杂质的严格要求。

$GaCl_3$ 提纯法的工艺过程如下:

(1)将粗镓半导体废料制成 $GaCl_3$,精馏分离低沸点的As、P、B和Si的氯化物;

(2)定向结晶法或区域熔炼法对 $GaCl_3$ 进行提纯,达到99.999%以上的纯度;

(3)精制后的 $GaCl_3$ 用水溶液电解或熔盐电解的方法得到高纯镓。$GaCl_3$ 熔盐电解时,采用铂作阴极和阳极,电流密度为5~10A/dm^2,可得到纯度99.99999%的高纯镓,杂质Pb、

Cu 含量小于 $1\times10^{-5}\%$，Zn 含量小于 $1\times10^{-7}\%$。

5.2.6 有机化合物热分解法

金属性强的元素不易生成有机化合物，镓是两性元素，可以生成一系列有机化合物。制备镓的有机化合物，就可先除去大部分金属杂质，然后再根据镓的有机化合物和可能存在的其他元素的有机化合物性质的差异，将镓的有机化合物和其他元素的有机化合物分离，最后在无污染的环境中将有机化合物热分解，制得高纯度金属镓。

目前，实用的镓的有机化合物是三甲基镓，热分解三甲基镓即可制得纯度高的金属镓。但是三甲基镓热分解的速度慢，效率低，不适用于大批量生产超纯镓。目前三甲基镓热分解法主要用于制造镓的半导体薄膜。

5.2.7 化学萃取法

化学萃取法采用酸溶液分离镓中的杂质元素的方法。在化学萃取时，金属镓呈液态。根据化学势的原理，溶解在液体中的杂质活度比单质的活度大，所以溶解在液态镓中的杂质元素很容易和酸反应。

化学萃取法除去杂质元素的效果同酸的种类浓度、温度及萃取方式相关。因该法用酸作萃取液，金属镓也必然会有少量溶解而损失。

5.3 组合流程制备高纯镓

选择一种组合流程，包括预处理、化学处理法、电解精炼二次和拉单晶，制备了纯度为 99.99999% 的高纯镓。

组合工艺过程包括预处理→化学处理法→电解精炼二次→拉单晶。

5.3.1 预处理

预处理主要去除海绵镓和氧化膜。原料为 4N(99.99%) 的镓，预先经过机械分离，除去含有大量 Cu、Pb 和 Zn 等杂质的海绵镓和氧化膜。经过预处理，可以提高原料镓的纯度，减少电解槽的钝化现象，同时提高阴极产品镓的质量。

5.3.2 化学处理

室温下，镓稍溶于盐酸，而不溶解于各种浓度的硝酸和氢氧化钠溶液中，而镓中的某些杂质，在常温下会迅速溶解于酸和碱中。在加热条件下，则反应更加激烈。利用镓的这一特点，有选择地溶解其中的金属杂质，是可以达到一定程度的提纯效果。

5.3.2.1 HCl 清除 Zn、Al、Fe、Ca 和 Mg 等杂质

选择温度为 60~70℃，用稀 HCl 与镓一起搅拌，电位序较镓负的杂质，例如 Zn、Al、Fe、Ca 和 Mg 等，便会溶解。同时镓也有少量的损失。

5.3.2.2 HNO_3 清除 Pb、Cu、Hg 和 Sn 等杂质

用稀 HNO_3 与镓一起搅拌，电位次序比镓正的金属杂质，Pb、Cu、Hg 和 Sn 等会大大减少，但镓损失较大。

化学处理前后，杂质浓度的变化见表 5-7。在整个提纯过程中，金属稼的损失约为 7.89%。

表 5－7　化学处理前后金属镓中杂质浓度的变化　　(g/L)

杂质	Pb	Cu	Ca	Al	Zn	Ni
原料	4.2×10^{-3}	$>4\times10^{-4}$	5.1×10^{-5}	1.4×10^{-5}	4×10^{-4}	1×10^{-4}
产品	7×10^{-4}	3.3×10^{-4}	$<1\times10^{-5}$	$<1\times10^{-5}$	$<2\times10^{-5}$	$<1\times10^{-5}$

5.3.3　电解精炼工艺条件

镓是两性物质，它既可在酸性溶液中电解，也可在碱性溶液中电解。但酸性溶液电解的电流效率很低，所以较少采用。目前普遍采用的是 NaOH 碱性溶液电解。电解精炼包括电解液净化和电解精炼，工艺条件分别见表 5－8 和表 5－9。

表 5－8　电解液净化工艺条件

序号	条件	参数
1	阳极	粗镓，纯度为 99.99%，用铂金丝导电
2	阴极	高纯镓，纯度为 99.9999%，用铂金丝导电
3	电解液	20% 特纯 NaOH 溶液
4	电流密度/$A\cdot m^{-2}$	阳极 $D_a=200$，阴极 $D_k=6000$
5	槽电压/V	5～6
6	电解温度/℃	40～50
7	净化时间/d	7～10

表 5－9　电解精炼工艺条件

序号	条件	参数
1	阳极	粗镓，纯度为 99.99%，用铂金丝导电
2	阴极	高纯镓，纯度为 99.99999%，用铂金丝导电
3	电解液	净化合格的 NaOH 溶液（含 $NaGaO_3$）
4	电流密度/$A\cdot m^{-2}$	阳极 $D_a=D_k=200$
5	槽电压/V	2～3
6	电解温度/℃	40～50

5.3.4　拉单晶提纯法

拉晶法是 20 世纪 60 年代发展起来的一种提纯镍的方法，对于去除镓中的微量杂质极为有效。拉晶法与区熔法相比，操作简单，效果好，产量高，易于实现工业化，但设备投资大。目前用作提纯镓的最后一道工序。

5.3.4.1　设备

熔体拉晶提纯镓所使用的设备是单晶炉，包括炉体、传动机械和电器三部分，其示意图如图5－4所示。

为避免金属杂质的污染和耐腐蚀，工作炉体采用有机玻璃材料制造，并要求密闭防尘。

供拉制用的机械装置主要为一带有减速器的马达和提拉单晶的装置，并与旋转机构相连接，以便实现籽晶轴的旋转。

5.3.4.2 操作

籽晶杆用水冷却，利用红外加热器来加热熔体，以半导体点温计控制熔体温度，精确到 ±0.1℃。为防止镓氧化，在熔体镓表面覆盖一薄层 5% ~10% 的超纯稀盐酸。

开始拉晶时，熔体温度和拉晶速度可在较宽范围内调节。当熔体温度恒定在 38℃ 时，放下籽晶，使之与熔体良好接触，随即以一定的速度拉晶。

开始速度较快，约 2.4 ~3.0cm/h，然后减速，并每隔 30min 降温 1 次（每次约 0.5℃）。最后恒温在 33℃，并保持一定的拉速（1 ~1.2cm/h），为使温度均匀分布和加速界面附近杂质的扩散，必须实现良好的搅拌，为此籽晶轴以 25r/min 的速度旋转。

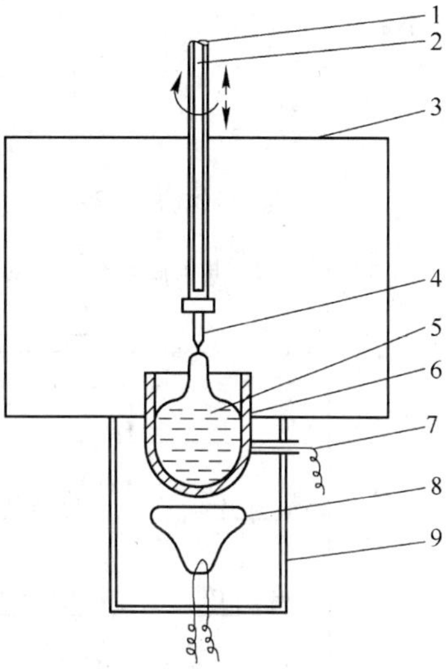

图 5 –4 Ga 单晶炉示意图

1—籽晶轴（连接传动装置）；2—冷却水管；3—有机玻璃罩；4—籽晶；5—Ga 熔体；6—石英坩埚；7—热敏电阻（连接半导体点温计）；8—红外加热器；9—保温套

当坩埚中镓熔体只剩最初重量的 20% 时，停止拉晶。如进行多次拉晶，可将晶体熔化。

5.3.4.3 籽晶的定向

在拉晶提纯中，籽晶的定向影响生长的外形，在一定程度上还影响提纯的效果。无定形籽晶可使晶体的某一个面长得较快，使杂质来不及分离而带入晶体。因此籽晶的定向是很重要的。经 X 光定向，初步鉴定镓晶体有如下几种晶面：

(002)(001)	菱形
(022)(202)	方形或矩形
(200)	椭圆形，不明显的六边形
(113)	三角形
(111)	五边形

采用(001)，(111)和(200)三种晶面的籽晶进行拉晶，对于除去 Pb、Cu、Ag、Sn、Ni 等杂质均有效。其中 200 面结晶速度均匀，晶面规整，易于长单晶。

结果表明，拉晶提纯对除去微量的 Cu、Pb、Ag、Ni 和 Sn 等均有明显的效果。尾料中杂质有大量的富集，随着拉晶次数的增加，尾料中杂质也逐渐减少，产品的纯度有进一步的提高。

采用二次电解后的优质镓为原料，则拉制的镓单晶达到了更高的纯度，按所分析的 15 个杂质元素计算，杂质总含量为 0.0586×10^{-6}，产品纯度达 99.999994% 以上的水平。

5.3.5 工艺流程

组合工艺过程包括预处理→化学处理法→电解精炼二次→拉单晶，其工艺流程如图

5－5所示。

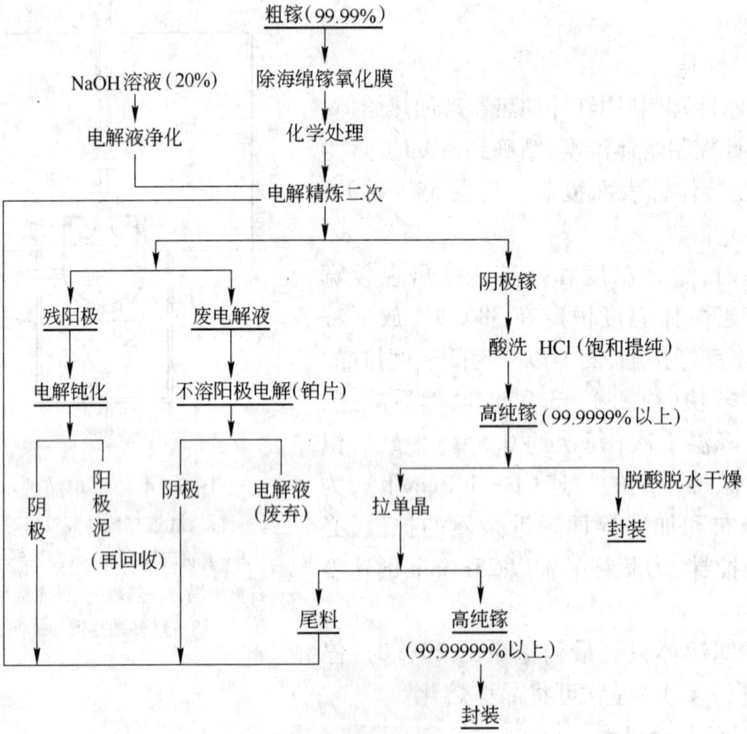

图5－5　制备7N高纯镓组合工艺流程

5.3.6　实验结果

采用组合工艺流程制备的7N高纯镓的实验结果见表5－10。

表5－10　实验结果

序号	名称	元素								
		Pb	Cu	Ag	Ni	Mn	Zn	Na	Co	Al
1	原料	$>4\times10^{-4}$	$>4\times10^{-4}$	2.9×10^{-5}	1×10^{-5}	2×10^{-4}	2×10^{-5}		1×10^{-5}	1.4×10^{-2}
2	一次电解	4.8×10^{-7}	1.7×10^{-7}	2.1×10^{-7}	1.6×10^{-7}	$<2\times10^{-6}$	$<1\times10^{-6}$	$<4\times10^{-7}$	5×10^{-7}	$<1\times10^{-6}$
3	二次电解	$<1\times10^{-7}$	$<2\times10^{-6}$	$<2\times10^{-6}$	$<2\times10^{-7}$	$<2\times10^{-6}$	$<1\times10^{-6}$	$<4\times10^{-7}$	5×10^{-7}	$<1\times10^{-6}$
4	阳极泥	$>1\times10^{-4}$	$>1\times10^{-5}$	$>1\times10^{-5}$	4.4×10^{-6}	$<2\times10^{-6}$	—	2×10^{-6}	—	—

序号	名称	元素						总杂质含量	产品纯度/%
		Mg	Au	Cd	Ca	Fe	Sn		
1	原料	2×10^{-5}							
2	一次电解	$<1\times10^{-6}$	$<1\times10^{-7}$	$<5\times10^{-7}$	$<1\times10^{-6}$	$<1\times10^{-6}$	5×10^{-6}	0.1254×10^{-6}	99.99997
3	二次电解	$<1\times10^{-6}$	$<1\times10^{-7}$	$<5\times10^{-7}$	$<1\times10^{-6}$	$<1\times10^{-6}$	4×10^{-6}	0.1086×10^{-6}	99.999999
4	阳极泥	—	—						

参考文献

[1] 范家骅. 超纯镓的研制和产业化[J]. 广东有色金属学报,2006,12(2):91~98.
[2] 苏毅,李国斌,罗康碧,等. 高纯金属镓制备技术研究进展[J]. 稀有金属,2003,27(4):495~499.
[3] 邹家炎,陈少纯. 稀散金属产业的现状与展望[J]. 中国工程科学,2002,4(8):86~92.
[4] 刘英俊,曹励明,李兆麟,等. 元素地球化学[M]. 北京:科学出版社,1984,360~421.
[5] 周令治,陈少纯. 稀散金属提取冶金[M]. 北京:冶金工业出版社,2008.
[6] 王金超. 镓生产工艺及用途[J]. 四川有色金属,2003(4):14~19.
[7] 刘志宏,张登凯,李玉虎,等. 海绵铁中提取镓的研究[J]. 有色金属(冶炼部分),2005(3):33~36.
[8] 张大维,张云,杨绍文,等. 刚玉渣回收镓、铁和铝的试验研究[J]. 矿产综合利用,1997(3):14~17.
[9] 陆涛. 从提钒废渣中回收金属镓的试验[J]. 四川冶金,1989(4):20~35.
[10] 许可,邓彤,刘军坛. 从电热法黄磷电尘中提取镓和磷的研究[J]. 矿产综合利用,2009(3):31~34.
[11] 吴文伟,苏鹏. 从碱性铝酸钠溶液中提取镓的研究进展[J]. 湿法冶金,2006,25(2):73~76.
[12] 汤艳杰,刘建,刘建朝,等. 从铝土矿中提取镓的工艺研究[J]. 湿法冶金,2000,19(3):45~48.
[13] 吕理霞. 氧化铝厂镓的回收[J]. 轻金属,2002(5):15~17.
[14] 左小红. 硫化锌精矿两段逆流氧压浸出原理及综合回收镓锗工艺研究[J]. 湖南有色金属,2009,25(1):26~28.
[15] 伍敬峰,刘侦德,邓卫. 凡口铅锌矿选矿过程中锗、镓行为走向探讨[J]. 矿业研究与开发,2001,21(2):35~37.
[16] 张亚平. 从浸锌渣还原铁粉中回收镓锗的工艺及机理[D]. 长沙:中南大学硕士学位论文,2003.6.
[17] 李裕后. 从韶冶工 SP 炉渣中富集和提取镓的新工艺研究[D]. 长沙:中南大学硕士学位论文,2004.9.
[18] 韦文宾,何启贤. 从湿法炼锌浸出渣中回收镍的试验研究[J]. 湿法冶金,2008,27(2):103~105.
[19] 翟秀静,周亚光. 稀散金属[M]. 合肥:中国科学技术大学出版社,2009.
[20] 沈化生 稀散金属冶金学[M]. 上海:上海人民出版社,1976.
[21] 李洪桂 主编. 稀有金属冶金学[M]. 北京:冶金工业出版社,1990.
[22] 稀有金属冶金学编写小组编. 稀有金属冶金学[M]. 北京:中国工业出版社,1961.
[23] 李光辉,黄柱成,郭宇峰,等. 从湿法炼锌渣中回收镓和锗的研究[J]. 金属矿山,2004(6):61~64.

6 镓合金

镓与多数金属形成合金，本章简单介绍镓合金相图的制备方法和合金化合物的晶体结构参数和相图的分析。本章按镓－轻金属合金、镓－重金属合金、镓－稀土金属合金、镓－稀散金属合金、镓－高熔点金属合金、镓－铁系金属合金、镓－贵金属合金和镓－放射性金属合金顺序，共分8节介绍。

6.1 镓－轻金属合金

轻金属包括锂、钠、钾、铷、铯、铍、镁、钙、锶和钡等碱金属、碱土金属，还包括铝、钛和硅。镓与它们形成的合金即为镓－轻金属合金，共计13种。

6.1.1 镓－锂(Ga－Li)合金

Ga－Li系相图是在总结和优化文献数据资料的基础上绘制出，如图6－1所示的Ga－Li系相图。

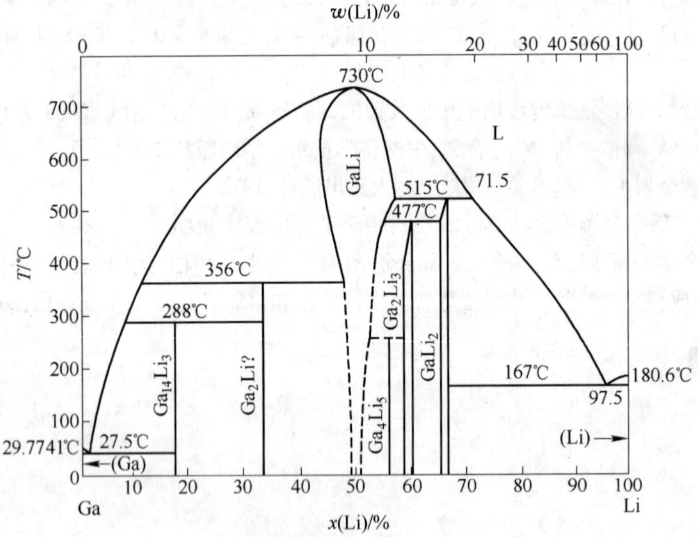

图6－1 Ga－Li系相图

Ga－Li体系中发现6种化合物，其中只有Ga－Li在730℃下固液同成分地熔化。化合物Ga－Li具有宽大的均相区，在400℃时由46%延伸至54%的Li或在同一温度下由45%延伸至56%的Li。

体系中还存在化合物$Ga_{14}Li_3$、Ga_4Li_5、$GaLi_2$和Ga_2Li_3，其中Ga_2Li_3具有由59.5%～60.5%Li(415℃)的均相区，$GaLi_3$按包晶反应生成，在510℃或515℃下，具有66%～67%Li范围的均相区。Ga－Li系化合物晶体结构的数据见表6－1。

表 6－1 Ga－Li 系化合物的晶体结构

化合物	结构类型	空间群	晶格常数/nm		
			a	*b*	*c*
$Ga_{14}Li_3$	—	$R\bar{3}m$	0.8441	—	1.6793
GaLi	NaTl	$Fd\bar{3}m$	0.6150	—	—
Ga_4Li_5	—	$P\bar{3}m1$	0.4375	—	0.8257
Ga_2Li_3	Al_2Li_3	$R\bar{3}m$	0.4367	—	1.3896
$GaLi_2$	—	Cmcm	0.4562	0.9542	0.4364

①50%(at)Li；②51.8%(at)Li；③53.8%(at)Li。

Ga－Li 的晶格常数在其均相区范围内(400℃)随 Li 的含量的增加而线性地增加。

6.1.2 镓－钠(Ga－Na)合金

Ga－Na 相图是由总结实验数据的基础上绘制出，如图 6－2 所示。

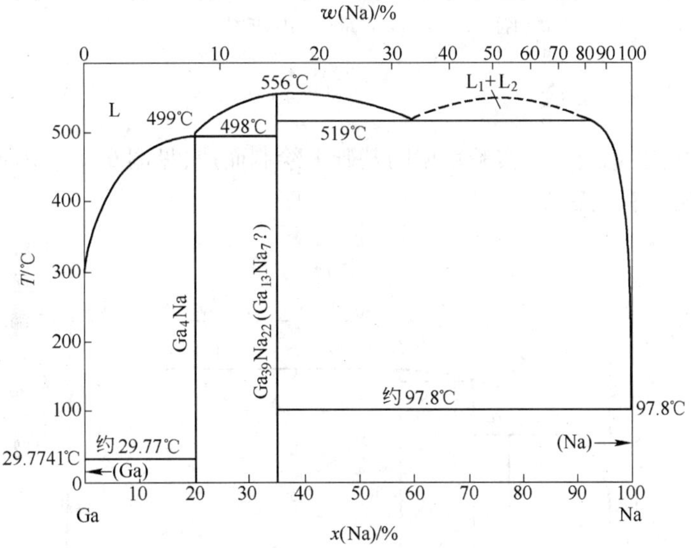

图 6－2 Ga－Na 系相图

在 Ga－Na 系相图体系中存在两种化合物：Ga_4Na 和 $Ga_{39}Na_{22}$。化合物 Ga_4Na 在 499℃下固液同成分熔化，而在 498℃下存在共晶($Ga_4Na + Ga_{39}Na_{22}$)，含 Na20.5%。由于共晶的组成在实验的准确度范围内与化合物 Ga_4Na 的组成重合，可能固液异成分熔化。化合物 $Ga_{39}Na_{22}$ 在 556℃下固液同成分熔化，具有的化学式 $Ga_{39}Na_{22}$ 或 $Ga_{13}Na_7$。

在体系中观察到由 60% 延伸到 90% Na 的液态不混溶区。偏晶反应的温度为 519℃，临界温度相应为 550℃。Ga－Na 系中的反应见表 6－2，化合物的晶体结构见表 6－3。

表 6－2 Ga－Na 系中的反应

反 应	x(Na)/%	温度/℃
L→(Ga)＋Ga_4Na	约 0；约 0；20	29.77
L→Ga_4Na＋$Ga_{39}Na_{22}$	20.5；20；36.1	498

续表 6 – 2

反　应	x(Na)/%	温度/℃
$L \rightarrow Ga_{39}Na_{22} + L_2$	约 60；36.1；约 89.5	519
$L \rightarrow Ga_{39}Na_{22} + (Na)$	约 100；36.1；约 100	97.8

表 6 – 3　Ga – Na 系化合物的晶体结构

化合物	结构类型	空间群	晶格常数/nm			Pearson 符号
			a	b	c	
Ga_4Na	Al_4Ba	14/mmm	0.4223	—	1.119	tI10
$Ga_{13}Na_7$①	—	$R\bar{3}m$	1.4965	—	3.893	hR360
$Ga_{13}Na_7$②	—	Pnma	1.5625	1.4979	2.1678	oP240
$Ga_{39}Na_{22}$	—	Pnma	1.5585	1.4948	2.1632	oP244

①结构与含过量 Ga 制备的化合物相符；②结构与含过量 Na 制备的化合物相符。

6.1.3　镓 – 钾（Ga – K）合金

Ga – K 相图是在总结文献实验数据的基础上绘制而成，见图 6 – 3。考虑存在 K 可能的氧化和蒸发，相图没有最后确定。

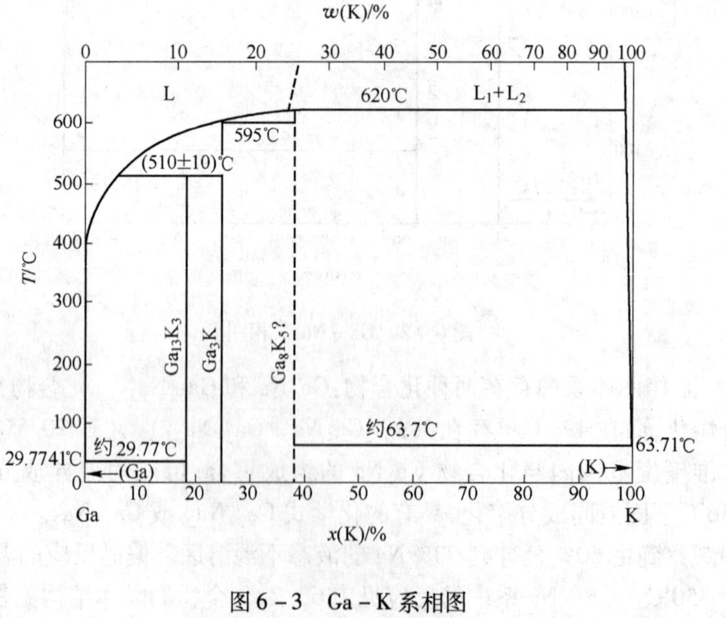

图 6 – 3　Ga – K 系相图

在 Ga – K 系中，确定存在的两种化合物 $Ga_{13}K_3$ 和 Ga_3K，它们按包晶反应生成。在体系中存在液态不混溶区，其 Ga 侧边界没有以足够的准确度确定，而 K 侧边界为 99% K。在体系中的另一化合物 Ga_8K_5 没有准确确定。

Ga – K 系中的反应见表 6 – 4。在体系中存在两种退化共晶——Ga 侧和 K 侧共晶。

表 6－4 Ga－K 系中的反应

反　　应	$x(K)/\%$	温度/℃
$L \rightarrow Ga + Ga_{13}K_3$	约 0；约 0；18.75	29.77
$L + Ga_3K \rightarrow Ga_{13}K_3$	约 5；25；18.75	510 ±10
$L + Ga_8K_5 \rightarrow Ga_3K$	约 21；38.46；25	约 595
$L_1 + L_2 \rightarrow Ga_8K_5$	约 38；>99.9；38.46	约 620
$L_2 \rightarrow Ga_8K_5 + (K)$	约 100；38.47；约 100	63.7

Ga－K 系化合物的晶体结构数据见表 6－5，考查晶格常数和成分间的关系会发现，存在明显的化合物 Ga_3K 为基础的均相区。

表 6－5 Ga－K 系化合物的晶体结构

化合物	结构类型	空间群	晶格常数/nm			Pearson 符号
			a	*b*	*c*	
$Ga_{13}K_3$	—	Cmcm	0.6441	1.6143	2.8404	oC128
Ga_3K	Ga_3Rb	$I\bar{4}m2$	0.6278 0.6268	— —	1.4799 1.4782	tI24
Ga_3K①	—	—	0.6271	—	1.481	—
Ga_3K②	—	—	0.6126	—	1.480	—

①20%（at）K；②40%（at）K。

6.1.4 镓－铷（Ga－Rb）合金

在总结文献实验数据的基础上，绘制出如图 6－4 所示的 Ga－Rb 系合金相图。

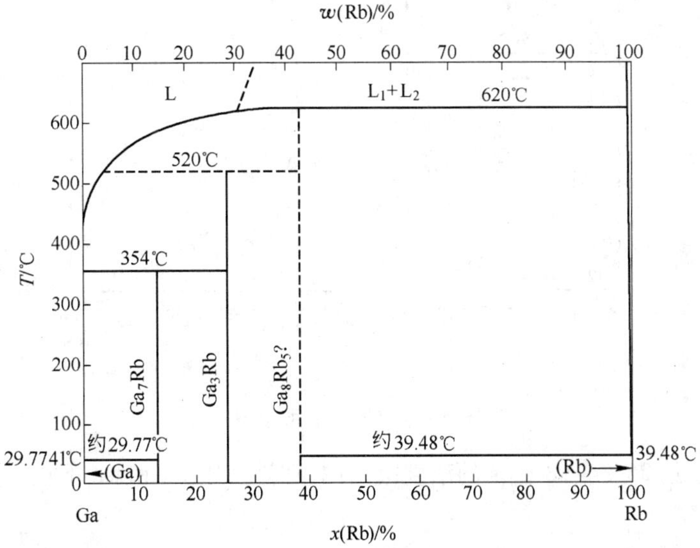

图 6－4 Ga－Rb 系相图

体系中存在两种化合物：Ga_7Rb 和 Ga_3Rb，它们为 X 射线分析确定。化合物 Ga_7Rb 在 354℃下按包晶反应 $L + Ga_3Rb \rightarrow Ga_7Rb$ 生成。化合物 Ga_3Rb 大致是在 520℃温度下同样按包晶反应生成。体系中可能还生成化合物 Ga_8Rb_5，但尚未证实。

在体系中有一个由 30% 延伸至 99% Rb 的液态不混溶区，在 Ga 和 Rb 两侧存在退化共晶，其熔化温度与纯金属的熔点重合。

由于 Rb 可能氧化和蒸发，Ga - Rb 相图存在不确定性。化合物的晶体结构见表 6 - 6。

表 6 - 6　Ga - Rb 系化合物的晶体结构

化合物	结构类型	空间群	晶格常数/nm			Pearson 符号
			a	*b*	*c*	
Ga_7Rb	—	$R\bar{3}m$	0.6600	—	2.8563	hR16
Ga_3Rb	Ga_3Rb	$I\bar{4}m2$	0.6315	—	1.5000	tI24
Ga_8R_5 ① (Ga_2Rb)	—	—	0.610	1.113	0.616	—

①斜方晶系。

6.1.5　镓 - 铯（Ga - Cs）合金

采用直接量热法，结合差热分析和 X 射线分析，绘制了 Ga - Cs 相图（见图 6 - 5）。原料为纯度 99.999%（wt）的 Ga 和纯度 99.9%（wt）的 Cs。

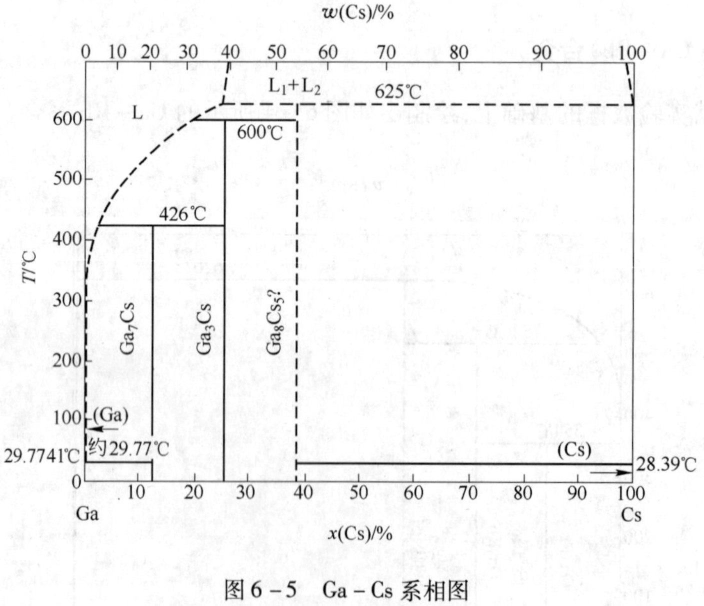

图 6 - 5　Ga - Cs 系相图

研究确定，在约 25% ~98% Cs 的浓度范围内，在液态中 Cs 和 Ga 不相混溶，偏晶反应的温度相应为 625℃。

体系中确定有 3 种化合物 Ga_7Cs、Ga_3Cs 和 Ga_8Cs_5。化合物 Ga_7Cs 按包晶反应生成，其生成温度取为(600 ± 2)℃。化合物 Ga_8Cs_5 未准确确定。化合物的晶体结构见表 6 - 7。

表 6-7 Ga-Cs 系化合物的晶体结构

化合物	结构类型	空间群	晶格常数/nm		
			a	*b*	*c*
Ga_7Cs	—	$R\bar{3}m$	0.6620	—	2.9045
Ga_3Cs	Ga_3Rb	$I\bar{4}m2$	0.6400 0.639(1)	— —	1.5314 1.5287(1)
Ga_8Cs_5	—	—	0.564	0.984	0.590

6.1.6 铍-镓(Be-Ga)合金

Be-Ga 系相图(见图 6-6)是根据热分析和分析液态样品的研究结果绘制。

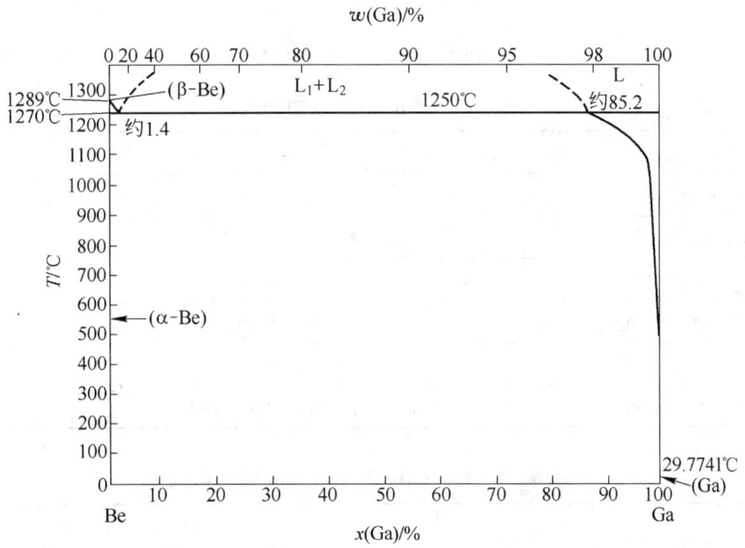

图 6-6 Be-Ga 系相图

Be 于 Ga 中的溶解度在 600℃ 和 800℃ 时分别为 0.03%(wt)和 0.17%(wt)。Ga 在固态 Be 中的溶解度尚未测定。Be-Ga 系合金中在温度 1250℃ 和 Ga 含量为 1.4% 时,在两个液相 L_1 和 L_2 的参与下发生偏晶反应。研究发现,含镓 10%~25% 的 Be-Ga 具有超导性。

6.1.7 镓-镁(Ga-Mg)合金

采用热分析、X 射线分析和显微 X 射线光谱分析方法,绘制了如图 6-7 所示的 Ga-Mg 相图。在体系中存在 5 种化合物:Ga_2Mg_5,$GaMg_2$,GaMg,Ga_2Mg 和 Ga_5Mg_2,其中 Ga_2Mg_5、GaMg、和 Ga_2Mg,分别在 470℃、370℃ 和约 283℃ 下固液同成分熔化。Ga-Mg 系中的反应见表 6-8。

Ga-Mg 系化合物晶体结构的数据见表 6-9。

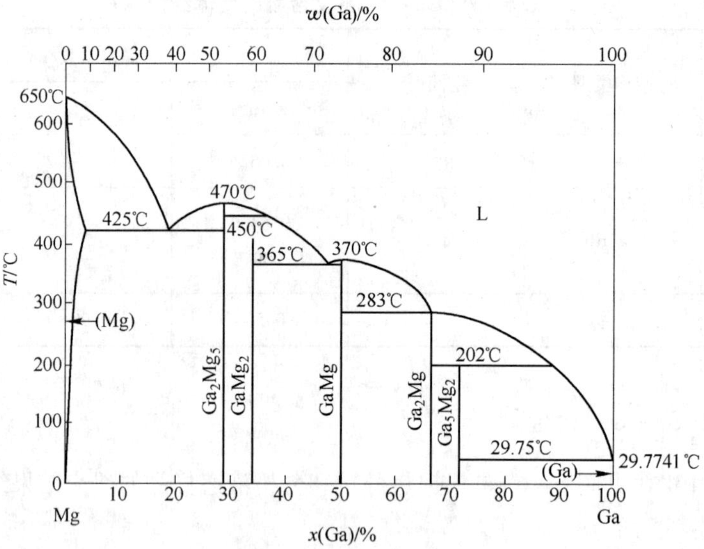

图 6－7 Ga－Mg 相图

表 6－8 Ga－Mg 系中的反应

反 应	x(Ga)/%	温度/℃
$L \rightarrow (Mg) + Ga_2Mg_5$	19.1;3.1;28.58	425
$L + GaMg_2 \rightarrow GaMg_2$	约 34;28.58;33.3	450
$L \rightarrow GaMg_2 + GaMg$	约 46;33.3;50	365
$L \rightarrow GaMg + Ga_2Mg$	约 66.6;50;66.6	283
$L + Ga_2Mg \rightarrow Ga_5Mg_2$	约 85;66.6;71.42	202
$L \rightarrow (Ga) + Ga_5Mg_2$	约 100;约 100;71.42	29.75

表 6－9 Ga－Mg 系化合物的晶体结构

化合物	结构类型	空间群	晶格常数/nm			Pearson 符号
			a	*b*	*c*	
Ga_5Mg_2	Ga_5Mg_2	14/mmm	0.862	—	0.711	tI28
Ga_2Mg	Ga_2Mg	Pbam	0.680	1.634	0.411	oP24
GaMg	GaMg	$14_1/a$	1.053	—	0.553	tI32
$GaMg_2$	$GaMg_2$	P62c	0.7794	—	0.6893	hP18
Ga_2Mg_5	Ga_2Mg_5	Ibam	1.371 1.3708	0.702 0.7017	0.602 0.6020	oI28

6.1.8 钙－镓(Ca－Ga)合金

在充氩气氛下,将纯度为 99.9%(wt)的 Ga 和纯度为 99.99%(wt)的 Ca－Ga 加入密闭的铁坩埚中,熔炼制备 Ca－Ga 合金。由热分析和 X 射线显微结构分析结果确定了结构并绘制成 Ca－Ga 相图,如图 6－8 所示。

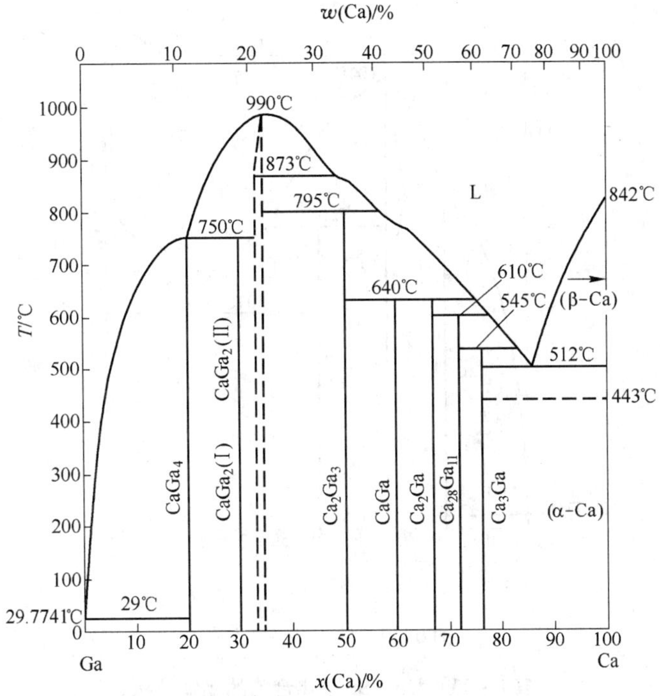

图 6-8　Ca-Ga 系相图

在 Ca-Ga 系中，确定有 7 种化合物：$CaGa_4$，$CaGa_2$，$CaGa_3$，CaGa，Ca_2Ga，$Ca_{28}Ga_{11}$ 和 Ca_3Ga。化合物 $CaGa_2$ 在 990℃ 固液同成分熔化，在约 350℃ 时发生多晶转变。其他 6 种化合物经包晶反应，在 750℃ 时生成 $Ca-Ga_4$，873℃ 时生成 Ca_2Ga，795℃ 时生成 Ca-Ga，640℃ 时生成 Ca_2-Ga，610℃ 时生成 $Ca_{28}Ga_{11}$ 和 545℃ 时生成 Ca_3Ga。在 297℃ 时，生成蜕变的共晶体(Ga)+$CaGa_4$，在 512℃ 时结晶成 Ca_3Ga+(β-Ca)共晶体。Ca-Ga 系部分化合物的晶体结构见表 6-10。

表 6-10　Ca-Ga 系部分化合物的晶体结构

化合物	结构类型	空间群	晶格常数/nm			Pearson 符号
			a	*b*	*c*	
Ca-Ga	CrB	Cmcm	4328	1.1935	0.4196	ocC8
$CaGa_2$	AlB_2	P6/mmm	0.4461	—	0.7359	hP3
$CaGa_4$	BAl_4	$14_1/a$	0.4365	—	1.065	—

6.1.9 镓-锶(Ga-Sr)合金

根据热分析、显微结构分析和 X 射线分析结果，绘制出 Ga-Sr 相图(见图 6-9)。Ga-Sr 体系中存在 3 种化合物，其中 Ga_2Sr 在 1045℃ 下固液同成分熔化，Ga_4Sr 和 GaSr 分别在 767℃ 和 710℃ 下按包晶反应生成。在 503℃ 下结晶出共晶 GaSr+(α-Sr)，而在约 29℃ 下结晶出退化共晶(Ga)+Ga_4Sr。化合物的晶体结构见表 6-11。

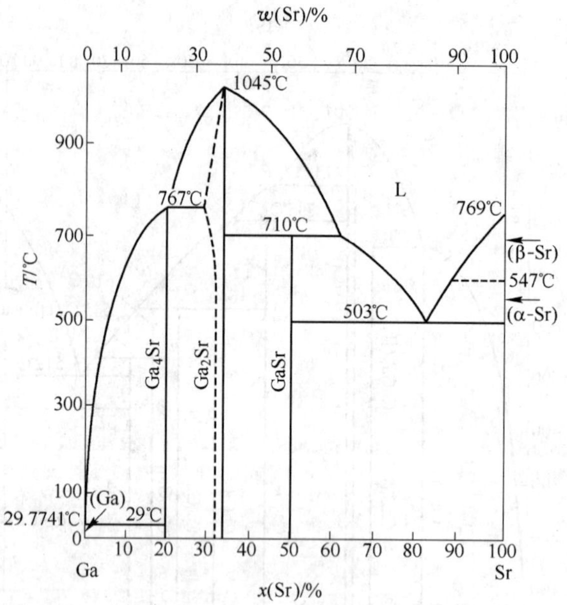

图 6－9 Ga－Sr 系相图

表 6－11 Ga－Sr 系化合物的晶体结构

化合物	结构类型	空间群	晶格常数/nm		Pearson 符号
			a	*c*	
Ga_4Sr	Al_4Ba	I4/mmm	0.4430	1.071	tI10
Ga_2Sr	$AlBa_2$	P6/mmm	0.4345 0.4344	0.4736 0.4732	hP3
GaSr	AlSr	$P2_1/3$	1.2484	—	cP64

6.1.10 钡－镓(Ba－Ga)合金

采用纯度 99.6%(wt)Ga 和 Ba 作原材料，惰性气氛下于铁坩埚中制备 Ba－Ga 系合金。通过热分析、显微组织分析和 X 射线分析法确定了 Ba－Ga 系合金相图。Ba－Ga 系合金体系中有 5 种化合物。$BaGa_4$ 在 1016℃ 固液同成分溶化，$BaGa_2$、BaGa、Ba_3Ga_2、$Ba_{10}Ga$ 分别在 885℃、584℃、555℃和 456℃下按包晶反应生成。在 29.5℃时体系中结晶出退化共晶体(Ga)+Ba－Ga_4。在 414℃和 Ba 含量约 75%(at)时结晶出 Ba_3Ga_2 + $Ba_{10}Ga$ 共晶体。Ba－Ga 系相图如图 6－10 所示。

体系中化合物的晶体结构见表 6－12。

6.1.11 铝－镓(Al－Ga)合金

Al－Ga 合金体系属于共晶型，共晶温度为 26.6℃，共晶点的浓度 95.8% Ga。

相图中的固相线和 Ga 在 Al 中的溶解度见表 6－13。

Al－Ga 合金相图如图 6－11 所示。

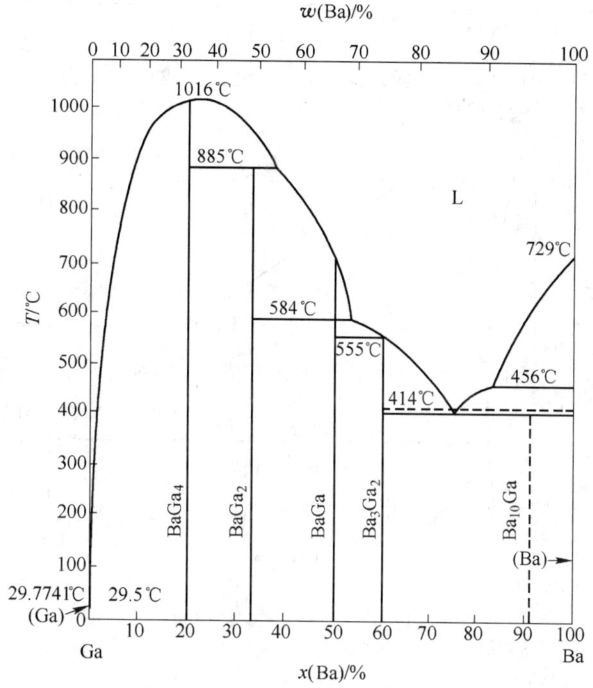

图 6－10 Ba－Ga 系相图

表 6－12 Ba－Ga 系化合物的晶体结构

化合物	结构类型	空间群	晶格常数/nm		Pearson 符号
			a	c	
$BaGa_4$	$BaAl_4$	I4/mmm	0.4555	1.080	T110
$BaGa_2$	AlB_2	p6/mmm	0.4429	0.5076	hP3
BaGa①	—	—	2.365	2.3337	
$Ba_3Ga_2$②	—	—	—	—	
$Ba_{10}Ga$	a－Val_{10}	$Fd\bar{3}m$	—	—	cF176

①六方结构；②斜方六面体结构。

表 6－13 Ga 在 Al 中的溶解度

温度/℃	600	550	400	300	266
Ga 在 Al 中的溶解度/%(at)	6.2	10.0	16.0	18.0	20.0
Ga 在 Al 中的溶解度/%(wt)	2.4	4.1	6.9	7.8	8.8

6.1.12 镓－钛(Ga－Ti)合金

全浓度范围的 Ga－Ti 相图如图 6－12 所示。体系中存在 8 种化合物：Ga_3Ti、Ga_2Ti、Ga_3Ti_2、GaTi、Ga_4Ti_5、Ga_3Ti_5、$GaTi_2$ 和 $GaTi_3$，其中 Ga_4Ti_5、Ga_3Ti_5、和 $GaTi_2$ 分别在约 1230℃、1425℃和大于 1500℃下固液同成分熔化。其余化合物按包晶或包析(Ga_3Ti_2)反应生成。

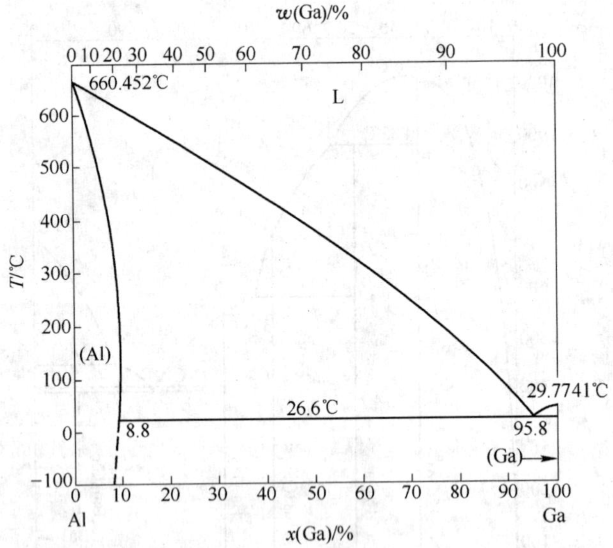

图 6－11　Al－Ga 系相图

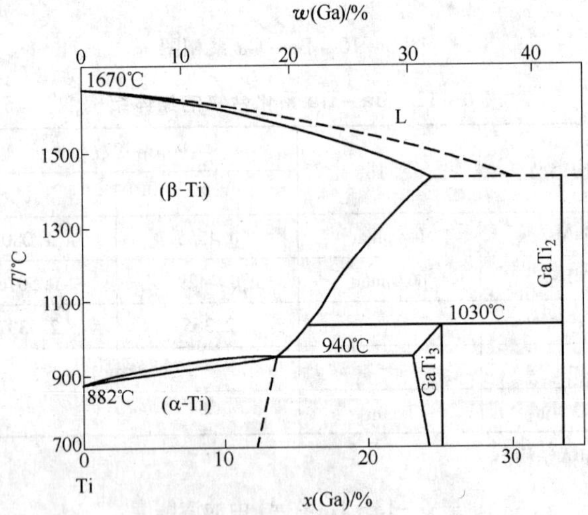

图 6－12　Ga－Ti 系相图

表 6－14 列出了在 Ga－Ti 体系中化合物的晶体结构。

表 6－14　Ga－Ti 系化合物的晶体结构

化合物	结构类型	空间群	晶格常数/nm		Pearson 符号
			a	c	
$GaTi_3$	Ni_3Sn	$P6_3/mmc$	0.57410	0.46350	hP8
$GaTi_2$	Ni_2In	$P6_3/mmc$	0.4514	0.5501	hP6
Ga_3Ti_5	W_5Si_3	14/mcm	1.0218	0.5054	tI32

续表 6－14

化合物	结构类型	空间群	晶格常数/nm		Pearson 符号
			a	*c*	
Ga_4Ti_5	Ga_4Ti_5	$P6_3/mcm$	0.7861	0.5452	hP18
GaTi	AuCu	P4/mmm	0.3967	0.3967	tP4
Ga_3Ti_2	Ga_3Ti_2	P4/m	0.6284	0.4010	tP10
Ga_5Ti_3	Al_5Ti_3	P4/mbm	1.117	0.3990	tP32
Ga_2Ti	Ga_2Hf	$I4_1/amd$	0.3929	0.4061	tI24
Ga_3Ti	Al_3Ti	I4/mmm	0.3789	0.8734	T18

6.1.13 镓－硅(Ga－Si)合金

应用准正规溶液型，测定出 Ga－Si 体系中低 Si 含量组成范围的液相线。在文献实验数据的基础上计算出 Ga－Si 的综合相图，如图 6－13 所示。

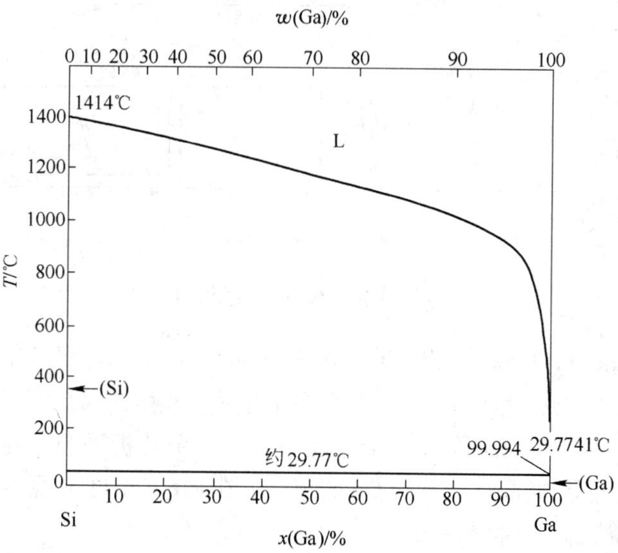

图 6－13 Ga－Si 系相图

在体系中的 Ga 侧，有一个退化的共晶，其组成为 99.994% Ga，熔化温度为约 29.77%℃。

Si 在液体 Ga 中的溶解度，在 500℃和 300℃下分别为 0.25%和 0.01%。结合文献数据和热力学计算结果，Ga 在 Si 中的溶解度值见表 6－15。

表 6－15 Ga 在 Si 中的溶解度值

温度/℃	805	982	1066	1170
Ga 的溶解度/%	0.03	0.052	0.064	0.23

6.2 镓-重金属合金

镓-重金属合金包括镓与铜、铅、锌、钴、镍、锡、锑、铋、镉和汞等合金。

6.2.1 铜-镓(Cu-Ga)合金

应用纯度99.99%(wt)的Cu和纯度99.95%(wt)的Ga,采用热分析、金相学分析、X射线分析和膨胀测量分析等方法,综合文献数据资料,制备出如图6-14所示的Cu-Ga系相图。

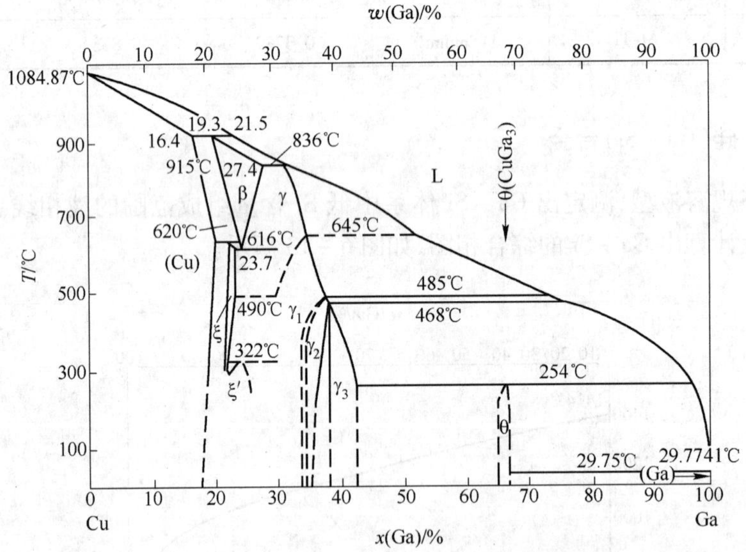

图6-14 Cu-Ga系相图

在Cu-Ga体系中,在915℃、836℃、485℃、468℃和254℃下生成中间相$\beta,\gamma,\gamma_1,\gamma_2,\gamma_3,\theta$的包晶反应。$\xi,\xi',\gamma_1$相($Cu_9Ga_4$)在固态中生成。$\xi$相在620℃下按包析反应(Cu)+$\beta\rightarrow\xi$生成。在Cu-Ga体系中,存在一个共晶平衡和一个共析平衡。在29.75℃下,按反应$L\rightarrow\theta$+(Ga)结晶出共晶,共晶点接近纯Ga的组成。在616℃温度下观察到共析平衡:$\beta\rightarrow\xi+\gamma$。Ga在(Cu)中的溶解度见表6-16。

表6-16 Ga在Cu中的溶解度

温度/℃	914	900	800	700	620	600	500	400	300
Ga溶解度/%	16.4	16.65	18	19.1	19.7	19.6	19.45	19.25	18.8

6.2.2 镓-铅(Ga-Pb)合金

在对Ga-Pb系中有关相平衡数据资料进行了总结和优化以后,根据差热分析数据绘制出如图6-15所示的Ga-Pb系相图。

在313℃以下,存在偏晶平衡,偏晶点的位置为94.5%。液态不混溶区由2.4%延伸至

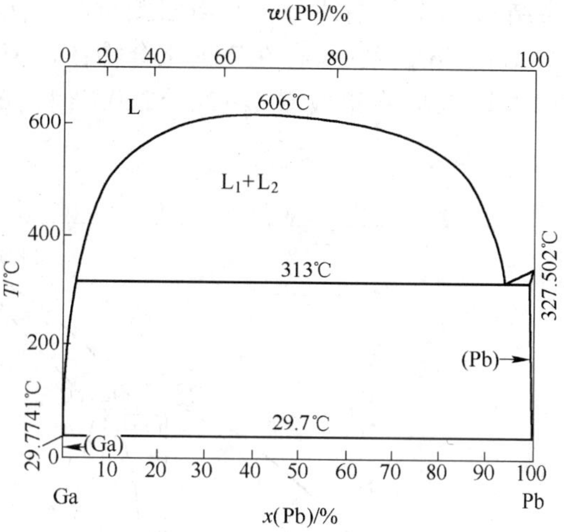

图6－15　Ga－Pb系相图

94.5% Pb,临界点的位置在606℃,Pb含量约50%。Ga在Pb中的溶解度由110℃时的0.06%增加至311℃时的0.5%。

6.2.3　镓－锌(Ga－Zn)合金

总结热分析和合金电阻测量数据的基础上,绘制出如图6－16所示的Ga－Zn系相图。

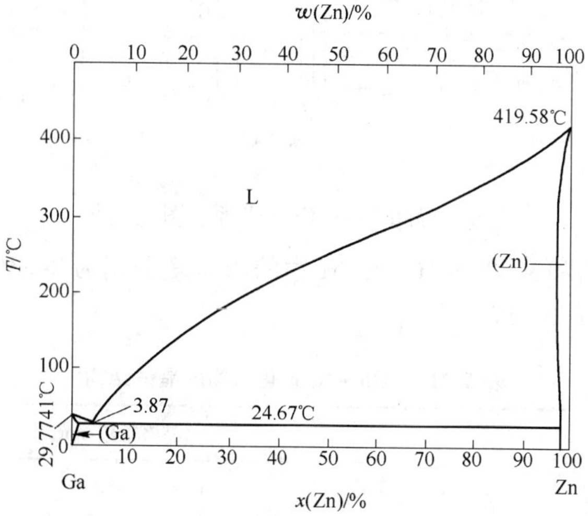

图6－16　Ga－Zn系相图

Ga－Zn相图为共晶类型。共晶的组成为3.87% Zn,共晶的熔化温度24.67℃。

在260℃下,Ga在Zn中的最大溶解度为2.36%,而在22℃时,Ga在Zn中的溶解度为1.95%。

6.2.4　镓－镍(Ga－Ni)合金

由纯度99.99%(wt)的Ga和Ni,在刚玉坩埚内进行熔炼的方法(氩气氛中)制备了Ga

– Ni 合金，差热分析、显微结构分析、X 射线分析和电阻测量的方法联合检测，绘制出 Ga – Ni 相图（见图 6 – 17）。在 Ga – Ni 体系中，存在 7 种化合物：Ga_4Ni，Ga_3Ni_2，Ga_4Ni_3，GaNi，Ga_2Ni_3，Ga_3Ni_5 和 $GaNi_3$，其中 GaNi 在组成 $Ga_{36}Ni_{64}$、1220℃时由 35.5% 延伸至 57% Ga。

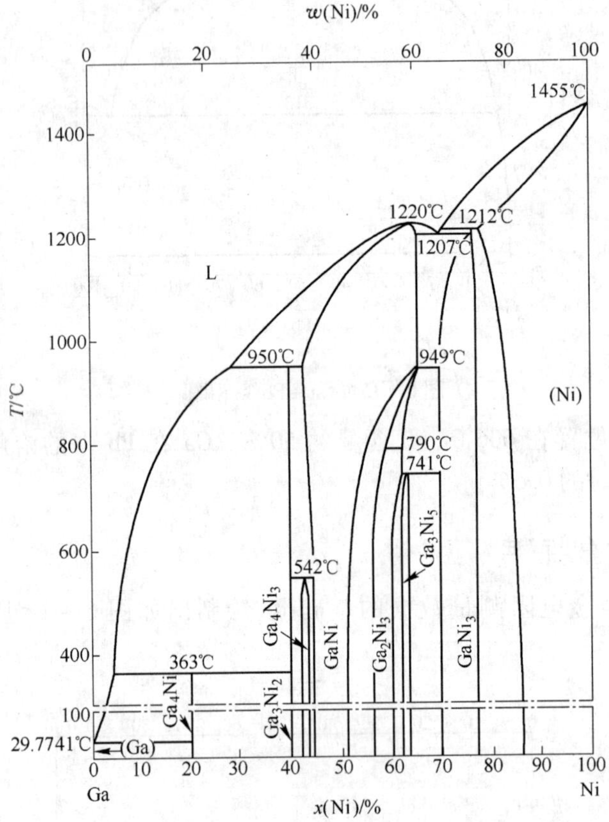

图 6 – 17　Ga – Ni 系相图

在 1212℃、1000℃和 800℃时，Ga 在 Ni 中的溶解度分别为 24.3%、18.3% 和 15.8%。化合物的晶体结构见表 6 – 17。

表 6 – 17　Ga – Ni 系化合物的晶体结构

化合物	结构类型	空间群	晶格常数/nm			Pearson 符号
			a	b	c	
Ga_4Ni	—	$Im\bar{3}m$	0.8424	—	—	—
Ga_3Ni_2	Al_3Ni_2	$P\bar{3}ml$	0.4054	—	0.4882	hP5
Ga_4Ni_3	Ga_4Ni_3	$Ia\bar{3}d$	1.1411	—	—	cI112
GaNi	CsNi	$Pm\bar{3}m$	0.28955 0.2887	— —	— —	cP2
Ga_2Ni_3	AsNi	$P6_3/mmc$	0.3995	—	0.4980	hP4

续表 6－17

化合物	结构类型	空间群	晶格常数/nm			Pearson 符号
			a	*b*	*c*	
Ga_9Ni_{13} ①	Ga_9Ni_{13}	C2/m	—	0.7894	0.8478	—
Ga_3Ni_5	Ga_3Ni_5	Cmmm	0.7510	0.6708	0.3753	—
$GaNi_3$	$AuCu_3$	$Pm\bar{3}m$	0.3585	—	—	cP4

① $\beta = 35.88°$。

6.2.5 钴－镓(Co－Ga)合金

采用纯度99.99%(wt)的Ga和纯度99.99%(wt)的Co为原料,在纯Ar气氛中由反应炉内的氧化铝坩埚中合成Co－Ga合金。操作过程为:石英安瓿抽成真空,在温度为400～600℃的条件下退火1个月,然后在600～800℃下退火15个昼夜,再在1000℃下退火4昼夜。采用电子显微镜分析、X射线结构和物相分析、X射线光谱分析和热分析方法联合绘制出Co－Ga系相图,如图6－18所示。

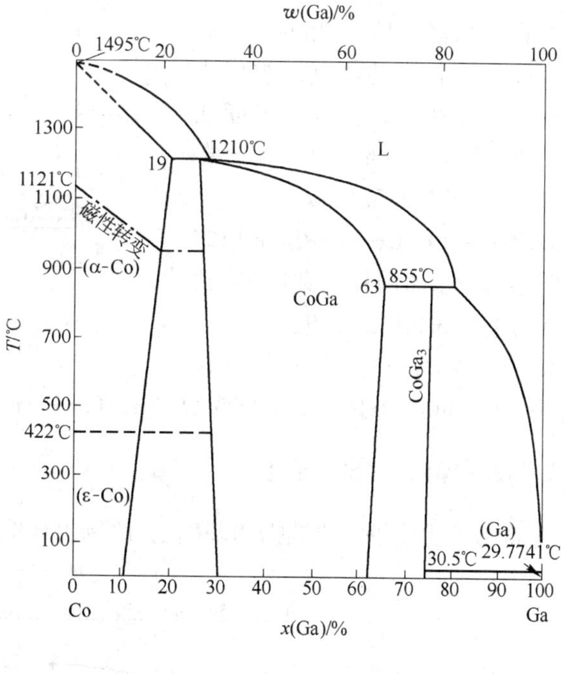

图 6－18 Co－Ga系相图

在Co－Ga体系中生成两种化合物——CoGa和$CoGa_3$,均按包晶反应进行:

$$L + Co \rightarrow CoGa(1210℃)$$

$$L + CoGa \rightarrow CoGa_3(855℃)$$

CoGa相具有相当宽的均相区,而$CoGa_3$相的均相区较窄,两种相都是按理想的化学计量组成和固定的组分含量生成。

在冷却至室温的过程中,Ga能稳定Co的高温变体。Co添加剂只是稍稍降低其多晶型转变温度。不同温度下Ga在固体Co中的溶解度见表6－18。

表 6－18 Ga在固体Co中的溶解度

温度/℃	1210	1100	800	700	600
Ga溶解度/%	19	18.5	16.3	14.5	14

Co－Ga系晶体结构数据见表6－19。随着Ga浓度的增加,CoGa的立方晶格常数沿含峰值的曲线增加,由34.4% Ga时的0.2875nm到50.0%(at)Ga时的最高值0.2882nm,后下降至57.8% Ga时的0.2852nm。

表 6－19　Co－Ga 系化合物的晶体结构

化合物	结构类型	空间群	晶格常数/nm		Pearson 符号
			a	c	
$CoGa_3$	$IrIn_3$	P4n2	0.6260	0.648	—
	CsCl	$Pm\bar{3}m$	0.2862	—	cP2

6.2.6　镓－锡(Ga－Sn)合金

根据热分析、X 射线相分析和膨胀测量分析的数据资料绘制出如图 6－19 所示的 Ga－Sn 相图。

相图为共晶类型，共晶的熔化温度为：20.5℃，相应共晶点的组成为 8.5% Sn。Sn 在 Ga 中的溶解度在 20.5℃ 时为 0.017%（at），Ga 在(Sn)中的溶解度为 7.1%。

GaII－Sn（GaII—在高压下稳定的亚稳变体）相图同样为共晶型，共晶点的坐标：23.3℃，3.2%（at）Sn。

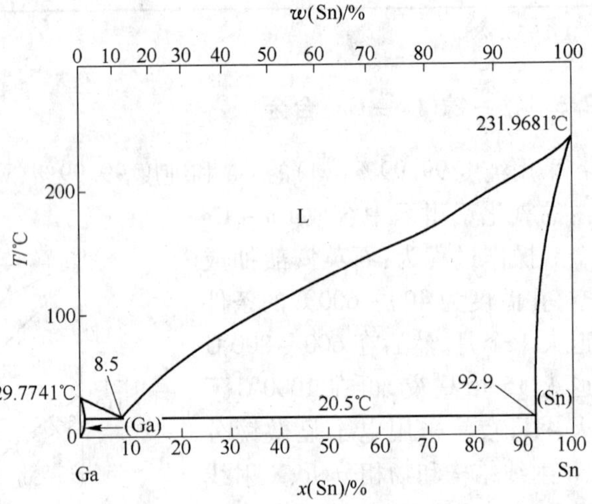

图 6－19　Ga－Sn 系相图

$GaSn_4$ 是 $HgSn_6$ 型结构的亚稳化合物，其空间群 P6/mmm，晶格常数为 $a=0.3143$nm，$c=0.2922$nm。

6.2.7　镓－锑(Ga－Sb)合金

在总结和优化了实验数据的基础上，绘制出如图 6－20 所示的 Ga－Sb 系相图。

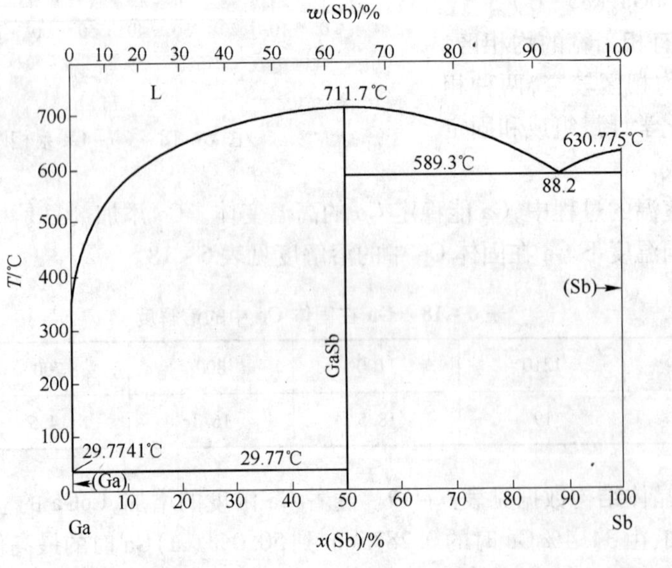

图 6－20　Ga－Sb 系相图

体系中存在一种固液同成分熔化的化合物 GaSb，其熔化温度为 700℃、712℃、709.2℃、711.7℃，并产生两种共晶反应：

$$L \rightarrow (Ga) + GaSb$$

$$L \rightarrow GaSb + (Sb)$$

化合物 GaSb 具有闪锌矿型结构，GaSb 晶体结构的数据见表 6－20。

表 6－20　Ga－Sb 系化合物的晶体结构

化合物	结构类型	空间群	晶格常数/nm		Pearson 符号
			a	c	
GaSb	ZnS	$F\bar{4}3m$	0.6105 0.6096 0.6095	— — —	cF8
β－GaSb	β－Sn	$I4_1/amd$	0.5348	0.2973	tI4

6.2.8 铋－镓(Bi－Ga)合金

采用纯度为 99.95%(wt)的 Bi 和纯度 99.999%(wt)的 Ga 制备 Bi－Ga 合金，结合差热分析的研究结果，绘制了如图6－21所示的 Bi－Ga 系相图。

在 Bi－Ga 系中未形成二元化合物。在液态观察到有分层，在分层曲线上的临界点为 262℃。在偏晶温度 222℃时，两种液体的分层保持在 Bi 含量 8.5%～61.5%。在温度 29.48℃和 Bi 浓度 0.22%时，Bi－Ga 系中结晶出共晶体。两种组元实际上没有互溶性。

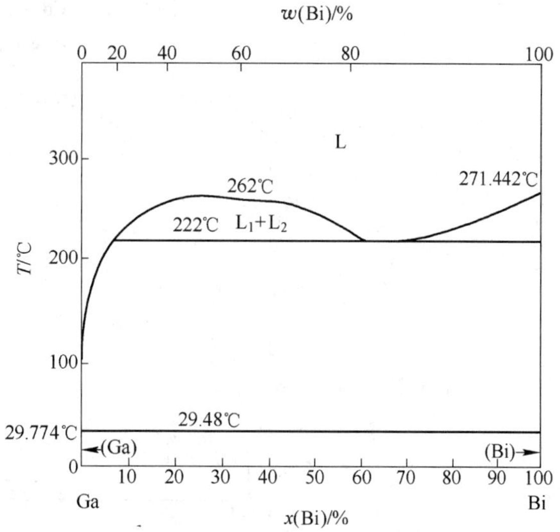

图 6－21　Bi－Ga 系相图

6.2.9 镉－镓(Cd－Ga)合金

采用了热分析和 X 射线分析法制备了 Cd－Ga 系相图(见图6－22)。相图中没有金属间化合物，在液相区有不互溶区(临界点是在 295℃)。在偏晶温度时互不混溶区由 22.7% Ga 扩展到 72.5% Ga。

在温度为 29.38%℃和含 Ga99.7%时，结晶出退化共晶体。Ga 在固态 Cd 中的固溶度小于 1%，而 Cd 在 Ga 中的固溶度实际难以测出。

6.2.10 镓－汞(Ga－Hg)合金

采用差热分析和纯度 99.999%(wt)的 Ga 和蒸馏汞的研究绘制出如图 6－23 所示的 Ga－Hg相图。在 27.72℃时，体系中产生偏晶反应。液态不混溶区由 4% 延伸至 98.5% Ga。在 Hg 侧有一个退化的共晶。电位法和化学分析测得，在 30℃下 Ga 在 Hg 中的溶解度为 3.82%。

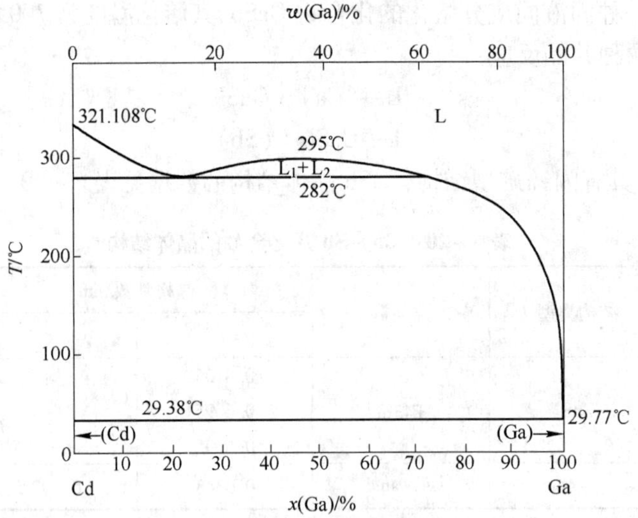

图 6 - 22　Cd - Ga 系相图

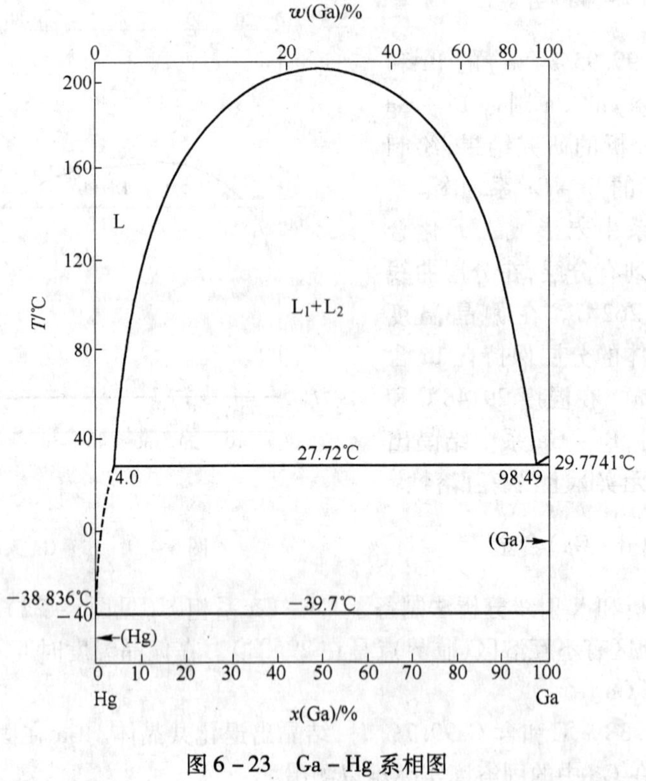

图 6 - 23　Ga - Hg 系相图

6.3　镓 - 稀土金属合金

稀土金属包括钪、钇、镧、铈、镤、钕、钐、铕、钷、铽、钬、镝、铒、铥、镱、镥和镥,共 17 种。

6.3.1　镓 - 钪(Ga - Sc)合金

图 6 - 24 所示是全浓度范围的 Ga - Sc 相图,根据文献数据绘制。体系中有 6 种化合

物：Ga_3Sc，Ga_2Sc，GaSc，Ga_4Sc_5，Ga_3Sc_5，Ga_5Sc_3。其中，Ga_2Sc 和 Ga_3Sc_5 分别在 1140℃ 和 1430℃ 下固液同成分熔化，Ga_5Sc_3 在 1130℃ 下固液同成分熔化，而化合物 Ga_5Sc 是由包晶反应 $L + Ga_5Sc_3 \rightarrow Ga_2Sc$ 生成（见图 6-24 的插图）。Ga-Sc 系化合物的晶体结构见表6-21。

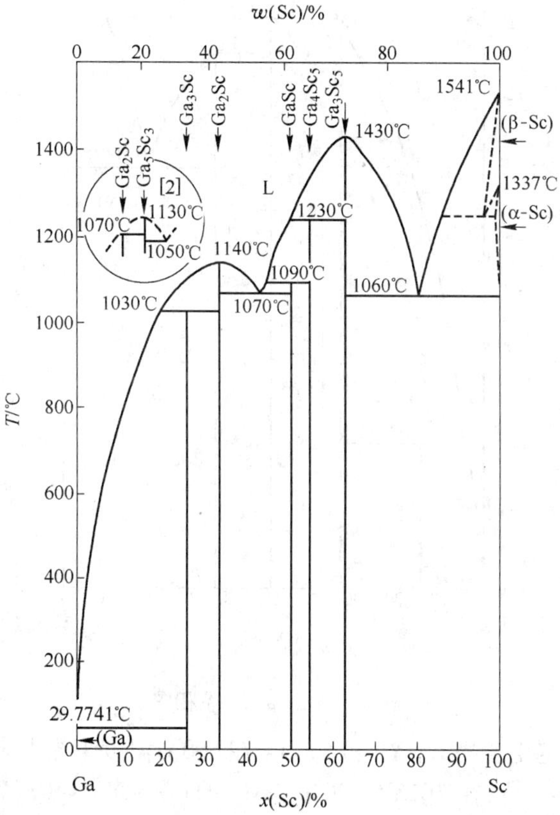

图 6-24 Ga-Sc 系相图

表 6-21 Ga-Sc 系化合物的晶体结构

化合物	结构类型	空间群	晶格常数/nm			Pearson 符号
			a	*b*	*c*	
Ga_3Sc	$AuCu_3$	$Pm\bar{3}m$	0.4095	—	—	cP4
Ga_2Sc	Hg_2K	Imma	0.6614	0.4140	0.7914	oI12
GaSc	BCr	Cmcm	0.4023	1.0212	0.3894	oC8
Ga_3Sc_5	Si_3Mn_5	$P6_3/mcm$	0.8067	—	0.6036	hP16

6.3.2 镓-钇（Ga-Y）合金

采用电弧熔炼或在密闭钽坩埚中的熔炼制取试样，结合差热分析、显微结构分析和 X 射线分析方法，绘制出全浓度范围的 Ga-Y 相图（见图6-25）。

体系中存在 6 种化合物：Ga_6Y，Ga_2Y，Ga_5Y_3，GaY，Ga_2Y_3 和 Ga_3Y_5。其中 Ga_2Y 和 GaY 分别在 1350℃ 和 1385℃ 下固液同成分溶化，化合物 Ga_6Y 和 Ga_5Y_3 分别在 300℃ 和 1295℃

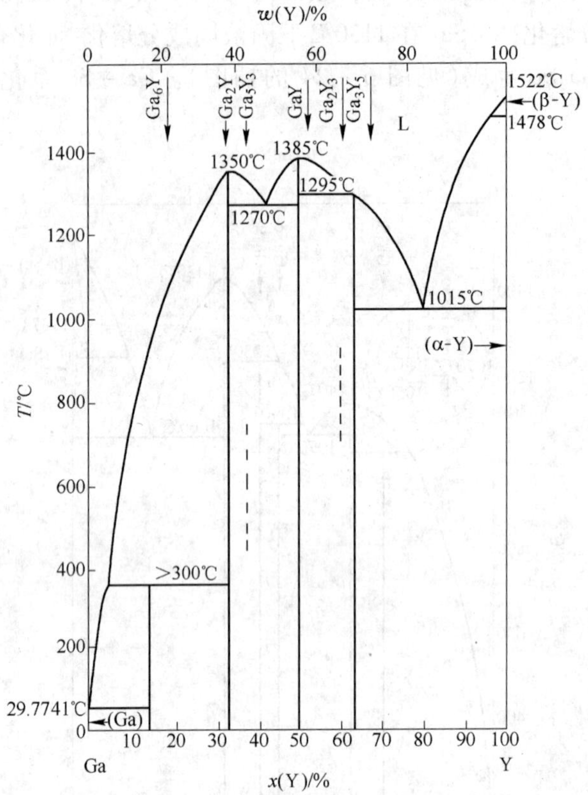

图 6－25　Ga－Y 系相图

下按包晶反应生成。定化合物 Ga_5Y_3 和 Ga_2Y_3 在 600℃ 温度下被发现。

体系中存在两种共晶：在 1015℃、20% Ga 时的（α－Y）＋Ga_3Y_5，1270℃、58% Ga 的 Ga_2Y＋GaY＋Ga 侧的退化共晶。Ga－Y 体系化合物晶体结构数据见表 6－22。

表 6－22　Ga－Y 系化合物的晶体结构

化合物	结构类型	空间群	晶格常数/nm			Pearson 符号
			a	b	c	
Ga_6Y	Ga_6Pu	P4/nbm	0.5947	—	0.7549	tP4
Ga_2Y	B_2Al	P6/mmm	0.4217	—	0.4111	hP3
Ga_5Y	Ga_5Tm_3	Pnma	1.145	0.9674	0.6098	oP32
GaY	BCr	Cmcm	0.4304	1.0868	0.4065	oC8
Ga_2Y_3	Ga_2Gd_3	I4/mcm	1.162	—	1.486	—
Ga_3Y_5	Si_3Mn_5	$P6_3$/mcm	0.8567	—	0.6468	hP16

6.3.3　镓－镧（Ga－La）合金

在总结热分析、显微结构分析和 X 射线结构分析数据资料的基础上，绘制了 Ga－La 相图（见图 6－26）。在体系中存在 6 种化合物：Ga_6La，Ga_2La，GaLa，Ga_3La_5 等。其中，Ga_2La

在1450℃下固液同成分地熔化，其余化合物均按包晶反应生成。Ga-La系化合物的晶体结构见表6-23。

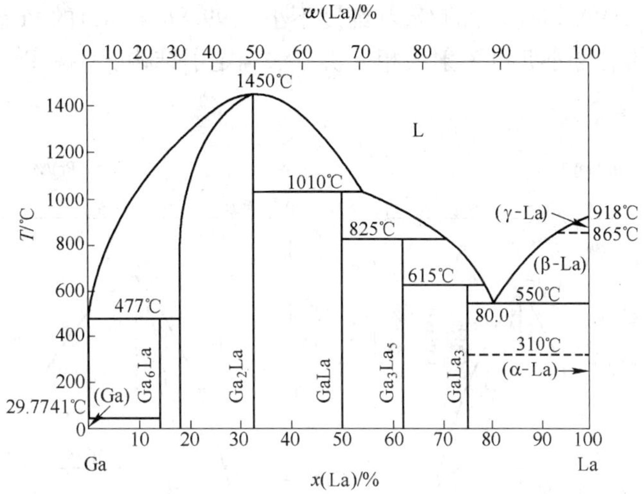

图6-26 Ga-La系相图

表6-23 Ga-La系化合物的晶体结构

化合物	结构类型	空间群	晶格常数/nm			Pearson 符号
			a	*b*	*c*	
Ga_6La	Ga_6Pu	P4/nbm	0.6094	—	0.7692	tP14
Ga_4La	—	Cmcm	0.4340	0.7570	0.4410	—
Ga_2La	AlB_2	P6/mmm	0.4320	—		hP3
GaLa	CrB	Cmcm	0.45226	1.1587		oC8
Ga_3La_5	Cr_5B_3	14/mcm	0.8066	—	1.4733	tI32
$GaLa_3$	$AuCu_3$	Pm3m	0.566	—	—	cP4

6.3.4 铈-镓(Ce-Ga)合金

采用X射线显微分析，化学分析及电子显微镜方法，以原材料为纯度99.9%(wt)的Ce和纯度99.999%(wt)的Ga，制备了Ce-Ga相图(见图6-27)。

体系中存在6种化合物。其中，$CeGa_2$在(1460±5)℃或者1440℃固液同成分熔化。Ce_3Ga、Ce_5Ga_3、Ce_3Ga_2、CeGa和$CeGa_6$化合物分别在560℃、(830±5)℃、(850±3)℃、(955±5)℃和(453±7)℃按包晶反应生成。

Ce和Ga两种元素之间的互溶度很小。当温度为(500±30)℃和Ga含量为约20%(at)时，从Ce一侧观察到共晶反应：

$$L \rightarrow (\gamma-Ce) + Ce_3Ga$$

从Ga一侧，将产生退化共晶体，其熔化温度为(29±2)℃。

6.3.5 镓-镨(Ga-Pr)合金

采用纯度不小于99.9%(wt)的Ga和纯度不小于99.86%(wt)的Pr制取Ga-Pr合金，采用差热分析、显微结构分析和X射线相分析方法确定了结构。Ga-Pr系相图如图6-28所示。

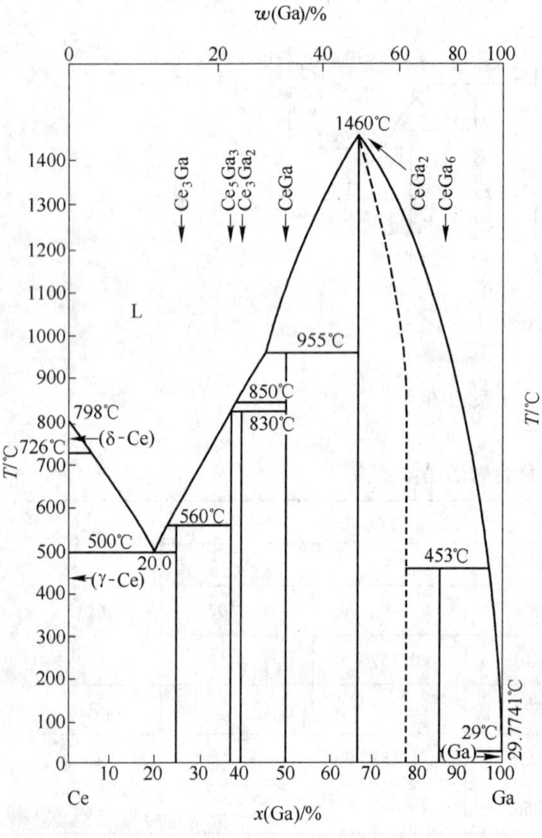

图6-27　Ce-Ga系相图

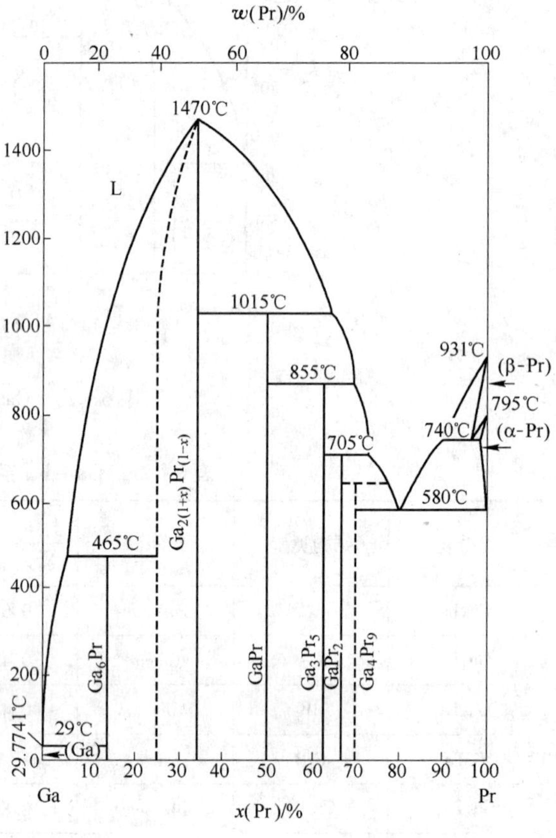

图6-28　Ga-Pr系相图

体系中存在6种化合物。Ga-Pr系中的反应见表6-24，Ga-Pr系化合物的晶体结构见表6-25。

表6-24　Ga-Pr系中的反应

反　应	x(Pr)/%	温度/℃
$L \rightarrow Ga + Ga_6Pr$	约0；约0；14.3	29
$L + Ga_{2(1+x)}Pr_{1-x} \rightarrow Ga_6Pr$	约5；约25；14.3	465
$L + Ga_{2(1+x)}Pr_{1-x} \rightarrow GaPr$	约64；33.3；50	1015
$L + GaPr \rightarrow Ga_3Pr_5$	约70；50；62.5	855
$L + Ga_3Pr_5 \rightarrow GaPr_2$	约73；62.5；66.7	705
$L + GaPr_2 \rightarrow Ga_4Pr_9$	约77；66.7；69.2	
$L \rightarrow Ga_4Pr_9 + (\alpha-Pr)$	80；69.2；约100	580
$(\beta-Pr) \rightarrow L + (\alpha-Pr)$	约96；约90；约98	740

表 6－25 Ga－Pr 系化合物的晶体结构

化合物	结构类型	空间群	晶格常数/nm			Pearson 符号
			a	*b*	*c*	
Ga_6Pr	Ga_6Pu	P4/nbm	0.6015	—	0.7640	tP14
Ga_2Pr	AlB_2	P6/mmm	0.4283	—	0.4290	Hp3
GaPr	CrB	Cmcm	0.4432	1.1301	0.4194	oC8
Ga_3Pr_5	Ba_5Si_3	P4/ncc	0.7939	—	1.450	tP32
Ga_3Pr_7	Si_3W_5	14/mcm	1.248	—	0.5488	tI32
$GaPr_2$	Co_2Si	Pnma	0.6690	0.5188	0.9714	oP12
Ga_4Pr_9	Ga_4Sm_9	14/m	1.2008	—	0.5182	—

6.3.6 镓－钕(Ga－Nd)合金

由纯度不小于99.9%(wt)的 Ga 和纯度不小于99.86%(wt)的 Nd 为原料，采用电弧熔炼(或焊封钽坩埚内熔)绘制出全浓度范围的 Ga－Nd 相图(见图6－29)，差热分析、X 射线相分析、显微结构分析和 X 射线结构分析确定了组成。

体系中在651℃、Nd 含量80%(at)时生成共晶 Ga_4Nd_9 + (α－Nd)，在27℃下生成 Ga 侧的退化共晶。

Ga_4Nd_9 相在786℃下按包晶反应：$L + Ga_3Nd_5 \rightarrow Ga_4Nd_9$

化合物 Ga_3Nd_5 和 GaNd 分别在884℃和905℃按包晶反应生成。化合物的晶体结构见表6－26。

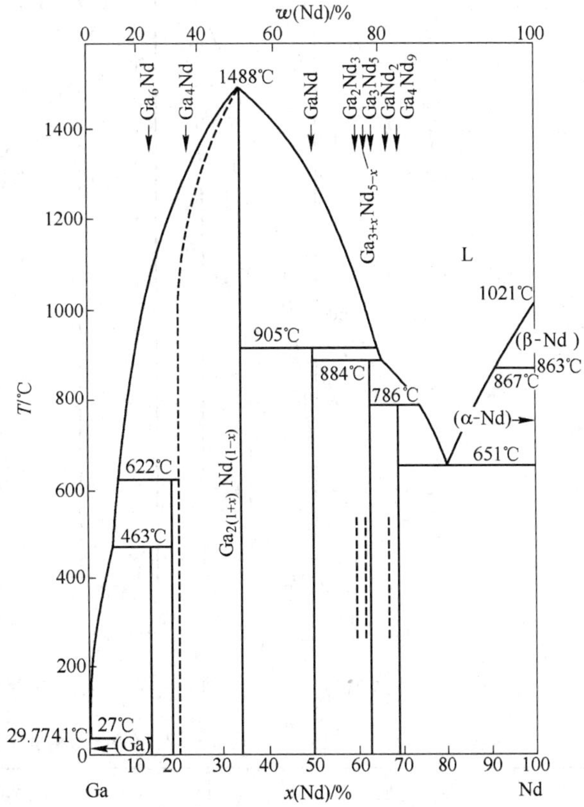

图6－29 Ga－Nd 系相图

6.3.7 镓－钐(Ga－Sm)合金

采用纯度不小于99.9%(wt)的 Ga 和纯度99.86%(wt)的 Sm，通过电弧熔炼(或在焊封钽坩埚内)炼制取试，采用差热分析、X 射线分析、显微结构分析和射线结构分析方法进行研究，绘制出全浓度范围的Ga－Sm 相图(见图6－30)。

体系中生成6种化合物：Ga_6Sm，Ga_2Sm，GaSm，Ga_2Sm_3，Ga_3Sm_5 和 Ga_4Sm_9，其中化合物 Ga_2Sm 在1390℃下固液同成分熔化，其余化合物按包晶反应生成。

Ga－Sm 体系中的反应见表6－27，化合物的晶体结构见表6－28。

表 6-26　Ga-Nd 系化合物的晶体结构

化合物	结构类型	空间群	晶格常数/nm			Pearson 符号
			a	*b*	*c*	
Ga_6Nd	Ga_6Pu	P4/nbm	0.5991	—	0.7608	tP14
Ga_2Nd	B_2Al	P6/mmm	0.4270	—	0.4270	hP3
GaNd	CrB	Cmcm	0.4421	1.122	0.4170	oC8
Ga_2Nd_3	Ga_2Gd_3	14/mcm	1.1915	—	1.534	—
$Ga_{3+x}Nd_{5-x}$	Si_3W_5	14/mcm	1.2227	—	0.5553	tI32
Ga_3Nd_5	B_3Cr_5	14/mcm	0.7881	—	1.4395	tI32
Ga_4Nd_9	Ga_4Sm_9	14/m	1.2001	—	0.5121	—

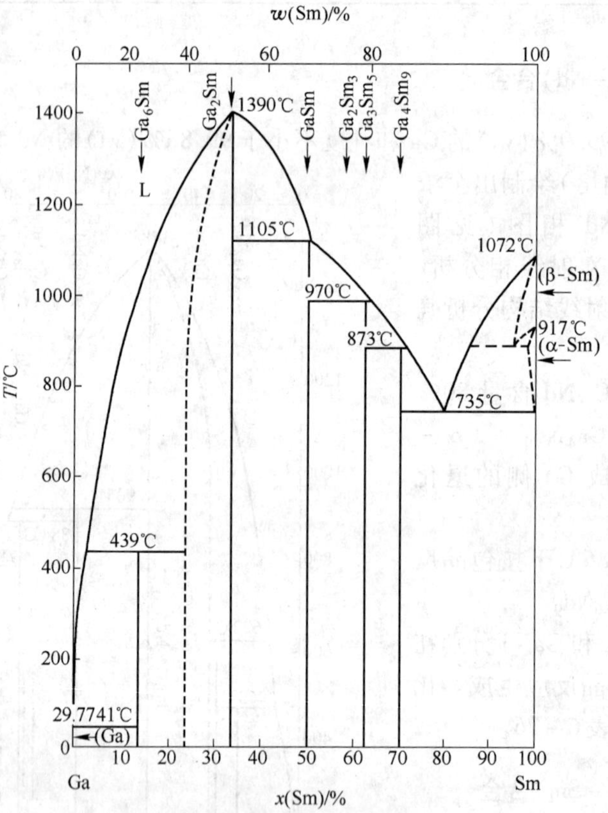

图 6-30　Ga-Sm 系相图

表 6-27　Ga-Sm 系中的反应

反　应	*x*(Sm)/%	温度/℃
L = (Ga) + Ga_6Sm	约 0；约 0；14.3	约 30
L + Ga_2Sm = Ga_6Sm	约 3；24；14.3	439
L + Ga_2Sm = GaSm	约 52；33.3；50	1105
L + GaSm = Ga_3Sm_5	约 63；50；62.5	970
L + Ga_3Sm_5 = Ga_4Sm_9	约 70；62.5；69	873
L = Ga_4Sm_9 + (α-Sm)	80；69；约 100	735

表 6-28 Ga-Sm 系化合物的晶体结构

化合物	结构类型	空间群	晶格常数/nm			Pearson 符号
			a	*b*	*c*	
Ga_6Sm	Ga_6Pu	P4/nbm	0.5963	—	0.7608	tP14
Ga_2Sm	B_2Al	P6/mmm	0.4238	—	0.4187	hP3
GaSm	BCr	Cmcm	0.4162	1.1013	0.4095	oC8
Ga_2Sm_3	Ga_2Gd_3	I4/mcm	1.1713	—	1.517	—
Ga_3Sm_5	B_3Cr_5	I4/mcm	0.7779	—	1.428	tI32
Ga_4Sm_9	Ga_4Sm_9	I4/m	1.1940		0.5081	—

6.3.8 铕-镓(Eu-Ga)合金

采用纯度99.999%(wt)的Ga和纯度99.9%(wt)的Eu做原料，在密闭Ta坩埚中合成合金，热分析、显微结构分析和X射线分析确定了Eu-Ga相图(见图6-31)。

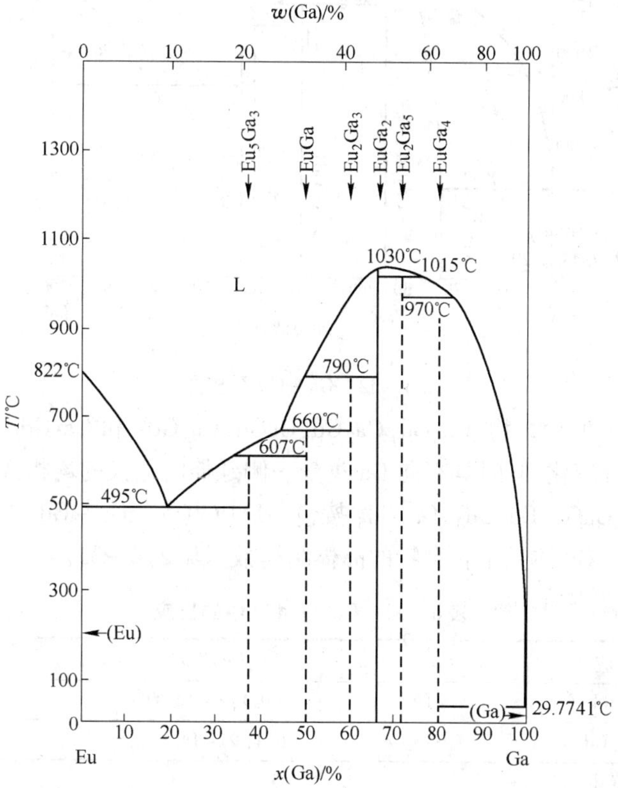

图 6-31 Eu-Ga 系相图

在体系中存在6种化合物：Eu_5Ga_3，EuGa，Eu_2Ga_3，$EuGa_2$，Eu_2Ga_5 和 $EuGa_4$。化合物 Eu_5Ga_3、EuGa、Eu_2Ga_3、Eu_2Ga_5、$EuGa_4$，分别在607℃、660℃、790℃、1015℃和970℃下按包晶反应生成。在495℃下结晶共晶(Eu)+Eu_5Ga_3。Ga侧共晶反应为退化反应。在

表 6－29中列出了 Eu－Ga 系化合物的晶体结构。

表 6－29　Eu－Ga 系化合物的晶体结构

化合物	结构类型	空间群	晶格常数/nm			Pearson 符号
			a	*b*	*c*	
Eu_2Ga_5 ①	—	Fm3m	0.4408	0.4375	2.5856	—
(Eu_3Ga_8)	—	Amm2	1.533	0.4577	1.1018	—
$EuGa_4$	$BaAl_4$	I4/mmm	0.442	—	1.075	T110
$EuGa_2$	AlB_2	P6/mmm	0.4345	—	0.4520	hP3

①本身类型的斜方结构。

6.3.9　镓－钆(Ga－Gd)合金

总结 Gd 侧组成区数据和 Ga 侧组成区数据的基础上，绘制出 Ga－Gd 相图(见图 6－32)。

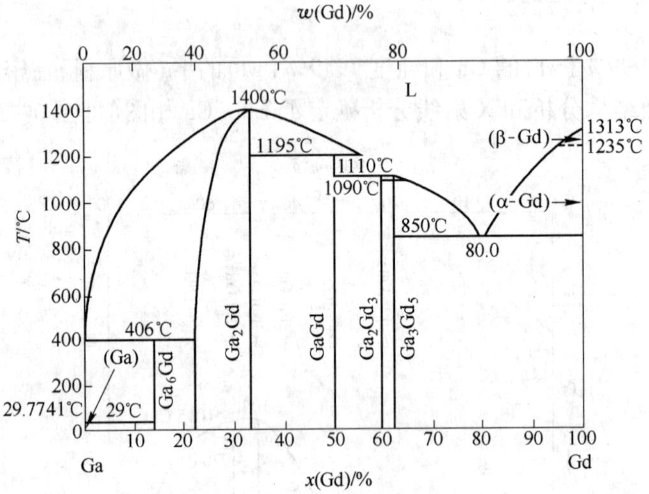

图 6－32　Ga－Gd 系相图

在体系中存在 5 种化合物：Ga_6Gd，Ga_2Gd，GaGd，Ga_2Gd_3 和 Ga_3Gd_5。化合物 Ga_2Gd 在 1400℃下固液同成分熔化，同时具有向 Ga 过量一侧延伸的宽大的均相区(约 13%)。

化合物 Ga_6Gd，GaGd，Ga_2Gd_3，Ga_3Gd_5 按包晶反应生成。Ga－Gd 体系中的反应示于表 6－30 中。有关 Ga－Gd 体系中化合物的晶体结构数据见表 6－31。

表 6－30　Ga－Gd 系中的反应

反　应	*x*(Gd)/%	温度/℃
L→(Ga)＋Ga_6Gd	<0.1；0；14.3	29
L＋Ga_2Gd→Ga_6Gd	0.4；22；14.3	406
L＋Ga_2Gd→GaGd	55；33.3；50	1195
L＋GaGd→Ga_2Gd_3	61.5；50；60	1110
L＋Ga_2Gd_3→Ga_3Gd_5	64；60；62.5	1090
L→Ga_3Gd_5＋(α－Gd)	80；62.5；100	850
L＋(α－Gd)→(β－Gd)	约95；约100；<100	<1235

表 6－31 Ga－Gd 系中化合物的晶体结构数据

化合物	结构类型	Pearson 符号	空间群	晶格常数/nm		
				a	*b*	*c*
Ga_6Gd	Ga_6Pu	tP14	P4/nbm	0.5946	—	0.7601
Ga_2Gd	AlB_2	hP3	P6/mmm	0.4223	—	0.4137
GaGd	CrB	oC8	Cmcm	0.4343	1.1017	0.4114
Ga_2Gd_3	Ga_2Gd_3	tI80	14/mcm	1.1666	—	1.5061
Ga_3Gd_5	Gr_5B_3	tI32	14/mcm	0.7726	—	1.4170

6.3.10 镓－铽(Ga－Tb)合金

采用电弧熔炼(或密闭钽坩埚中的熔炼),结合差热分析、显微结构分析和 X 射线分析方法研究,绘制出全浓度范围的如图 6－33 所示的综合方案 Ga－Tb 相图。

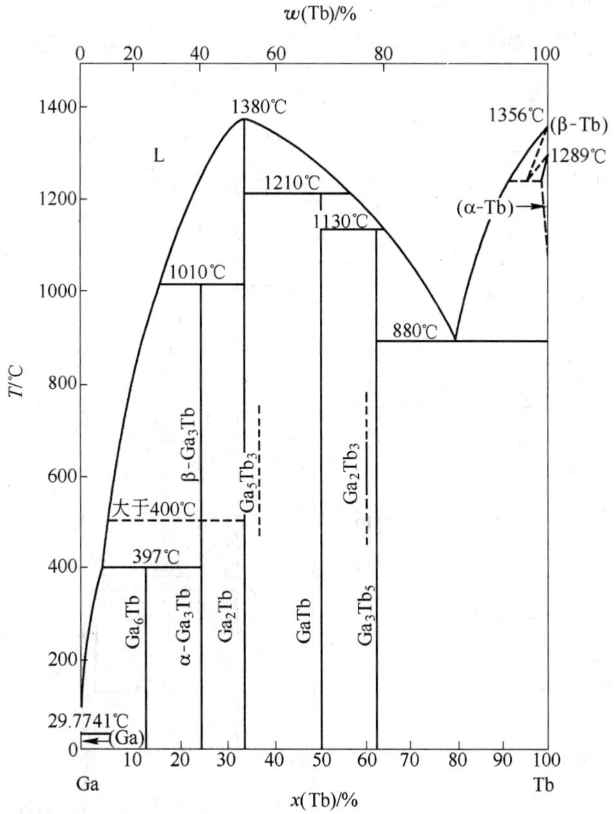

图 6－33 Ga－Tb 系相图

Ga－Tb 体系中存在 7 种化合物。其中 Ga_2Tb 在 1380℃ 下固液同成分溶化,化合物 Ga_3Tb 有两种多晶变体(Cu_3Au 型结构高温变体和 Ni_3Sn 型结构低温变体)。在 600℃ 下找到 Ga_5Tb_3 和 Ga_2Tb_3。化合物的晶体结构见表 6－32。

表 6-32　Ga-Tb 系化合物的晶体结构

化合物	结构类型	空间群	晶格常数/nm			Pearson 符号
			a	*b*	*c*	
Ga_6Tb	Ga_6Pu	P4/mbm	0.5924	—	0.7546	tP14
$\alpha-Ga_3Tb$	Ni_3Sn	$P6_3/mmc$	0.6278	—	0.4507	hP8
$\beta-Ga_3Tb$	Cu_3Au	$Pm\bar{3}m$	0.4285	—	—	cP4
Ga_2Tb	B_2Al	P6/mmm	0.4209	—	0.4095	hP3
Ga_5Tb_3	Ga_5Tm_3	Pnma	1.145	0.9666	0.6087	oP32
GaTb	BCr	Cmcm	0.43114	1.09394	0.40851	oC8
Ga_2Tb_3	Ga_2Gd_3	I4/mcm	1.1604	—	1.4862	—
Ga_3Tb_5	B_3Cr_5	I4/mcm	0.7681	—	1.4108	tI32

6.3.11　镓-钬(Ga-Ho)合金

采用电弧熔炼(或在密闭的钽坩埚中)由组分 Ga、Ho 制得合金,结合差热分析、显微结构分析、X 射线相分析和 X 射线结构分析方法得到了 Ga-Ho 系相图(见图 6-34)。

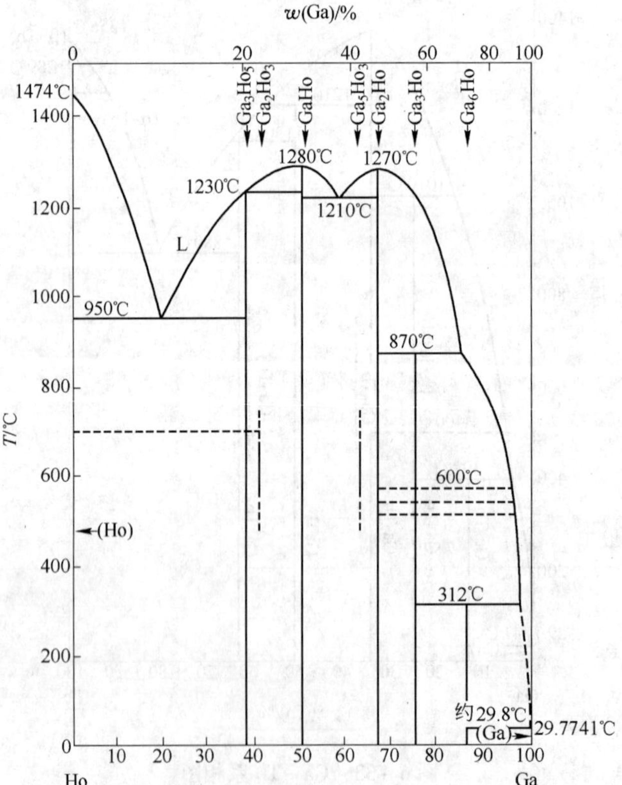

图 6-34　Ga-Ho 系相图

体系存在 7 种化合物。GaHo 和 Ga_2Ho 分别在 1280℃ 和 1270℃ 下固液同成分熔化。

Ga-Ho 体系中的反应见表 6-33。

表 6-33 Ga-Ho 系中的反应

反　应	x(Ga)/%	温度/℃
L→(Ho) + Ga_3Ho_5	20; 约 0; 37.5	950
L + GaHo→Ga_3Ho_5	约 37; 50; 37.5	1230
L→GaHo + Ga_2Ho	57; 50; 66.7	1210
L + Ga_2Ho→Ga_3Ho	约 85; 66.7; 75	870
L + Ga_3Ho→Ga_6Ho	约 98; 75; 85.7	312
L→(Ga) + Ga_6Ho	约 100; 约 100; 85.7	约 29.8

化合物 Ga_6Ho 在 312℃下按包晶反应生成，在 600℃下找到成分为 Ga_5Ho_3 和 Ga_2Ho_3 的相(在相图上用虚线示出)。Ga_3Ho_5 具有 B_3Gr_5 型结构的第二种变体，它在 600℃下稳定。化合物的晶体结构见表 6-34。

表 6-34 Ga-Ho 系化合物的晶体结构

化合物	结构类型	空间群	晶格常数/nm			Pearson 符号
			a	b	c	
Ga_6Ho	Ga_6Pu	P4nbm	0.5920	—	0.7540	tP4
$\alpha-Ga_3Ho$	Ni_3Ti	$P6_3/mmc$	0.6082	—	0.9417	hP16
$\beta-Ga_3Ho$	$RhNi_2Ta$	$P6_3/mmc$	0.6161	—	2.304	—
$\gamma-Ga_3Ho$	Al_3Ho	$R\bar{3}m$	0.6078	—	3.529	hR20
$\delta-Ga_3Ho$	$\beta-Al_3Pu$	$P6_3/mmc$	0.6084	—	1.4061	hP24
$\varepsilon-Ga_3Ho$	Cu_3Au	$Pm\bar{3}m$	0.4227	—	—	cP4
Ga_2Ho	B_2Al	P6/mmm	0.4189	—	0.4063	hP3
Ga_5Ho_3	Ga_5Tm_3	Pnma	1.1380	0.9619	0.6057	oP32
GaHo	CrB	Cmcm	0.4281	1.0805	0.4042	oC8
Ga_2Ho_3	Ga_2Gd_3	14/mcm	1.1489	—	1.470	—
Ga_3Ho_5(BT)	Si_3Mn_5	$P6_3/mcm$	0.8571	—	0.6331	hP16
Ga_3Ho_5	B_3Cr_5	14/mcm	0.7590	—	1.4001	tI32

6.3.12 镓-铥(Ga-Tm)合金

采用电弧(或在密闭钽坩埚中)熔炼制取 Ga-Tm 合金试样，结合差热分析、显微结构分析和 X 射线分析方法研究了 Ga-Tm 体系，绘制出全浓度范围的 Ga-Tm 合金综合相图，如图 6-35 所示。

Ga-Tm 体系中存在 7 种化合物：Ga_5Tm_3、GaTm 和 Ga_3Tm_5 分别在 1280℃、1320℃和

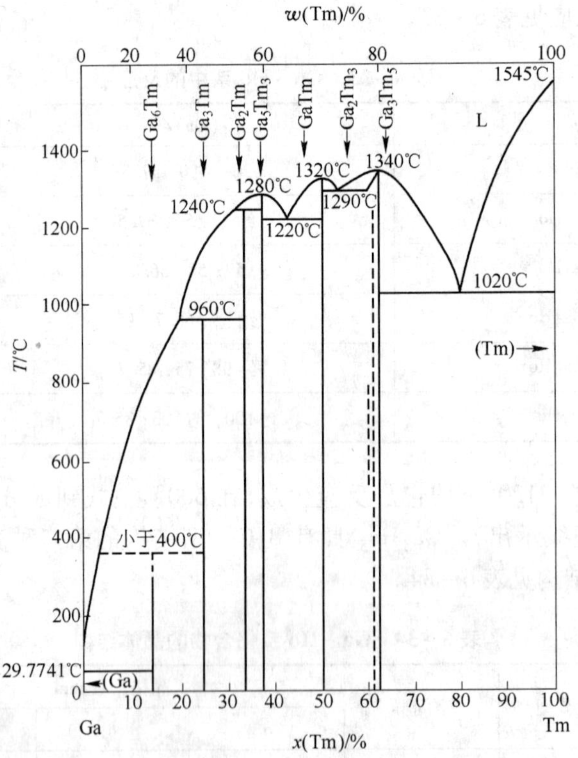

图 6－35　Ga－Tm 系相图

1340℃下固液同成分熔化，在600℃下存在新相 Ga_2Tm_3。Ga－Tm 体系化合物晶体结构见表6－35。

表 6－35　Ga－Tm 系化合物的晶体结构

化合物	结构类型	空间群	晶格常数/nm			Pearson 符号
			a	*b*	*c*	
Ga_6Tm	Ga_6Pu	P4/nbm	0.5850	—	0.7510	tP14
Ga_2Tm	Hg_2K	Imma	0.6887	0.4201	0.8078	—
Ga_5Tm_3	Ga_5Tm_3	Pnma	1.1293	0.9561	0.6001	oP32
GaTm	BCr	Cmcm	0.4245	1.0633	0.4017	oC8
Ga_2Tm_3	Ga_2Gd_3	I4/mcm	1.124	—	1.447	—
Ga_3Tm_5	Si_3Mn_5	$P6_3$/mcm	0.8452	—	0.6320	hP16

6.3.13　镝－镓(Dy－Ga)合金

原料为纯度99.9%(wt)的Dy和纯度99.999%(wt)的Ga，在密闭钽坩埚中熔炼合成Dy－Ga合金。合金在密闭条件下在接近于包晶反应温度下退火400h，采用热分析、显微结构分析和显微硬度测量方法，完成了Dy－Ga系相图，如图6－36所示。

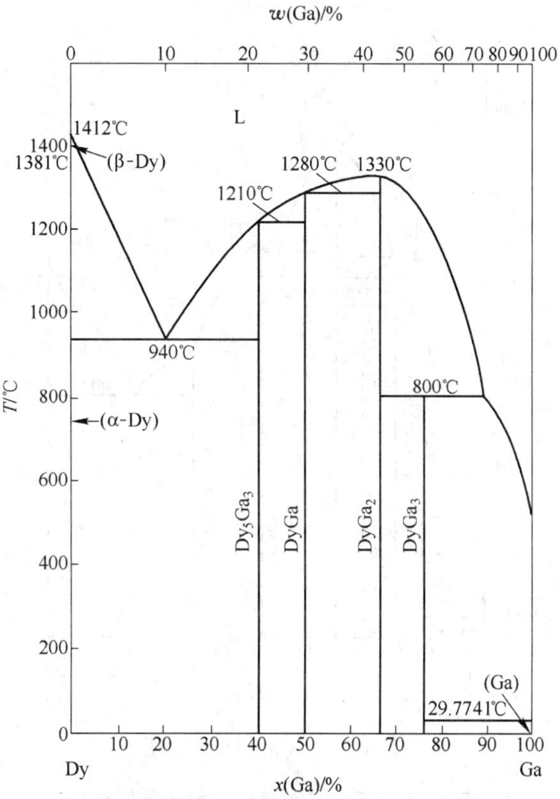

图 6-36 Dy-Ga 系相图

体系中生成 4 种化合物：Dy_5Ga_3，DyGa，$DyGa_2$ 和 $DyGa_3$。$DyGa_2$ 在 1330℃下固液同成分熔化，其余分别在 1210℃，1280℃和 800℃下按包晶反应结晶。在 940℃下，在体系合金中生成共晶 Dy + Dy_5Ga_3，其中含 20%(at)Ga。Ga-Dy 系化合物的晶体结构见表 6-36。

表 6-36 Ga-Dy 系化合物的晶体结构

化合物	结构类型	空间群	晶格常数/nm			Pearson 符号
			a	*b*	*c*	
Dy_5Ga_3	Cr_5B_3	I4/mcm	0.7629	—	1.402	tI32
DyGa	CrB	Cmcm	0.4307	1.0894	0.4059	oC8
$DyGa_2$	AlB_2	P6/mmm	0.4206	0.9561	0.411	hP3

6.3.14 镓-镱(Ga-Yb)合金

在总结文献资料并结合 X 射线衍射研究结果的基础上，绘制了 Ga-Yb 相图(见图 6-37)。

体系中发现 7 种化合物：Ga_6Yb，Ga_4Yb，$Ga_{3-x}Yb$，Ga_8Yb_3，Ga_2Yb，GaYb 和 $GaYb_2$。Ga_2Yb 和 GaYb 分别在 1100℃和 895℃下固液同成分溶化，$Ga_{3-x}Yb$ 相按包析反应生成并具有明显的均相区($0 < x < 0.36$)，Ga_8Yb_3 相在有限的温度范围(830~870℃)内存在。Ga-Yb 系化合物晶体结构数据见表 6-37。

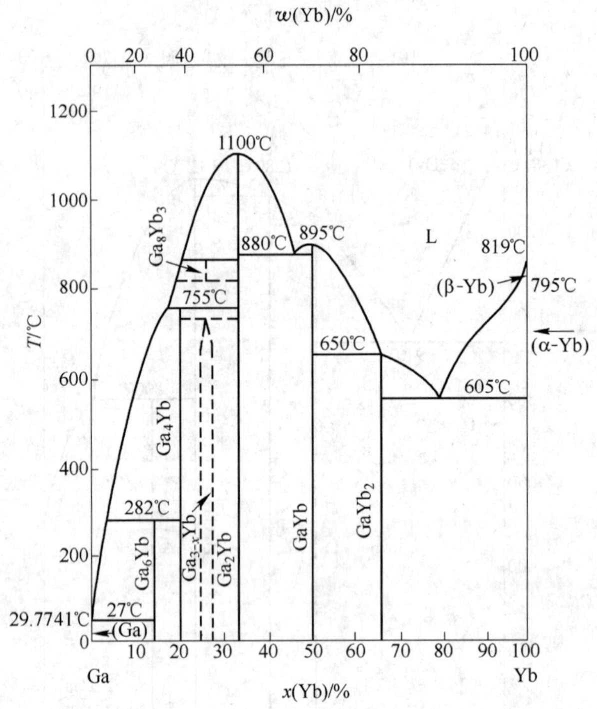

图 6－37　Ga－Yb 系相图

表 6－37　Ga－Yb 系化合物的晶体结构

化合物	结构类型	空间群	晶格常数/nm			Pearson 符号
			a	*b*	*c*	
Ga_6Yb	Ga_6Pu	P4/nbm	0.5849	—	0.7601	tP14
Ga_4Yb	Ga_4Ca	C2/m	0.6148	0.6106	0.6084	m10
$Ga_{3-x}Yb$	—	P6/mmm	1.3025	—	0.8360	hP54.3
Ga_8Yb_3	Ga_8Eu_3	Immm	0.4225	0.4340	2.5665	oI22
Ga_2Yb	$GaIn_2$	$P6_3/mmc$	0.4455	—	0.7199	hP6
GaYb	AuCu	P4/mmm	0.483	—	0.384	tP4
$GaYb_2$	$PbCl_2$	Pnma	0.7063	0.5050	0.9427	oP12

6.3.15　镓－镥(Ga－Lu)合金

原料为纯度不小于 99.9%(wt)的 Ga 和纯度不小于 99.71% 的 Lu,采用电弧(或在焊封的钽坩埚内)熔炼制取试样,结合差热分析、显微结构分析和 X 射线相分析方法绘制 Ga－Lu 相图(见图 6－38)。

在体系中确定出 6 种化合物。其中 Ga_5Lu_3,GaLu 和 Ga_3Lu_5 分别在 1280℃,1350℃和 1420℃下固液同成分熔化,Ga_3Lu_5 相具有延伸度为 3%(at)的均相区。

在 600℃存在化合物 Ga_2Lu_3,尚未准确测定 Ga_2Lu_3 的生成反应温度。化合物的晶体结构见表 6－38。

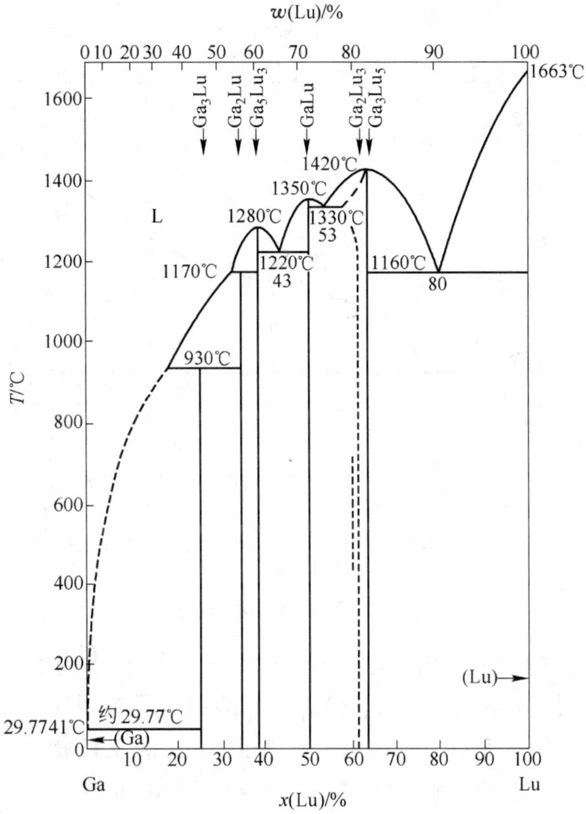

图 6－38 Ga－Lu 系相图

表 6－38 Ga－Lu 系化合物的晶体结构

化合物	结构类型	空间群	晶格常数/nm			Pearson 符号
			a	*b*	*c*	
Ga_3Lu	Cu_3Au	$Pm\bar{3}m$	0.4190	—	—	cP4
Ga_2Lu	Hg_2K	Imma	0.625	0.4185	0.8044	—
Ga_5Lu_3	Ga_5Tm_3	Pnma	1.124	0.9515	0.5960	oP32
GaLu	CrB	Cmcm	0.4217	1.0532	0.3995	oC8
Ga_2Lu_3	Ga_2Gd_3	I4/mcm	1.1211	—	1.438	—
Ga_3Lu_5	Si_3Mn_5	$P6_3/mcm$	0.8381	—	0.6369	hP16

6.4 镓－稀散金属相图

稀散金属包括镓、铟、铊、锗、硒、碲和铼共 7 个，铼没有绘制出相图，也不能在常压下制取化合物。

6.4.1 镓－铟(Ga－In)合金

在总结和优化文献数据资料的基础上，绘制了如图 6－39 所示的 Ga－In 系相图。

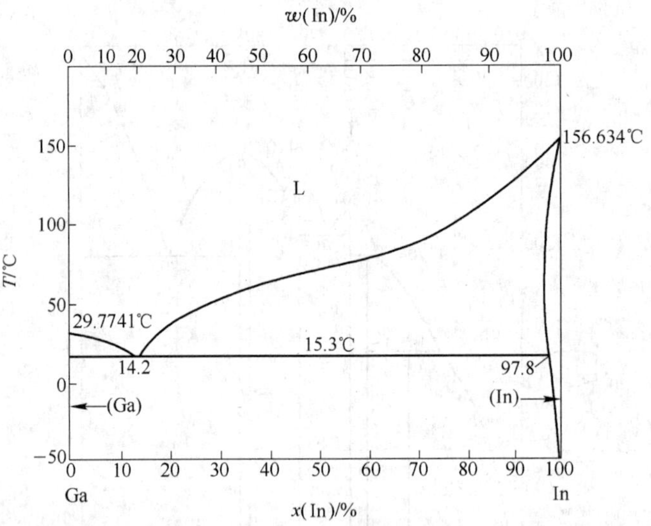

图6－39　Ga－In系相图

Ga－In系相图为共晶型相图。根据文献数据，Ga在In中的溶解度在120℃、100℃和20℃时分别为1.66%、1.82%和1.1%(at)。固相线曲线具有明显逆向减小的特征。

根据文献数据，化合物$Ga_{90}In_{10}$为α－U型斜方晶格亚稳相，其晶体结构的数据为：Pearson符号oC4，空间群Cmcm，晶格常数$a=0.2770nm$，$b=0.8183nm$，$c=0.3306nm$(－193℃)。

6.4.2　镓－铊(Ga－Tl)合金

采用差热分析方法绘制出Ga－Tl系相图，如图6－40所示。目前，Ga在Tl中的溶解度没有测定，但有研究确定了在Tl中的多晶转变温度由230℃降低至224℃，这说明存在共析分解。

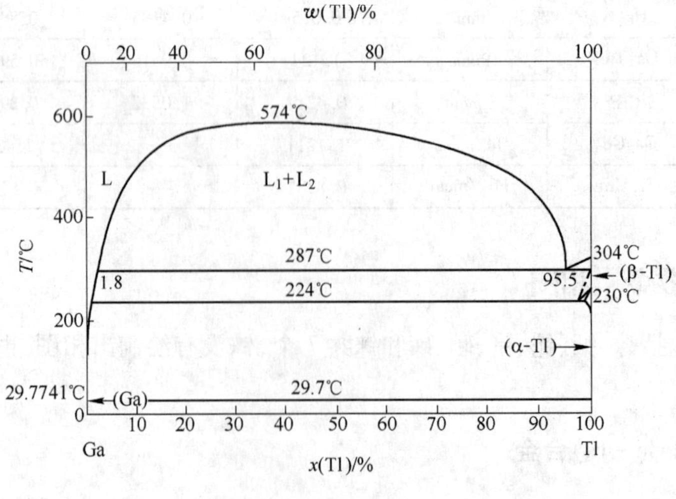

图6－40　Ga－Tl系相图

液态不混溶区由1.8%(at)延伸至95.5%(at)Tl,临界点在574℃、Tl含量约40%(at)。在287℃且Tl浓度95.5%(at)时发生偏晶反应。

6.4.3 镓-锗(Ga-Ge)合金

在总结X射线相分析和金相学分析数据并优化处理的基础上,绘制了Ga-Ge相图(见图6-41)。

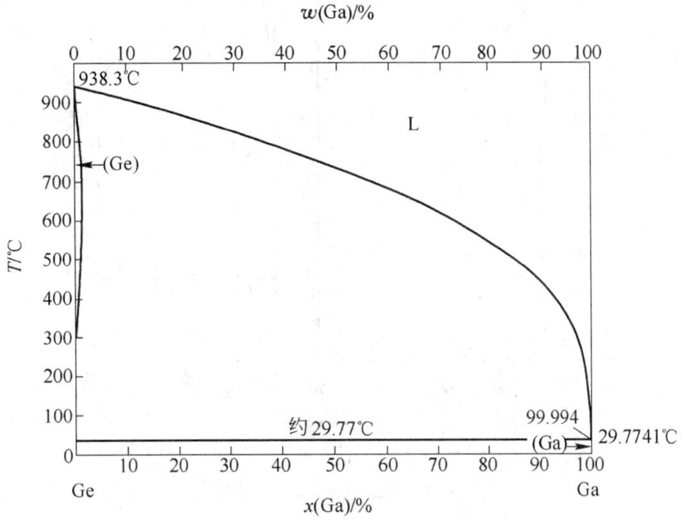

图6-41 Ga-Ge系相图

体系中Ga侧存在一种退化的共晶,它含5×10^{-3}% Ge。根据热力学计算数据,共晶点的位置相应为6×10^{-3}%(at)Ge,温度约29.77℃。Ga在Ge中的溶解度曲线见表6-39。在650℃下,Ga在Ge中具有最大溶解度。

表6-39 Ga在Ge中的溶解度

温度/℃	900	800	650	400	300
Ga的溶解度/%	0.5	0.95	1.1	0.8	0.6

在1000℃、997℃和967℃下测定了宽组成范围的Ga-Ge液体合金的混合热,经优化得到的方程为:

$\Delta minH = xGexGa(-2580+59.0xGa)$(J/mol),式中,$x$Ge和$x$Ga为组分的原子份额。

6.4.4 镓-硒(Ga-Se)合金

根据文献数据资料,绘制出全浓度范围Ga-Se系相图,如图6-42所示。

体系中存在一个液态不混溶区,它在915℃下由7%延伸至42%(at)Se,临界点位于约1000℃、Se含量约22%(at)。

体系中有3个共晶平衡:其中两个已退化(Ga侧和Se侧),第3个在884℃、55%(at)的Se时,按反应$L\rightarrow GaSe+Ga_2Se_3$产生。

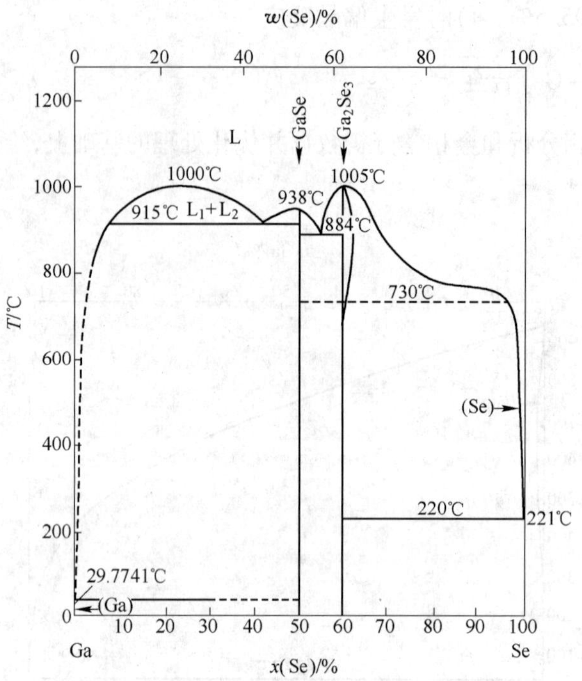

图6－42　Ga－Se系相图

体系中生成两种化合物——GaSe和Ga_2Se_3，它们分别在938℃和1005℃时固液同成分熔化。化合物的晶体结构见表6－40。

表6－40　Ga－Se系化合物的晶体结构

化合物	结构类型	空间群	晶格常数/nm			Pearson符号
			a	*b*	*c*	
GaSe	六方	—	0.3759	—	1.602	—
$\beta-Ga_2Se_3$	单斜	—	6660	6660	1.165	—
$\gamma-Ca_2Se_3$	闪锌矿	$F\bar{4}3m$	0.5460	—	—	cF8

6.4.5　镓－碲(Ga－Te)合金

采用热分析、X射线相分析和X射线结构分析对Ga－Te体系进行研究，同时参考热力学参数，绘制了如图6－43所示的Ga－Te系相图。

Ga－Te体系中生成4种化合物：GaTe，Ga_3Te_4，Ga_2Te_3和Ga_2Te_5。GaTe和Ga_2Te_3分别在848℃和812℃下固液同成分熔化。体系中存在一个由11.2%(at)延伸至36.3%(at)Te的液态不混溶区。Ga－Te化合物的晶体结构见表6－41。

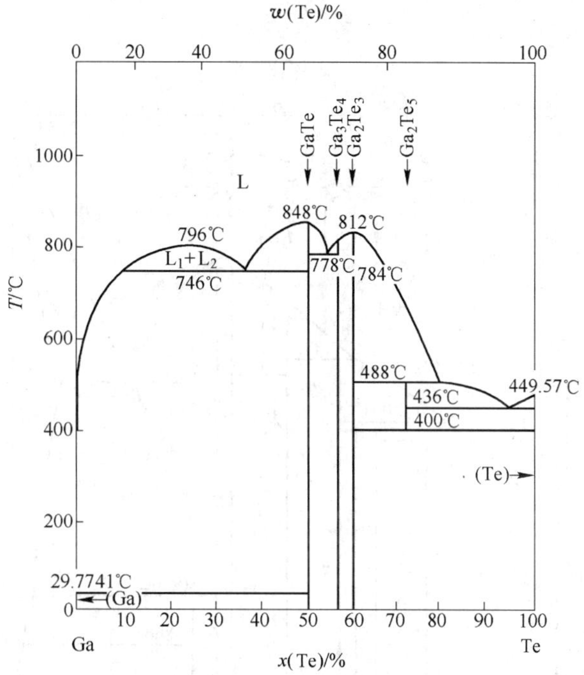

图 6－43　Ga－Te 系相图

表 6－41　Ga－Te 系化合物的晶体结构

化合物	结构类型	空间群	晶格常数/nm			Pearson 符号
			a	*b*	*c*	
GaTe	GaTe	C2/m	1.7404	1.0456	0.4077	mC24
Ga_3Te_4	—	—	0.8278	—	0.6906	
Ga_2Te_3	—	$Fd\bar{3}m$	0.5909	—	—	—
Ga_2Te_5	Ga_2Te_5	I4/m	0.7913	—	0.6848	tI14

6.5　镓－高熔点金属

高熔点金属包括锆、铪、钨、钼、铌和钽共 6 个，其中镓－钨和镓－钽没有绘制出镓相图。

6.5.1　镓－锆(Ga－Zr)合金

根据热分析、显微结构分析和 X 射线衍射分析结果绘制了 Ga－Zr 相图(见图 6－44)。

Ga－Zr 体系共有 9 种化合物。ZrGa，Zr_5Ga_4，Zr_3Ga_2 和 Zr_5Ga_3 的生成温度高于 1500℃。化合物 Zr_5Ga_4 仅在高温下存在，在 1400℃时分解而生成 ZrGa 和 Zr_3Ga_2。Ga－Zr 化合物的晶体结构见表 6－42。

6.5.2　镓－铪(Ga－Hf)合金

采用 Ga 和 Hf 原料电弧熔炼法制取试样，结合差热分析、显微结构和 X 射线结构分析，制备了 Ga－Hf 相图(见图 6－45)。

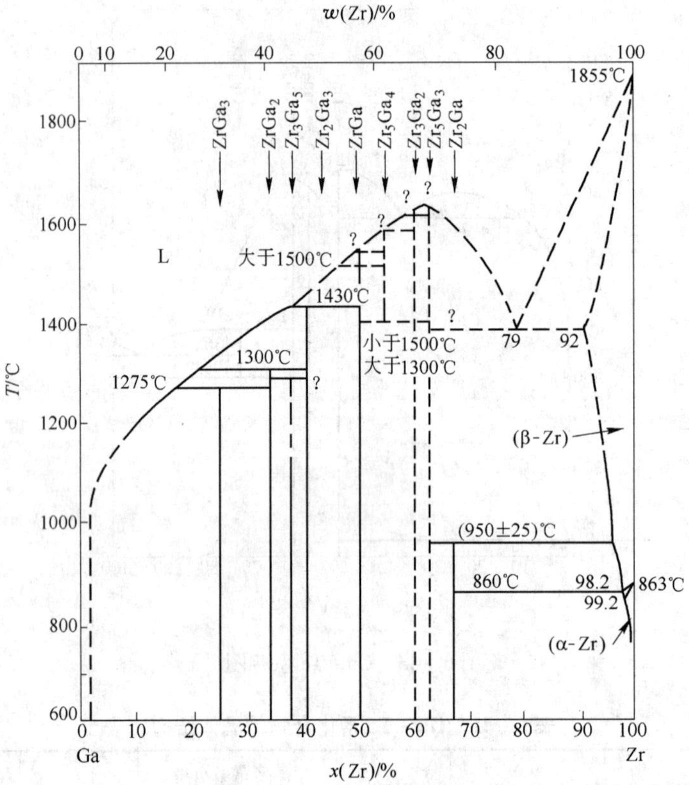

图 6－44　Ga－Zr 系相图

表 6－42　Ga－Zr 系化合物的晶体结构

化合物	结构类型	空间群	晶格常数/nm			Pearson 符号
			a	*b*	*c*	
$ZrGa_3$	$ZrAI_3$	14/mmm	0. 3960	—	1. 744	T116
$ZrGa_2$	$ZrGa_2$	Cmmm	1. 289	0. 3994	0. 4123	oC12
Zr_3Ga_5	Zr_3Ga_5	Cmcm	0. 7111	0. 8848	0. 9084	oC32
Zr_2Ga_3	Zr_2AI_3	F2dd	0. 5497	0. 9444	1. 3755	oF40
α－ZrGa	BMo	14/amd	0. 3865	—	2. 056	tI16
Zr_5Ga_4	Ti_5Ga_4	$P6_3$/mcm	0. 8350	—	0. 5757	hP18
Zr_3Ga_2	U_3Si_2	P4/mbm	0. 7349	—	0. 3692	tP10
Zr_5Ga_3	Mn_5Si_2	$P6_3$/mcm	0. 8076	—	0. 5742	hP16
Zr_2Ga	$CuAI_2$	14/mcm	0. 6712	—	0. 5443	T112

体系中生成 7 种化合物，其中大部分的熔化温度高于 1300℃。在温度高于 1300℃时，在体系中存在两种共晶平衡：

$$L \longrightarrow (Hf) + Hf_5Ga_3$$
$$80\%\,(at)\,Hf$$

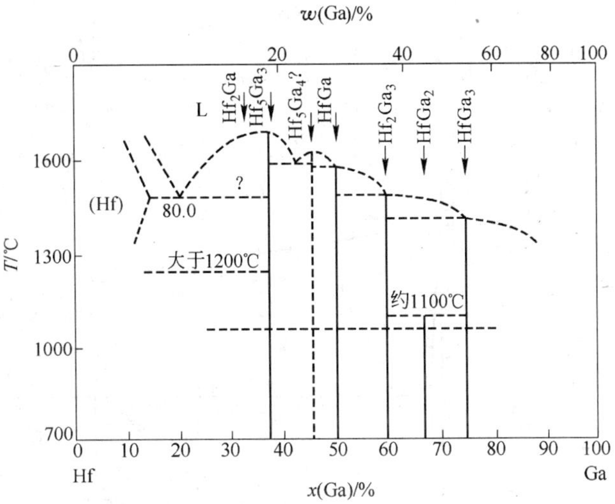

图 6-45 Ga-Hf 系相图

$$L \longrightarrow Hf_5Ga_3 + Hf_5Ga_4$$

约 55%(at)Hf

Hf_2Ga 在温度高于 1200℃时按(Hf)和 Hf_5Ga_3 之间的包析反应生成。化合物 Hf_5Ga_3 在大于 1300℃下熔化,并具有明显的最大峰值。Hf_5Ga_4 固液同成分熔化,包晶反应:

$$L + Hf_5Ga_4 \longrightarrow HfGa$$

生成特有型结构化合物 HfGa,Hf_2Ga_3 相按反应 L + HfGa→ Hf_2Ga_3 生成。化合物$HfGa_2$ 在约 1100℃下按包析反应生成。

$$Hf_2Ga_3 + HfGa_3 \longrightarrow HfGa_2$$

$HfGa_3$ 相可能是由熔体和 Hf_2Ga_3 按包晶反应生成。化合物的晶体结构见表 6-43。

表 6-43 Ga-Hf 系化合物的晶体结构

化合物	结构类型	空间群	晶格常数/nm			Pearson 符号
			a	b	c	
Hf_2Ga	Al_2Cu	14/mcm	0.6686	—	0.5295	tI12
Hf_5Ga_3	Si_3Mn_5	$P6_3$/mcm		—	0.5686	hP16
HfGa	HfGa	Pbcm		0.8503	0.5648	—
Hf_2Ga_3	Al_3Zr_2	Fdd2	0.5472	0.9402	1.3630	oF40
$HfGa_2$	$HfGa_2$	14_1/amd	0.4046	—	2.5446	tI24
$HfGa_3$	Al_3Ti	14/mmm	0.3881	—	0.9032	tI8

6.5.3 镓-钼(Ga-Mo)合金

根据文献数据图制了 Ga-Mo 相图,如图 6-46 所示。

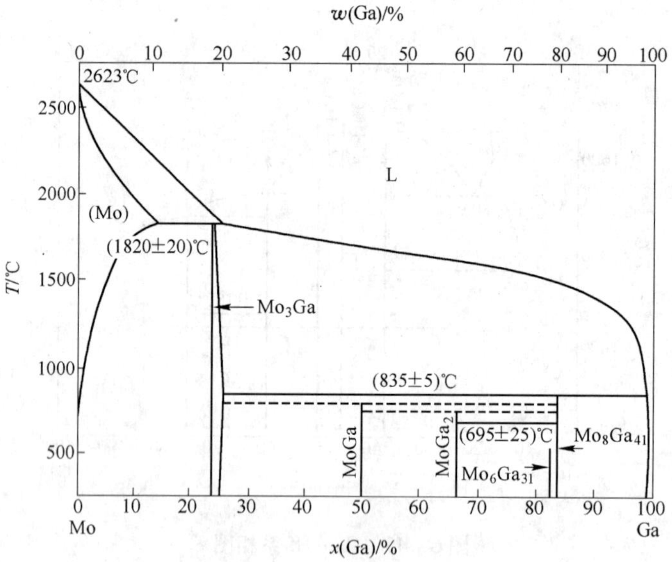

图 6－46　Ga－Mo 系相图

在体系中生成 5 种化合物：Mo_3Ga，MoGa，$MoGa_2$，Mo_6Ga_{31} 和 Mo_8Ga_{41}。化合物 Mo_3Ga 在(1820±20)℃下按包晶反应 L＋(Mo)→ Mo_3Ga 生成，Mo_8Ga_{41} 在(835±5)℃下按包晶反应 L＋ Mo_3Ga→ Mo_8Ga_4 生成。其余 3 种相均分解：Mo_6Ga_{31} 在高于 695℃，MoGa 和 $MoGa_2$ 则在高于 800℃下分解。

Ga 在(Mo)中的溶解度，在 1275℃时为 1.75%(at)，在 1700℃时为 10.34%(at)。部分 Ga－Mo 系化合物的晶体结构见表 6－44。

表 6－44　Ga－Mo 系化合物的晶体结构

化合物	结构类型	空间群	晶格常数/nm			Pearson 符号
			a	b	c	
Mo_3Ga	Cr_3Si	$Pm\bar{3}n$	0.4944	—	—	cP8
Mo_6Ga_{31}	—	$P2_1/c$	0.9517	1.6067	1.6995	mP148
Mo_8Ga_{41}	V_8Ga_{41}	$R\bar{3}$	1.404	—	1.505	hR49

6.5.4　镓－铌(Ga－Nb)合金

Ga－Nb 相图是根据金相学分析、X 射线分析、热分析、X 射线光谱分析和硬度测量数据综合绘制的全浓度相图，如图 6－47 所示。

在体系中存在 5 种化合物：Nb_3Ga、Nb_5Ga_3、Nb_5Ga_4、Nb_4Ga_5 和 $NbGa_3$，化合物 Nb_5Ga_3 在 1950℃下固液同成分熔化，其余化合物按包晶反应生成。

化合物 Nb_3Ga、Nb_5Ga_3 和 $NbGa_3$ 存在均相区。在 Ga－Nb 体系中的反应见表 6－45，Ga－Nb 系中的化合物的晶体结构见表 6－46。

Ga 在 Nb 中的溶解度见表 6－47。

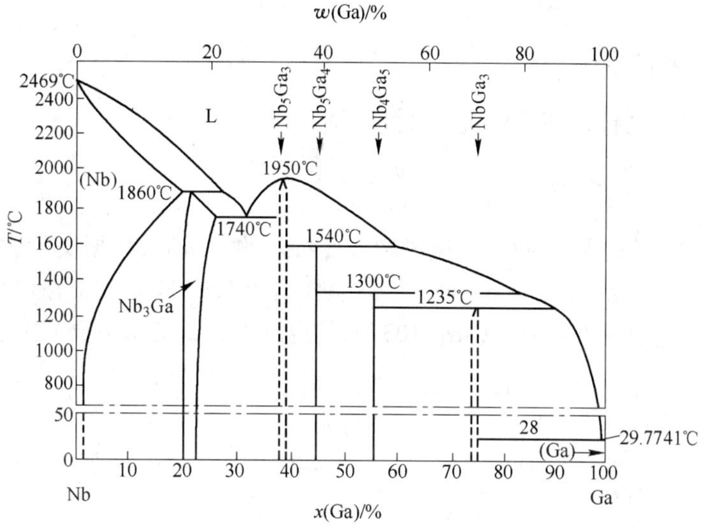

图 6－47　Ga－Nb 系相图

表 6－45　Ga－Nb 系中的反应

反　　应	x(Ga)/%	温度/℃
$L + (Nb) \rightarrow Nb_3Ga$	约 27；19；25	1860
$L \rightarrow Nb_3Ga + Nb_5Ga_3$	约 31.5；25；37.5	1740
$L + Nb_5Ga_3 \rightarrow Nb_5Ga_4$	约 60；37.5；44.4	1540
$L + Nb_5Ga_4 \rightarrow Nb_4Ga_5$	约 83；44.4；55.6	1300
$L + Nb_4Ga_5 \rightarrow NbGa_3$	约 90；55.6；75	1235
$L \rightarrow (Ga) + NbGa_3$	约 100；约 100；75	28

表 6－46　Ga－Nb 系化合物的晶体结构

化合物	结构类型	空间群	晶格常数/nm		Pearson 符号
			a	*c*	
(Nb)	W	Im3m	0.3295	—	cI2
Nb_3Ga	Cr_3Ga	$Pm\bar{3}n$	0.5181	—	cP8
Nb_5Ga_3	W_5Si_3	I4/mcm	1.0306	0.5070	tI32
Nb_5Ga_4	Ga_4Ti_5	$P6_3/mcm$	0.7963	0.5411	—
Nb_4Ga_5	—	—	0.838	1.708	—
$NbGa_3$	$TiAl_3$	I4/mmm	0.397	0.874	tI8
$NbGa_3$	—	—	0.3803	0.8731	—
$NbGa_3$	—	—	0.3790	0.8880	—

表 6－47　Ga 在 Nb 中的溶解度

温度/℃	700	1200	1500	1600	1700	1800	1850
Ga 的溶解度/%	1.3	2.5	7.7	11.3	12.0	15.8	19.0

6.6　镓-铁系金属合金

镓-铁系金属包括镓与铁、铬、钒和锰的合金。

6.6.1　铁-镓(Fe-Ga)合金

收集了有关 Fe-Ga 体系中结构、组成和转变特点的资料后,根据文献数据资料作出了全浓度范围的 Fe-Ga 相图(见图 6-48)。Ga 固溶体在(α-Fe)中的存在区域具有大的延伸范围。在包晶反应:L+(α-Fe)→α_1,1037℃的温度下,Ga 在(α-Fe)中的最大溶解度为 35.1%(at)。

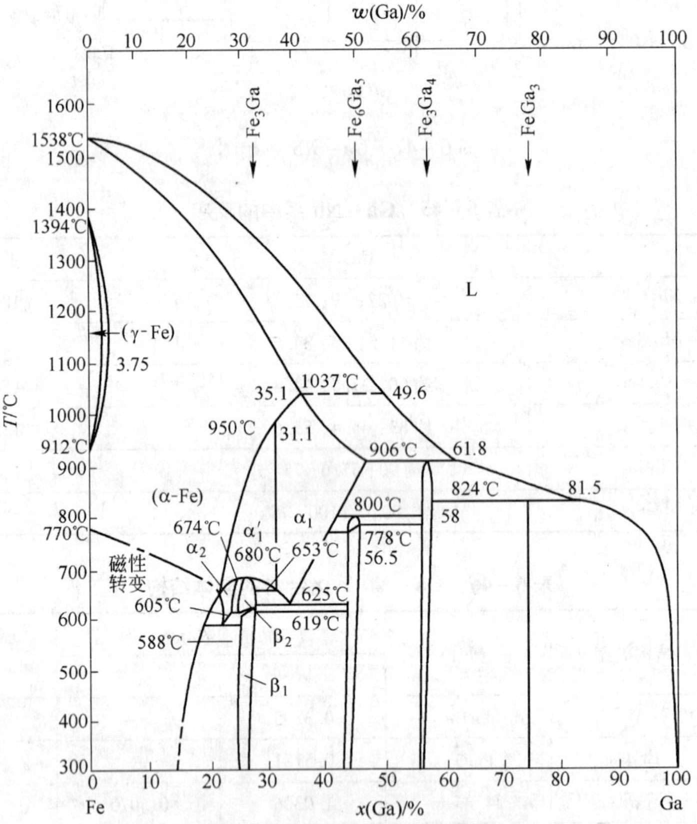

图 6-48　Fe-Ga 系相图

研究 Fe-Ga 体系,确定 4 种化合物。在 680℃下,固液同组成生成化合物 Fe_3Ga,它有两种变体:β_1(低温变体)和 β_2(高温变体)。在 647℃下,按退化包析反应生成 α_2 相,它在小于 588℃温度时存在,然后按共析反应分解成固溶体(α-Fe)和 Fe_3Ga(β_1)。

在 625℃下,α_1 相按共析反应分解成 β_2 和低温变体 Fe_6Ga_5。化合物 Fe_6Ga_5 在 800℃下按包析反应由固溶体 α_1 和化合物 Fe_3Ga_4 生成并产生多晶转变,其 Ga 侧的转变温度为 778℃。化合物 Fe_3Ga_4 和 $FeGa_3$ 在 906℃和 834℃下按包晶反应生成。固态中 Fe 在 Ga 中的溶解度不大。化合物的晶体结构见表 6-48。

表 6-48 Fe-Ga 系化合物的晶体结构

化合物	结构类型	空间群	晶格常数/nm			Pearson 符号
			a	*b*	*c*	
Fe_3Ga	$IrIn_3$	$P4_2/mnm$	0.6220	—	0.6580	tP16
$FeGa_3$	$CoGa_3$	$P\bar{4}n2$	0.6250	—	0.6580	tP16
$Fe_3Ga_4$①	—	—	1.260	—	0.551	
$Fe_3Ga_4$②	Fe_3Ga_4	C2/m	1.0091	0.7666	0.7866	mC42
Fe_6Ga_5(BT)	Al_8Cr_5	R3m	1.2463	—	1.5577	hR26
$Fe_6Ga_5$③(HT)	Fe_6Ga_5	C2/m	1.0058	0.7946	0.7747	mC44

①正方晶体;②β = 106.40°;③β = 109.20°。

6.6.2 铬-镓(Cr-Ga)合金

根据文献数据资料绘制了 Cr-Ga 相图(见图 6-49)。体系中生成 4 种化合物:Cr_3Ga,CrGa,Cr_5Ga_6,$CrGa_4$,所有这些化合物均按包晶反应生成。化合物 Cr_3Ga 在 1100℃ 下产生多晶转变:$\beta-Cr_3Ga \rightarrow \alpha-Cr_3Ga$。

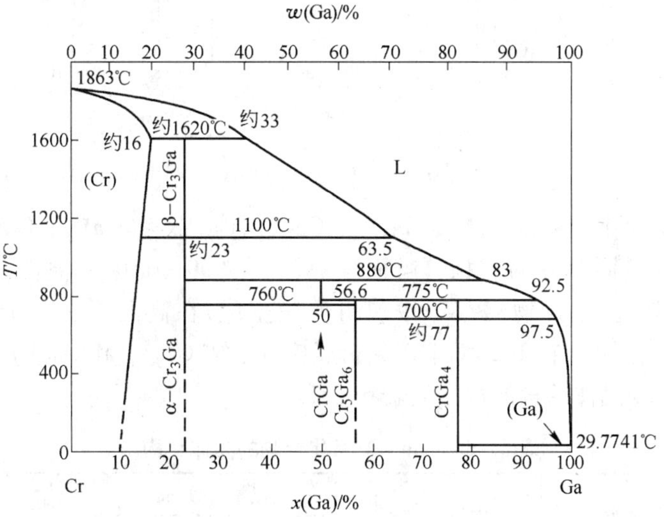

图 6-49 Cr-Ga 系相图

Cr-Ga 体系中化合物的晶体结构见表 6-49。

表 6-49 Cr-Ga 系化合物的晶体结构

化合物	结构类型	空间群	晶格常数 *a*/nm	α 角/(°)	Pearson 符号
Cr_3Ga	Cr_3Si	$Pm\bar{3}m$	0.464	—	cP8
CrGa	Cr_5Al_8	R3m	0.901	89.2	hR26
$CrGa_4$	$PtHg_4$	$I\bar{4}32$	0.564	—	cI10

6.6.3 镓-钒(Ga-V)合金

采用差热分析、X 射线相分析、微区 X 射线光谱分析和密度测量等方法对体系进行研究,综合绘制了 Ga-V 系相图(见图 6-50)。

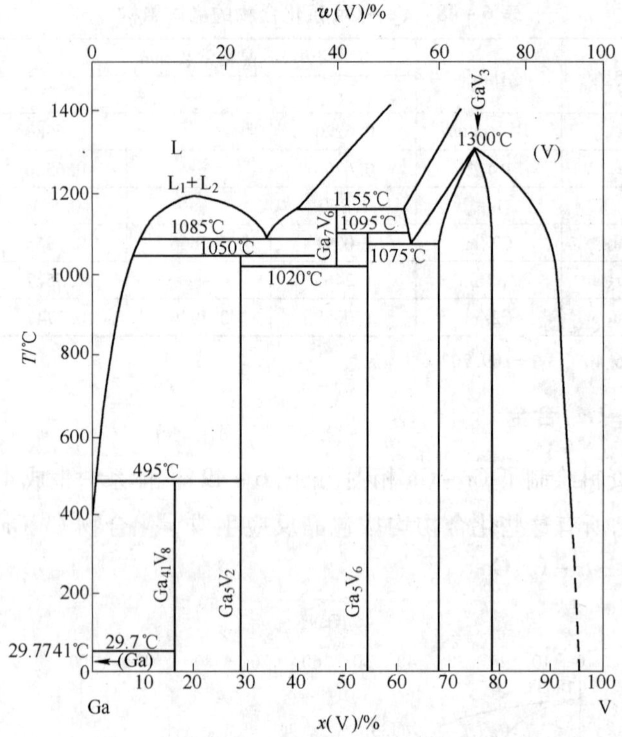

图 6－50　Ga－V 系相图

体系中存在 5 种化合物：$Ga_{41}V_8$，Ga_5V_2，Ga_7V_6，Ga_5V_6 和 GaV_3。GaV_3 在 1300℃下，由于固溶体 V 的固液同成分的固相分解而生成，它在 950～1100℃温度范围内有 68%～78%(at)V 的均相区。化合物 Ga_5V_6 按包析反应生成，在高温下有一个不大的均相区。Ga_7V_6 相按包晶反应生成，在 1020℃下按共析反应分解成 Ga_5V_6 和 Ga_5V_2。

Ga－V 系化合物晶体结构的数据见表 6－50。

表 6－50　Ga－V 系化合物的晶体结构

化合物	结构类型	空间群	晶格常数/nm		Pearson 符号
			a	c	
$Ga_{41}V_8$	$Ga_{41}V_8$	$R\bar{3}$	1.3938	1.4892	hR49
Ga_5V_2	Hg_5Mn_2	P4/mbm	0.8968	0.2693	rP14
Ga_7V_6	Zn_8Cu_5	$I\bar{4}3m$	0.9197	—	cI52
Ga_5V_6	$\alpha-Zn_5Ti_6$	$P6_3/mmc$	0.846	0.516	hP22
GaV_3	$SiCr_3$	$Pm\bar{3}n$	0.4821	—	cP8

6.6.4　镓－锰(Ga－Mn)合金

采用纯度 99.999% 的 Ga 和纯度 99.9%(wt)的 Mn 在刚玉坩埚中制备试样，结合差热分析、X 射线分析和磁性质测定等方法绘制出如图 6－51 所示的 Ga－Mn 相图。

在体系中存在 5 种中间相：$\omega,\mu,\kappa,\lambda$($\eta-\lambda$ 的低温变体)和 ε，对应的化合物为 $Ga_{5.2}Mn$，

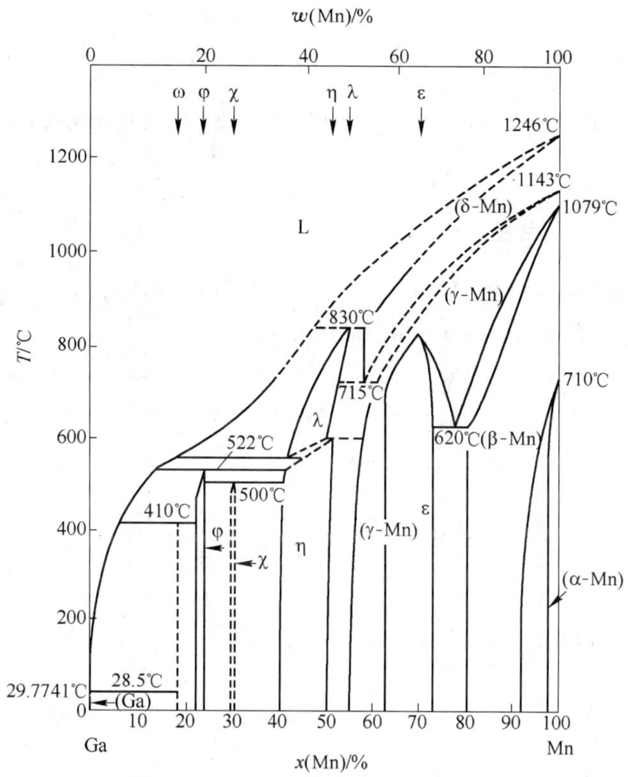

图 6－51　Ga－Mn 系相图

$Ga_{7.7}Mn_{2.3}$，Ga_5Mn_2，Ga_6Mn_7 和 $Ga_{1.15}Mn_{2.85}$。$(\gamma-Mn)$ 相在 620℃ 下产生共析转变：$(\gamma-Mn) \rightarrow (\beta-Mn)+\varepsilon$。$\varepsilon$ 相在约 800℃ 下由固相转变生成，它有由 70% 延伸至 73%（at）Mn 的均相区。λ 相在 830℃ 下按包晶反应 $L+(\delta-Mn) \rightarrow$ 生成，并在 540～600℃ 温度范围内转变为 η 相。η 相具有位于由 40%～50%（at）Mn 范围的均相区。κ 相在约 500℃ 下由 η 和 μ 相间的包析反应得到。ω 和 φ 相在 410℃ 和 522℃ 下按包晶反应生成。

Mn 实际上不溶于固体 Ga 中。在 $(\alpha-Mn)$ 中溶解 1.95%（at）Ga。添加 Ga 可以稳定 $(\beta-Mn)$ 和 $(\gamma-Mn)$。在 830℃ 下，Ga 在 $(\delta-Mn)$ 中的溶解度达约 42%（at）。在 28.5℃ 下，在 Ga 侧观察到共晶转变 $L \rightarrow (Ga)+\omega$。化合物的晶体结构见表 6－51。

表 6－51　Ga－Mn 系化合物的晶体结构

化合物	结构类型	空间群	晶格常数/nm			Pearson 符号
			a	*b*	*c*	
$Ga_{5.2}Mn$ (ω)	—	Ccc2илиCccm	0.8842	0.8974	0.9940	—
$Ga_{7.7}Mn_{2.3}$ (φ)	Hg_4Ni	I432	0.5597	—	—	—
Ga_5Mn_2 (κ)	Hg_5Mn_2	P4/mbm	0.880	—	0.269	tP14
Ga_6Mn_7 (λ)	Al_8Cr_5	R3m	1.2588	—	1.6068	hR26
$Ga_{1.15}Mn_{2.85}$ (ε)	Mg_3Cd	$P6_3/mmc$	0.536	—	0.432	—

6.7　镓-贵金属合金

贵金属包括金、银、锇、铱、铂、钌、铑和钯共 8 种金属，这里介绍镓-金、镓-银、镓-铂和镓-钯合金相图。

6.7.1　镓-金（Ga-Au）合金

采用纯度 99.999%（wt）的 Ga 和纯度 99.999%（wt）的 Au，结合 X 射线显微分析、结构分析和热分析方法完成了 Au-Ga 系相图（图 6-52）。

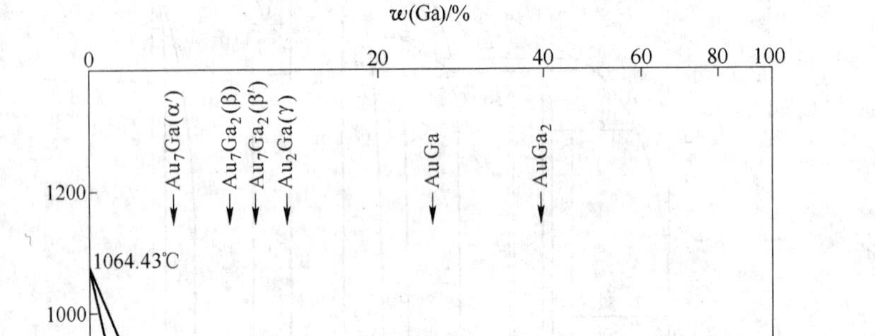

图 6-52　Au-Ga 系相图

Au-Ga 系中已确定生成 5 种化合物，其中化合物 $AuGa_2$、AuGa 和 Au_2Ga 相应在 491℃、461.3℃和 348.9℃温度下生成。化合物 $Au_7Ga_2(\beta)$、$Au_7Ga_2(\beta')$ 和 Au_7Ga 相应在 409.8℃、375℃和 415.4℃下按照包晶反应结晶成。Au_7Ga 和高温变体 $Au_7Ga_2(\beta)$，在 348℃和 282℃温度下按照共析反应分解成（Au）+ $Au_7Ga_2(\beta)$ 和（Au）+ $Au_7Ga_2(\beta')$ 混合物。

Au-Ga 系合金中化合物的晶体结构见表 6-52。

表 6－52 Au－Ga 系化合物的晶体结构

化合物	结构类型	Pearson 符号	空间群	晶格常数/nm		
				a	*b*	*c*
$AuGa_2$	GaF_2	cF12	Fm3m	0. 60758	—	—
$AuGa_2$	MnP	oP8	Pnma	0. 6262	0. 3463	0. 6397
$Au_2Ga(\gamma)$	Pd_2As	oC24	$Cmc2_1$	0. 3199	1. 8023	0. 6999
$Au_7Ga_2(\beta)$	Au_7Ga_2	hP27	P62m	0. 7724		0. 651
$Au_7Ga_2(\beta')$①	—	—	—	0. 7643	0. 9009	0. 8765
$Au_7Ga(\alpha')$	Nd	—	mmc	0. 28741		0. 84263

①斜方结构。

6.7.2 镓－银(Ga－Ag)合金

根据文献数据绘制 Ag－Ga 系相图，如图 6－53 所示。

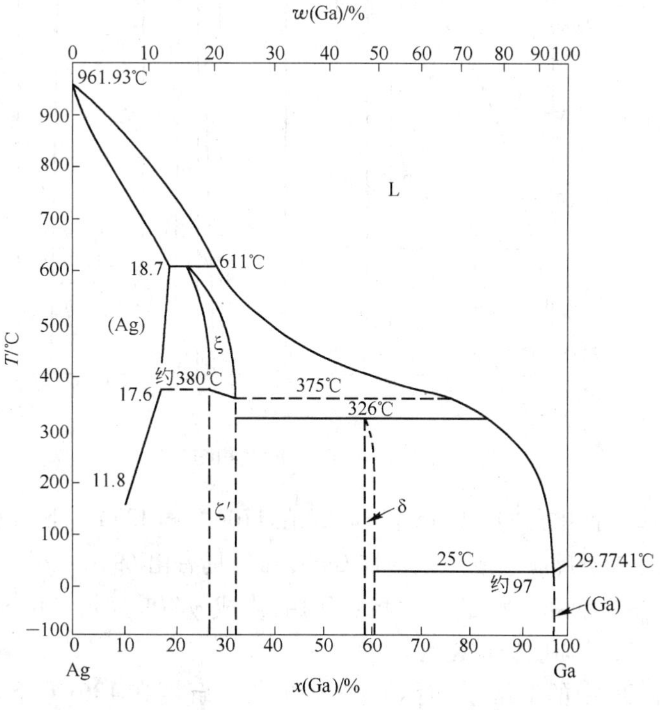

图 6－53 Ag－Ga 系相图

确定体系中存在 3 种相：ξ、ξ′和 δ 以及以 Ag 和 Ga 为基础的固溶体。ξ 相是在 611℃下经由包晶反应生成，它在 611～380℃的温度区稳定。在 380℃时，ξ 相转变成 ξ′相（一种以化合物 Ag_5Ga_2 为基的固溶体），ξ 相和 ξ′相为 3/2 型电子化合物。两种相都具有密排六面体结构，ξ 相的晶格常数 a = Ga 含量/%（wt）0. 2930nm，c = 0. 4747nm；ξ′相的晶格常数 a = 0. 780nm，c = 0. 288nm。相 Ag_2Ga_3（δ）在 326℃温度时经由包晶反应生成，均相区非常狭窄。

Ga 在（Ag）中的溶解度随温度下降，由 611℃时的 18. 7%（at）下降到 380℃时的 17. 6%（at），再降到 211℃时的 11. 8%（at）。Ag 在（Ga）中的溶解度约等于 3%（at）。

6.7.3　镓－铂(Ga－Pt)合金

采用电弧熔炼法，由原料纯度为99.999%(wt)的Ga和纯度99.9%(wt)的Pt制备Ga－Pt合金，结合差热分析、显微结构分析、X射线相分析和显微X射线光谱分析等方法绘制了Ga－Pt合金相图，如图6－54所示。

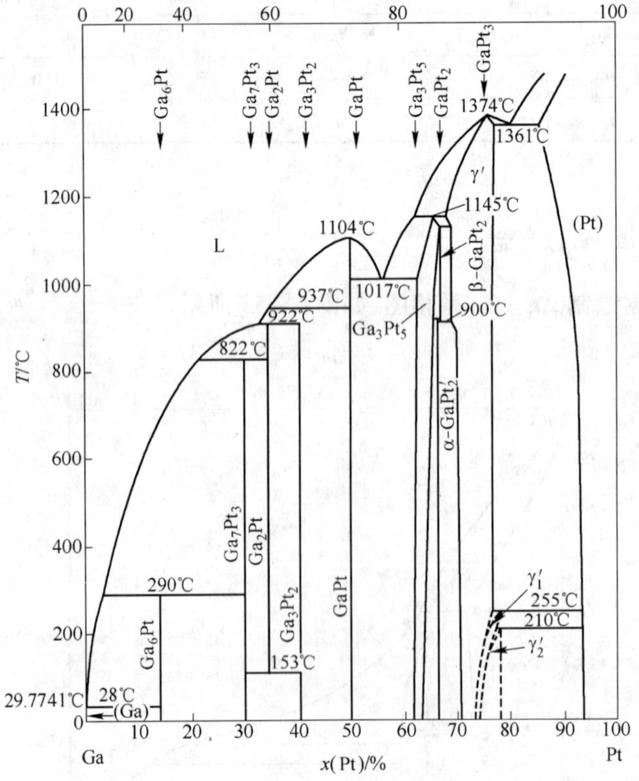

图6－54　Ga－Pt系相图

在体系中存在8种化合物。GaPt和$GaPt_3$在1104℃和1374℃下固液同成分熔化。其余化合物按包晶和包析反应生成。化合物$GaPt_3$(γ')具有由69%～76%(at)Pt(约910℃)延伸度的均相区并参加和(Pt)的固相相互作用，生成γ_1'和γ_2'相。化合物Ga_3Pt_5具有由62%～65.5%(at)Pt延伸度的均相区。

未发现Pt在Ga中的溶解度，而Ga在Pt中的溶解度在1361℃下达到约15%(at)。Ga－Pt系化合物的晶体结构见表6－53。

表6－53　Ga－Pt系化合物的晶体结构

化合物	结构类型	空间群	晶格常数/nm			Pearson 符号
			a	*b*	*c*	
Ga_6Pt①	—	—	1.5978	1.2058	0.8884	—
Ga_7Pt_3	Sn_7Ru_3	$Im\bar{3}m$	0.809	—	—	—
Ga_2Pt	Gaf_2	$Fm\bar{3}m$	0.5923	—	—	cF12

续表 6－53

化合物	结构类型	空间群	晶格常数/nm			Pearson 符号
			a	*b*	*c*	
Ga_3Pt_2	Al_3Ni_2	P$\bar{3}$ml	0.422	—	0.517	hP5
GaPt	FeSi	$P2_13$	0.4910	—	—	cP8
Ga_3Pt_5	Ga_3Pt_5	Cmmm	0.8047	0.3956	0.7455	oC16
β－$GaPt_2$	Ge_3Rh_5	Pbam	1.0860	0.5484	0.3950	oP16
α－$GaPt_2$	α－$GaPt_2$	Pmma	1.6440	0.3922	0.5488	oP24
$GaPt_3(\gamma')$	$AuCu_3$	Pm$\bar{3}$m	0.3892	—	—	cP4
γ_1'	SiU_3	14/mcm	0.54920	—	0.78102	tI16
γ_2'	$GaPt_3$	P4/mbm	0.54674	—	0.78916	tP16

①斜方晶系。

6.7.4 镓－钯(Ga－Pd)合金

采用纯镓、钯组分，通过电弧熔炼制取试样，结合采用差热分析、显微结构分析和 X 射线相分析方法绘制了 Ga－Pd 相图(见图 6－55)。

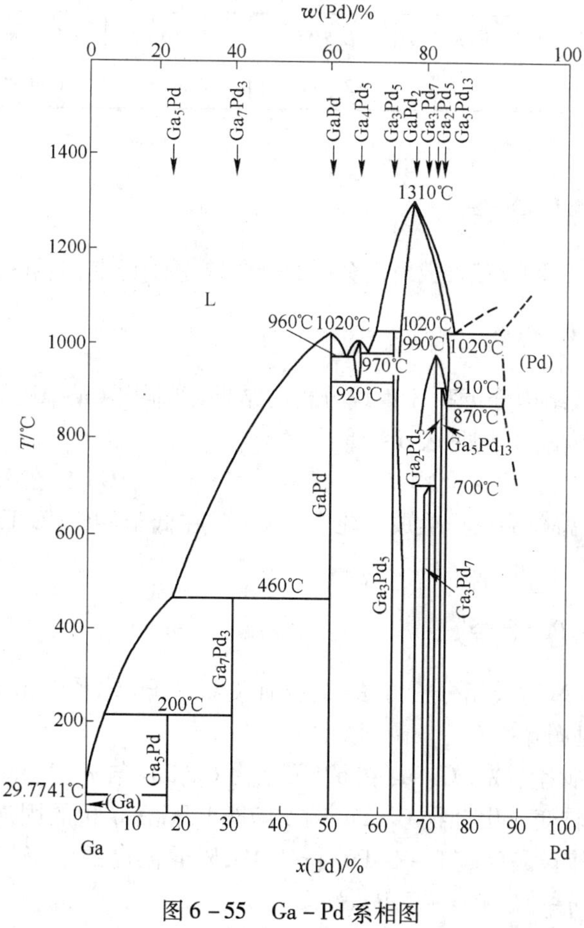

图 6－55 Ga－Pd 系相图

体系中发现 9 种化合物。化合物 GaPd、Ga_4Pd_5 和 $GaPd_2$ 分别在 1020℃、1010℃ 和 1310℃下固液同成分熔化。化合物 $GaPd_2$ 在约 1020℃下具有最大的均相区[26% ~36%(at)Ga]，在 870℃产生共析分解，分解成 Ga_5Pd_3 和(Pd)。化合物 Ga_2Pd_5 在 900℃下由 $GaPd_2$ 的固液同成分固相转变生成，而化合物 Ga_3Pd_7 则在 700℃下按包析反应生成。

未发现 Pd 在 Ga 中的溶解度，而 Ga 在 Pd 中的溶解度在 1020℃下达到约 17%(at)。化合物的晶体结构见表 6 – 54。

表 6 – 54　Ga – Pd 系化合物的晶体结构

化合物	结构类型	空间群	晶格常数/nm			Pearson 符号
			a	*b*	*c*	
Ga_5Pd	Ga_5Pd	14/mcm	0.6448	—	1.0003	rI24
Ga_7Pd_3	Ir_3Sn_7	$Im\bar{3}m$	0.876	—	—	—
GaPd	FeSi	$P2_13$	0.4890	—	—	cP8
Ga_4Pd_5	CsCl	$Pm\bar{3}m$	0.3040	—	—	cP2
Ga_3Pd_5	Ga_3Rh_5	Pnma	1.051	0.542	0.403	oP16
$GaPd_2$	Co_2Si	Pnma	0.5493	0.4064	0.7814	oP12
Ga_2Pd_5	Ga_2Pd_5	Pnma	0.5485	0.4083	1.8396	oP28
Ga_5Pd_{13}①	—	—	2.3586	0.5343	0.4059	—

①斜方晶系。

6.8　镓 – 放射性金属合金

本节介绍镓与铀、钚和钍三种放射性金属的合金，钍没有绘制出相图，仅介绍几种化合物。

6.8.1　镓 – 铀(Ga – U)合金

根据热分析、显微结构分析和 X 射线分析的结果，绘制出 Ga – U 系相图，如图 6 – 56 所示。Ga – U 化合物的晶体结构见表 6 – 55。

Ga – U 体系中存在 3 种化合物：Ga_3U、Ga_2U 和 Ga_5U_3。Ga_2U 在 1355℃下固液同成分熔化，Ga_2U 和 Ga_5U_3 按包晶反应生成。化合物 Ga_2U 在低于 –173℃下产生多晶转变，低温变体为 AlB_2 型。

6.8.2　镓 – 钚(Ga – Pu)合金

采用差热分析和 X 射线相分析方法，结合有关 Ga – Pu 体系中相平衡的文献数据绘制了 Ga – Pu 系相图(见图 6 – 57)。

体系中生成 12 种化合物。$GaPu_3$ 在 675℃下由 Ga_3Pu_5 与 η 相的固相相互作用得到，同时在 365℃产生多晶转变。化合物 Ga_3Pu_5 在约 780℃下由 η 相的固液同成分固相转变生成。η 相在 920℃下按包晶反应 $L + GaPu \rightarrow \eta$ 生成，随着温度的下降按两种反应分解：$\eta \rightarrow (\varepsilon - Pu) + GaPu_3$ 和 $\eta \rightarrow Ga_3Pu_5 + GaPu$。

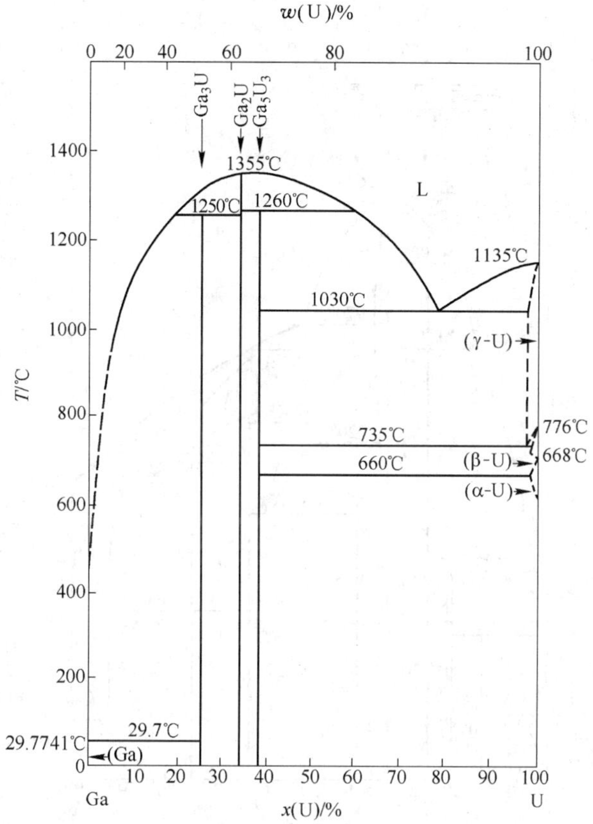

图 6－56 Ga－U 系相图

表 6－55 Ga－U 系化合物的晶体结构

化合物	结构类型	空间群	晶格常数/nm			Pearson 符号
			a	b	c	
Ga_3U	Cu_3Au	$Pm\bar{3}m$	0.4247	—	—	cP4
Ga_2U	B_2Al	P6/mmm	0.4220	—	0.4020	hP3
Ga_5U_3	Pd_5Pu_3	Cmcm	0.9396	0.7575	0.9387	oC32

GaPu 相在 970℃下按包晶反应 L + Ga_2Pu→GaPu 生成并在 570℃下产生多晶转变。化合物 Ga_2Pu 在 1262℃下固液同成分熔化。化合物 Ga_3Pu_2 在约 720℃下是由于 Ga_2Pu 和 GaPu 之间的固相反应生成。化合物 Ga_3Pu、$Ga_{3.7}Pu$、Ga_4Pu、Ga_6Pu 和 $Ga_{15}Pu_2$，分别在 1100℃、475℃、450℃、375℃和 60℃下按包晶反应生成。

未发现 Pu 在 Ga 中的溶解度，而 Ga 在 δ－Pu 和 ε－Pu 中的溶解度在 640℃和 715℃下达到约 12%。化合物的晶体结构见表 6－56。

6.8.3 镓－钍(Ga－Th)合金

Ga－Th 相图没有绘制出。Ga－Th 体系中存在 4 种化合物：Ga_2Th、GaTh、Ga_2Th_3 和 $GaTh_2$。4 种化合物的晶体结构见表 6－57。

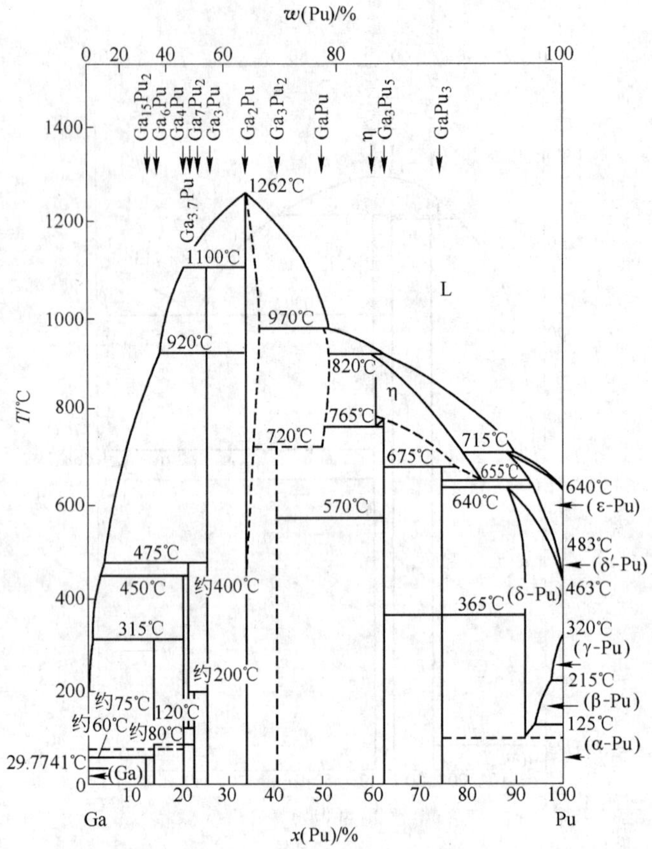

图 6－57　Ga－Pu 系相图

表 6－56　Ga－Pu 系化合物的晶体结构

化合物	结构类型	空间群	晶格常数/nm			Pearson 符号
			a	*b*	*c*	
$Ga_{15}Pu_2$	—	—	0.6206	—	0.8332	—
Ga_6Pu	Ga_6Pu	P4/nbm	0.5942	—	0.7617	tP14
Ga_4Pu	Al_4U	Imma	0.4380	0.6290	1.3676	oI20
$Ga_7Pu_2$①	—	—	0.4257	—	0.9695	—
$\beta-Ga_3Pu$	$\beta-Ga_3Pu$	$R\bar{3}m$	0.6178	—	2.8031	hR16
$\alpha-Ga_3Pu$	Mg_3Cd	$P6_3/mmc$	0.6299	—	0.4513	—
Ga_2Pu	B_2Al	P6/mmm	0.4248	—	0.4107	hP3
$Ga_3Pu_2$②	—	—	0.4378	—	0.3792	—
$\beta-GaPu$	In	14/mmm	0.331	—	0.403	tI2
$\alpha-GaPu$	$\alpha-GaPu$	14mm	0.6641	—	0.8083	tI16
Ga_3Pu_5	Si_3W_5	14/mcm	1.1735	—	0.5511	tI32
$\alpha-GaPu_3$	$SrPb_3$	P4/mmm	0.4471	—	0.4590	—
$\beta-GaPu_3$	$AuCu_3$	$pm\bar{3}m$	0.4507	—	—	cP4
η	—	12_13	0.7207	—	—	—

①正方晶系；②六方晶系。

表 6 - 57 Ga - Th 化合物的晶体结构

化合物	结构类型	空间群	晶格常数/nm			Pearson 符号
			a	*b*	*c*	
Ga_2Th	$\alpha - Si_2Th$	14_1/amd	0. 4247	—	1. 4701	T112
GaTh	AgSr	Pnma	1. 634	0. 4136	0. 6053	oP16
Ga_2Th_3	Si_2U_3	P4/mbm	0. 8008	—	0. 4224	tP10
$GaTh_2$	$CuAI_2$	14/mcm	0. 7471	—	0. 5933	T112

参 考 文 献

[1] Pelton A D, Larose S. Bull. Alloy Phase Diagrams[J]. 1990, 11(4): 354 ~ 356.
[2] Thümmel R, Klemm W Z. Anorg. All. Chem[J]. 1970, 376(1): 44 ~ 53.
[3] Pelton A D, Larose S. Bull. Alloy Phase Diagrams[J]. 1990, 11(4): 340 ~ 343.
[4] Thummel R, Klemm W Z. Anorg. All. Chem[J]. 1970, 376(1): 44 ~ 63.
[5] Van Vucht J H N. J. Less - Common Met[J]. 1985, 108(1): 163 ~ 175.
[6] Chuntonov K A, Melekhov L Z, Kuznetsov A N, et al. J. Less - Common Met[J]. 1982, 83(1): 43 ~ 53.
[7] Алексеевский Н Е, Закосарнков М. Доклады[J]. АН СССР. 1973, 208(1): 303 ~ 306.
[8] Feschotte P, Yvon K. J. Less - Common Met[J]. 1990, 158(1): 89 ~ 97.
[9] Nayeb - Hashemi A A, Clark J B. Bull. Alloy Phase Diagrams[J]. 1985, 6(5): 434 ~ 439.
[10] Predel B, Stein D W. J. Less - Common Met. 1969, 18(3): 203 ~ 213.
[11] Stählin W. J. Less - Common Met[J]. 1973, 32(3): 395 ~ 397.
[12] Ellner M, Gödecke T, Duddek G, Predel B Z. Anorg. All. Chem[J]. 1980, 463(1 ~ 2): 170 ~ 178.
[13] Smith G S, Johnson Q, Wood D H[J]. Acta Crystal - logr. B. 1969, 25(3): 554 ~ 557.
[14] Schubert K, Gauzzi F, Frank K Z. Metallkunde[J]. 1963, 54(7): 422 ~ 429.
[15] Frank K, Schubert K. J. Less - Common Met[J]. 1970, 20(3): 215 ~ 221.
[16] Schubert K, Frank K, Gohle R. u. a. Naturwissen - schaften. 1963, 50(2): 41 ~ 48.
[17] Bruzzone G L. Bull. Scient. Fac. Chim. Industr. Bologna. 1966, 24(4): 113 ~ 132.
[18] Fornasini M L, Pani M. Acta Crystallogr. C[J]. 1986, 42(4): 394 ~ 396.
[19] Bruzzone G L. Bull. Scient. Fac. Chim. Industr. Bologna[J]. 1966, 24(4): 113 ~ 132.
[20] Fornasini M L, Merlo F. Acta Crystallogr[J]. 1976, 32(6): 1864 ~ 1867.
[21] Bruzzone G L, Merlo F. J. Less - Common Met[J]. 1982, 85(2): 285 ~ 306.
[22] Zoller H. /Metall[J]. 1957, 11(5): 378 ~ 381.
[23] Clare J H. J. Inst. Met[J]. 1957 ~ 1958, 86(9): 431 ~ 432.
[24] Данилии В Н, Яценко С Н. Журнал Приклдаднойхимии[J]. 1968, 41: 1463 ~ 1468.
[25] Girad C, Pros J P, Argen J, et al. Calphad[J]. 1985, 9(2): 129 ~ 141.
[26] Pötzschke M, Schubert K Z. Metallkunde. 1962, 53(7): 474 ~ 488.
[27] Schubert K, Meissner H G, Pötzschke M, et al. Naturwissenschaften, 1962, 49(3): 57 ~ 58.
[28] Miida R, Hashimoto S, Watanabe D. Jap. J. Appl. Phys[J]. 1982, 21(1): 59 ~ 61.
[29] Olesinski R W, Kanani N, Abbaschian G. J. Bull. Alloy Phase Diagrams[J]. 1985, 6(4): 362 ~ 364.
[30] Коэдов В М. Физика Гвердого Гепа[J]. 1961, 3(3): 3354 ~ 3362.
[31] Кожигов Л В, Николаев А Г. Журнал Нерганической Химни[J]. 1986, 31(2): 444 ~ 447.
[32] Ansara I, Ajersch F J. Phase Equilibria[J]. 1991, 12(1): 73 ~ 76.

[33] Predel B Z. Metallkunde[J]. 1959,50(11):663～667.
[34] Greenwood J N J. Inst. Metals. 1958～1959,87(3):91～93.
[35] Srivastava P K,Giessen B C,Grant N J. Acta Metallurg[J]. 1968,16(10):1199～1208.
[36] Predel B,Stein D W. J. Less－Common Met[J]. 1971,24(2):159～171.
[37] Dutkiewic J,Moser Z,Zabdyr L,et al. Bull. Alloy Phase Diagrams[J]. 1990,11(1):77～82.
[38] Valenti V,Fiorani M. Gazz. Chim. Ital. 1955,85(5～6):620～635.
[39] Шураи П Е,Данилин В Н,Стрывалин И Т, и др. Изв. АН СССР Металлы[J]. 1974,5:245.
[40] Delcroix S,Defrain A,Epelboin I J. Phys. Rad. 1963,24(1):17～20.
[41] Ommen A H, Waegemaekers A A H J,et al. Acta Metal[J]. 1981,29(1):123～133.
[42] Henig E T,Lukas H L,Petrov E Z. Metallimed[J]. 1982,73(2):87～91.
[43] Wunsch K M,Watchel E Z. Metallkunde[J]. 1982,73(5):311～315.
[44] Feschotte R, Eggimann D. J. Less－Common Met[J]. 1979,63(1):15～30.
[45] Lu Xuesjian,Liang Yingkui,Zhang Daofan. Acta. Rhys. Sin[J]. 1980,29(5):557～565.
[46] Schinrty K,Lukas H G,Meizner H G,et al. Z. Metallkunde[J]. 1959,50(9):534～540.
[47] Ho K,Quader M A,Lin F. Scr. Met[J]. 1977,11(12):1159～1163.
[48] Katayama J,Igi Sh,Kozuka Z J. Jap. Inst. Metals[J]. 1974,38(4):332～338.
[49] Predel B,Vogelbein W,Schallner U. Thermochimica Acta[J]. 1975,12(4):367～375.
[50] Predel B. J. Less－Common Met. 1964,7(5):347～355.
[51] Audit Ph,Epelboin I,Erny M. Mem. Sci. Rev. Met[J]. 1962,59(3):233～239.
[52] Delcroix S,Defrain A,Epelboin I J. Physique[J]. 1963,24(1):17～20.
[53] Kane R H,Giessen B,Grant N J. Acta Metall[J]. 1966,14(5):605～609.
[54] Jones H. Rep. Prog. Phys[J]. 1973,36(11):1425～1497.
[55] Köster W,Thoma B. Metallkunde[J]. 1955,46(4):291～293.
[56] Ayaraman A,Klement W,Kennedy G C. Phys. Rev. 1963,130(2):540～547.
[57] Озолина Г В,Аверкиева Г К,Горюнова Н А,и др. Кристаллография[J]. 1963,8(2):272.
[58] Straumanis M E,Kim C D J. Appl. Phys. 1965,36(12):3822～3825.
[59] Predel B Z. Physik Chemie. 1960,24(3～4):206～216.
[60] Girard L,Bros J P,Arden J F. J. Calphad[J]. 1985,9(2):129～141.
[61] Heuman Th,Predel D Z. Metallkunde[J]. 1958,2:290～295.
[62] Yatsenko S P,Semyannikov A A,et al. J. Less－Common Met[J]. 1979,64(2):185～199.
[63] Маркиев Я,Гавриленко И С,Петьков В В,и др. Доклады АН УРСР. Сер. А[D]. 1977,2:167～171.
[64] Яценко С П,Аникин Ю А. Изв. АН СССР Металлы[J]. 1970,4:162～167.
[65] Гладишевский Э,Гринь Ю Н,Яценко С П, и др. Доклады АН УРСР. Сер. А[D]. 1980,6:81～84.
[66] Белявина Н М,Маркив В Я. Доклады АН УРСР. Сер. А[D]. 1980,4:87～88.
[67] Попова С В,Фомичева П Н,Путров Г. Изв. АН СССР Неорганические материалы[J]. 1980,16(9):1563～1567.
[68] Yatzenko S P. J. Chim. Phys. [J]. 1977,74(7～8):836～842.
[69] Cirafici S,Franceschi E. J. Less－Common Met. [J]. 1979,66(2):137～143.
[70] Pelleg J,Kimmel G,Dayan D. J. Less－Common Met. [J]. 1981,81(1):33～34.
[71] Dayan D,Atzmony U,Dariel M P. J. Less－Common Met[J]. 1982,87(1):87～98.
[72] Kimmel G,Dayan D,Zevin L,et al. Metall. Trans. A[J]. 1985,16(2):167～171.
[73] Yatsenko S P. J. Chim. Phys[J]. 1977,74(7～8):836～843.
[74] Yatsenko S P,Semyannikov A A,Semenov B G,et al. J. Less－Common Met. [J]. 1979,64(2):185～199.

[75] Kimmel G,Dayan D,Zevin L,et al. Metal. Trans. A[J]. 1985,16(1 ~ 6):167 ~ 171.
[76] Yatsenko S P, Hladyschewsky R E, Sitschewitsch O M, et al. J. Less - Common Met. [J]. 1986, 115 (1):17 ~ 22.
[77] Yatsenko S P,Hryn' Yu N,Sitschewitsch O M,et al. J. Less - Common Met. [J]. 1985,106(1):35 ~ 40.
[78] Palenzona A,Francheschi E. J. Less - Common Met. [J]. 1986,14(1):47 ~ 53.
[79] Mooij D B,Buschow K H. J. Less - Common Met. [J]. 1985,109(1):117 ~ 122.
[80] Grin Ju N,Yatsenko S P,Fedorova E G,et al. J. Less - Common Met. [J]. 1987,136,55 ~ 60.
[81] Palenzona A,Cirafici S. Bull. Alloy Phase Diagr[J]. 1990,11(1):67 ~ 72.
[82] Pelleg J,Zevin L. J. Less - Common Met. [J]. 1981,77(2):197 ~ 203.
[83] Dayan D,Atzmony U,Dariel M P. J. Less - Common Met[J]. 1982,87(1):87 ~ 98.
[84] Dwighr A E,Downey J W,Conner J R A. Acta Crystallogr. 1967,23(5):860 ~ 862.
[85] Дзяна Д,Крипякевич П. Доклады АН УРСР. Сер. А. 1969,3:247 ~ 250.
[86] Yatsenko S P. J. Chim. Phys[J]. 1977,74(7 ~ 8):836 ~ 843.
[87] Яценко С П,Семянникова А,Чунтонов К А. Изв. АН СССР Металлы[J]. 1978,3:201 ~ 204.
[88] Маркив Я,Жункивська Т Г,Белявина Н М. Доклады АН УРСР. Сер. А1981,3:84 ~ 86.
[89] Yatsenko S P, Hladyschewsky E I, Tschuntonow K A, et al. J. Less - Common Met[J]. 1983, 91 (1): 21 ~ 32.
[90] Yatsenko S P,Semyannikov A A,Semenov B G,et al. J. Less - Common Met. 1979,64(2):185 ~ 199.
[91] Yatzenko S P. J. Chim. Phys. 1977,74(7 ~ 8):836 ~ 843.
[92] Cirafici S,Francheschi E. J. Less - Common Met[J]. 1981,77(2):269 ~ 280.
[93] Гладышевпкий Е И,Гринью Н,Яценко С П,и др Доклады АН УРСР. Сер. А[D]. 1980,6:81 ~ 84.
[94] Anderson T J,Ansara I. J. Phase Equilibria[J]. 1991,12(1):64 ~ 72.
[95] Predel B,Metallkunde[J]. 1959,50(11):663 ~ 667.
[96] Predel B,Stein D W. J. Less - Common Met. [J]. 1971,24(2):159 ~ 171.
[97] Olesinski R W,Abbaschian G J. Bull. Alloy Phase Diagr[J]. 1985,6(3):258 ~ 262.
[98] Greiner E S,Breidt P J. Metals[J]. 1955,7(1):187 ~ 188.
[99] Predel B,Stein D W. Z. Metallkunde[J]. 1971,62(6):499 ~ 504.
[100] Bergman C,Bros J P,Laffitte M. Termochim. Acta[J]. 1971,2:259 ~ 263.
[101] Eslami H,Miggianu Y M,Gambino M. J. Less - Common Met[J]. 1979,64(1):31 ~ 44.
[102] Suzuki H,Mori R. Jap. J. Appl. Phys. [J]. 1974,13(4):417 ~ 423.
[103] Mikkelsen J,J C. J. Solid State Chem. [J]. 1981,40(3):312 ~ 317.
[104] Newman P C,Brice J C,Wright H C. Phill. Res. Report[C]. 1961,16(1):41 ~ 50.
[105] Wobst M. Scripta Metall[J]. 1971,5(7):583 ~ 586.
[106] Alapini F,Guittard M. Compt. Rend. Acad. Sci. Paris. Ser[J]. C. 1976,282(1):543 ~ 545.
[107] Глаэов В М,Павлова Л М. И. АН СССР. Неорганические Материалы. 1977,13(1):84 ~ 188.
[108] Easton D S,Betterton J O. Metal. Trans[J]. 1970,1(12):3295 ~ 3299.
[109] Raman A,Schubert K Z. Metallkunde[J]. 1965,56(1):40 ~ 43.
[110] Pötzschke M,Schubert K Z. Metallkunde[J]. 1962,53(7):474 ~ 488.
[111] Яркив В Я, Белявна Н Н. Доповыды[J] АН УРС. Рер. Б. 1986,43 ~ 47.
[112] Schubert K,Meissner H G,Pötzschke M. u. a. Naturwissenschaften[J]. 1962,49(3):57 ~ 58.
[113] Boller H,Parthe E Monatsh. Chemie[J]. 1963,94(1):225 ~ 226.
[114] Brewer L,Lamoreaux R H. Atomic Energy Review. Special Issue N 7 Molybdenum,Physico - Chemical Properties of Its Compounds and Alloys[J]. Vienna. :Intern. Atomic Energy Agency,1980,249 ~ 251.

[115] Yvon K. Acta Crystallogr[J]. B. 1974,30(4):853~856.
[116] Yvon K. Acta Crystallogr[J]. B. 1975,31(1):117~120.
[117] Bornand J D, Siemens R E, Oden L L. J. Less - Common Met[J]. 1973,30(2):205~209.
[118] Ashby D A, Rawlings R D. J. Less - Common Met[J]. 1976,50(1):111~124.
[119] Jorda J L, Flukiger R, Muller J. J. Less - Common Met[J]. 1977,55(2):249~264.
[120] Барон В В, Мызенкова Л Ф, Савицкий Е М. Металловедение и Металлофизика Сверхпроводников: Сб. Статей. М.: Наука[C], 1965:86~88.
[121] Feschotte P, Spitz E L. J. Less - Common Met[J]. 1974,37(2):233~246.
[122] Oden L L, Siemens R F. J. Less - Common Met. 1968,14(1):33~40.
[123] Пан В М, Латышева В И. Сверхпровдящие Сплавы и Соединения: Сб. Статей[M]. Наука, 1972.
[124] Meissner H G, Schubert K Z. Metallkunde[C]. 1965,56(7):475~484.
[125] Maier J, Wachtel E Z. Metallkunde[C]. 1972,63:411~418.
[126] Malaman B, Steinmetz Y, Roques B. J. Less - Common Met[J]. 1980,75(2):155~176.
[127] Bornand J D, Feschotte P Z. Metallkunde[J]. 1972,29(1):81~91.
[128] Maissner H G, Schubert K Z. Metallkunde[C]. 1965,56(8):523~530.
[129] Wood E A, Compton W B, Mattias B, Mattias B T. Acta Crystallogr[C]. 1958,11(9):604~606.
[130] Савицкий Е М, Крипякевич П И, Барон В В, и др. Журнал Неорганической Химии[C]. 1964,9(5):1155~1157.
[131] Meier R G, Uzel Y, Kandler K Z. Naturforsch[C]. A. 1966,21(5):531~540.
[132] Wachtel E, Nier K J Z. Metallkunde[C]. 1965,56(11):779~789.
[133] Meissner H G, Schubert K, Nanantharaman T R. Proc. In d. Acad. Sci. 1965,61(6):340~367.
[134] Girgis K, Schulz H. Naturwissenschaften[J]. 1971,58(1):95~99.
[135] Kren E, Kadar G. Solid State "Commun"[J]. 1970,20(8):1653~1655.
[136] Tsuboya J, Sugihara M J. Phys. Soc. Japan. 1963,18(7):1096.
[137] Puselli M, Schubert K J. Less - Common Met. [J]. 1974,38(1):83~90.
[138] Hein R A, Cox J E, Willis, et al. J. Less - Common Met. [J]. 1978,62(1):197~209.
[139] Wallace W, Kitehingaman W J. J. Less - Common Met. 1969,17(3):263~270.
[140] Cooke C J, Hume - Rothery W J. Less - Common Met. 1966,10(1):42~51.
[141] Guex P, Feschotte P J. Less - Common Met. [J]. 1976,46(1):101~116.
[142] Oya Y, Mishima Y, Suzuki T Z. Metallkunde[J]. 1987,78(7):485~490.
[143] Bhan S, Schubert K Z. Metallkunde[C]. 1960,51(6):327~339.
[144] Chatto Padhyay T, Khalaff K, Schubert K. Metal[C]. 1974,28(12):1160~1168.
[145] Hargava M K, Gadala A A, Schubert K. J. Less - Common Met[J]. 1975,42(1):69~76.
[146] Schubert K, Lukas H L, Meissner H G. Z. Metallkunde[C]. 1959,50(9):534~540.
[147] Khalaff K, Schubert K. J. Less - Common Met[J]. 1974,37(1):129~140.
[148] Bhan S, Schubert K. Trans. Ind. Inst. Metals. 1960,13(2):333~336.
[149] Schubert K, Pfisterer H. Z. Metallkunde. 1950,41(11):433~441.
[150] Buschow K H J. J. Less - Common Met[J]. 1973,31(1):165~168.
[151] Dayan D, Kimmel G, Dariel M P J. Nucl. Mater[J]. 1985,135(1):40~45.
[152] Andreev A V, Belov K P, Deriagin A N, et al. J. Phys. Collog[J]. 1979,40(4):82~83.
[153] Chebotarev N T, Smotriskaya E S, Andrianov M A, et al. Plutonium 1975 and other.
[154] Tinides. Proc. of 5th Int. Conf. Amsterdam[R]. 1976,37~45.
[155] Ellinger F H, Land C C, Struebing V O J. Nucl. Materials. 1964,12(2):226~236.

[156] Peterson D E, Kassner M E. Bull. Alloy Phase Diagrams. 1988, 9(3): 261 ~ 267.
[157] Ellinger F H, Zachariasen W U. Acta Crystallogr. 1965, 16(2): 281 ~ 283.
[158] Sangster J, Pelton A D J. Phase Equilibria[J]. 1991, 12(1): 33 ~ 37.
[159] Thümmel R, Klemm W Z. Anorg. All. Chem. [J]. 1970, 376(1): 44 ~ 63.
[160] Stöhr J, Sohäfer H. Anorg. All. Chem[J]. 1981, 47(4): 221 ~ 225.
[161] Müller W, Stöhr J Z. Naturforsch. B[J]. 1977, 32(6): 631 ~ 633.
[162] Pelton A D, Larose S. Bull. Alloy Phase Diagr[J]. 1990, 11(4): 347 ~ 353.
[163] Fescotte P. J. Less - Common Met. [J]. 1991, 175(1): 5 ~ 6.
[164] Bruzzone G. Acta Crystallogr. B[J]. 1969, 25(6): 1206 ~ 1207.
[165] Frank - Cordier U, Cordier G, Schäfer H. Z. Naturfor - sch[J]. 1982, 37(2): 119 ~ 126.
[166] Elton A D, Larose S. Bull. Alloy Phase Diagr[J]. 1990, 11(4): 343 ~ 347.
[167] Feschotte P. Ann. Chim. (Paris)[J]. 1961, 6: 1029 ~ 1070.
[168] Яценко С П, Чун Тонов К А. Изв. АН СССР Металлы[J]. 1973, 6: 182 ~ 187.
[169] Belin C, Ling R G. Compt. Rend. (Paris)[J]. 1982, 29(4): 1083 ~ 1086.
[170] Belin C. Acta Crystallogr[J]. 1980, 36(6): 1339 ~ 1343.
[171] Яценко С П, Гладыщевский Е И, Чунтонов К А, и др. Кристаллогрбфия[J]. 1983, 28(4): 809 ~ 810.
[172] Van Vucht J H N. J. Less - Common Met. [J]. 1985, 108(1): 163 ~ 175.
[173] Palenana A, Fornasini M L, Manfrinerti P. J. Less - Common Met. [J]. 1984, 104(2): 15 ~ 18.
[174] [俄] Н П 梁基谢夫主编. 金属二元系相图手册[M]. 北京:化学工业出版社, 2009.

7 镓的再生资源回收技术

镓的再生资源一直受到重视，每年再生镓的回收量约占总消费量的40% ~50%。再生镓的资源种类繁多，回收技术多样。本章主要介绍具有工业前景的回收技术。

再生镓的主要资源是砷化镓废料，包括有砷化镓的废晶片、拉单晶棒产出的头尾料、坩埚底料、切屑和抛光废液等。除 GaAs 外还有如 InGaAs、InGaAlP 和 GaN 等废料。镓系的半导体废元器件、生产中产生的废料、含镓的低熔点合金及焊料等也是镓的再生资源。

分离镓是再生回收技术的关键，得到镓富集物后再按通常的冶金方法制取产品镓，对砷化镓的再生回收还需防范砷的污染和危害。

7.1 GaAs 废料的回收技术

7.1.1 GaAs 废料的硝酸分解－中和沉淀法

7.1.1.1 原料

处理的原料是砷化镓废晶片、废晶棒和切屑等。

7.1.1.2 浸出

将 GaAs 废料破碎，再磨细到 0.147 ~ 0.074mm，用浓度为 2 ~ 3mol/L 的 HNO_3 浸出，HNO_3 用量为理论量的 1.1 ~ 1.2 倍。浸出温度为 60℃。GaAs 中的 Ga 和 As 分别以 $Ga(NO_3)_3$ 和 H_3AsO_4 的形式进入溶液，GaAs 废料的浸出率达 98%。

浸出中生成的 NO_2、NO 气体经催化反应器分解成 N_2 和 O_2 排放：

$$Ga + 6HNO_3 = Ga(NO_3)_3 + 3NO_2\uparrow + 3H_2O \quad (7-1)$$

$$3As + 5HNO_3 + 2H_2O = 3H_3AsO_4 + 5NO\uparrow \quad (7-2)$$

7.1.1.3 除砷

根据溶液中砷的氧化程度，加入 H_2O_2 将砷全部氧化成 As^{5+}。浸出液过滤后加入 $Ca(OH)_2$，将溶液调整到 pH 值为 10 ~ 11，砷将生成砷酸钙沉淀：

$$3Ca(OH)_2 + 2H_3AsO_4 = Ca_3(AsO_4)_2\downarrow + 6H_2O \quad (7-3)$$

加入 Fe^{3+} 能提高除砷的效果。不同 pH 值下的除砷效果见表 7－1。

表 7－1 不同 pH 值除砷后溶液残余砷含量

pH 值	9	10	11	12
砷质量浓度/$mg \cdot L^{-1}$	89	25	22	19

除砷后液含砷约为 20mg/L。

7.1.1.4 中和

将砷钙渣分离后，溶液用浓度 10% 的 HNO_3 中和，调整 pH 值到 6 ~ 7，Ga 形成 $Ga(OH)_3$ 被沉淀出来。镓沉淀率为 95% ~98%，不同 pH 值下镓的沉淀率见表 7－2。

表 7－2 不同 pH 值时镓的沉淀率

pH 值	4	5	6	7	8	9
镓沉淀率/%	23.7	79.3	98.7	95.4	46.3	19.5

所获得的 $Ga(OH)_3$ 沉淀物用 NaOH 溶解，经除杂、再造液、电解可制得粗金属镓。镓总回收率为 75%～85%。

7.1.1.5 工艺流程

GaAs 废料的硝酸分解－中和沉淀法的工艺过程是用硝酸溶解 GaAs 废料，中和沉淀分离砷，制得 $Ga(OH)_3$后精制、造液、电解得到金属镓，加之再提纯可生产出纯度为 99.9999%～99.99999% 高纯镓，原则工艺流程如图 7－1 所示。

GaAs 废料的硝酸分解－中和沉淀法的工艺以实现产业化，生产规模达 15～20t/a 金属镓。

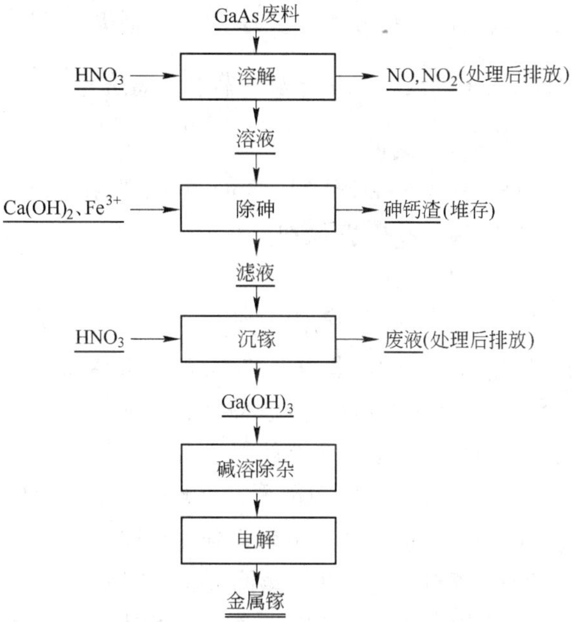

图 7－1 砷化镓废料硝酸分解－中和沉淀法工艺流程

7.1.1.6 存在问题与改进技术

GaAs 废料的硝酸分解－中和沉淀法主要存在问题包括：镓有一定损失，砷酸钙有一定溶解度。分析主要损失包括：

(1)由于 $Ga(OH)_3$ 是两性化合物，在高浓度碱溶液中溶解形成 $Ga(OH)_4^-$ 离子。

(2)有 10%～15% 的镓在沉淀砷时进入砷钙渣，需要用 NaOH 溶液对砷钙渣洗涤，以回收渣中的镓。

(3)生成 $CaGa_2O_4$ 进入砷钙渣。

改进的方法为：在低 pH 值时(pH 值约为 2.5)先除去大部分的砷，分离砷渣后溶液再按上述方式进一步除砷和沉淀镓。

7.1.2 GaAs 废料硝酸分解－硫化沉淀法

按 7.1.1 节的方法用 HNO_3 将 GaAs 废料溶解，再用硫化的方法将溶液的砷生成硫化砷沉淀与镓分离。

7.1.2.1 硫化

分别选择 H_2S、Na_2S 和 FeS 作为硫化剂。

(1)在 GaAs 废料的硝酸浸出液中通入 H_2S 气体，控制温度 40℃，反应 1.5h；

(2)加入 Na_2S 和 FeS，加入量为砷理论量的 1.1～1.5 倍(摩尔比)，温度 30～70℃，反应 1～3h。

反应结束后，浸出液含砷从 10g/L 左右降低到 1～1.5mg/L，生成的硫化物沉淀渣为 As_2S_3，品位为 80%～90%，砷回收率达 99%。硫化沉淀分离砷造成的镓损失很少，镓入渣的损失仅0.3%～1.5%。

7.1.2.2 后续处理

硫化液经分离砷渣后，用 NaOH 或 NH_3H_2O 调整到 pH 值为 6～7，沉淀出 $Ga(OH)_3$。用 NaOH 将 $Ga(OH)_3$ 沉淀重新溶解、造液、电解获得纯度为99.99%的金属镓。

用硫化沉淀法分离砷较为彻底，镓损失少，产生的硫化砷渣较砷钙渣容易回收砷。

7.1.3 GaAs 废料氯化分解－蒸馏分离法

7.1.3.1 氯化

将 GaAs 废料破碎成 1～3mm 的粒度，在 220～250℃的温度下，通入氯气（可用 N_2 气稀释），GaAs 被氯化生成 $GaCl_3$ 和 $AsCl_3$。

7.1.3.2 蒸馏

$GaCl_3$ 和 $AsCl_3$ 的沸点分别为 201.7℃和 113℃，利用两者蒸气压的差异对氯化的冷凝物进行蒸馏分离砷。蒸馏出的 $AsCl_3$ 经精馏提纯再用氢气还原得到高纯砷，分离砷后 $GaCl_3$ 经分步结晶或区域熔炼可制得高纯的 $GaCl_3$。

7.1.3.3 电解制备高纯镓

$GaCl_3$ 经水溶后制成溶液，采用水溶液电解或采用熔盐电解得到高纯镓，也可将 $GaCl_3$ 转为镓酸盐，在碱性体系电解得到高纯镓。

GaAs 废料氯化分解－蒸馏分离法较好地实现了 GaAs 废料的分解与镓和砷的分离，同时可较好地脱除 GaAs 中的磷和铝等杂质。GaAs 废料氯化分解－蒸馏分离法在工艺上容易与制取高纯砷、高纯镓的工艺接轨，并为砷提供一个产品出路。但过程产出大量的 $AsCl_3$ 具有相当大的危险性。

7.1.4 GaAs 真空热分解回收镓和砷

7.1.4.1 原理

在高温下，单质的镓与砷的蒸气压的差异达到 10^7 数量级，虽然对 GaAs 化合物这一差异有所降低，但利用在高温下 GaAs 的热分解将镓、砷分离具有实用意义。

Ga－As 二元相图如图 7－2 所示。

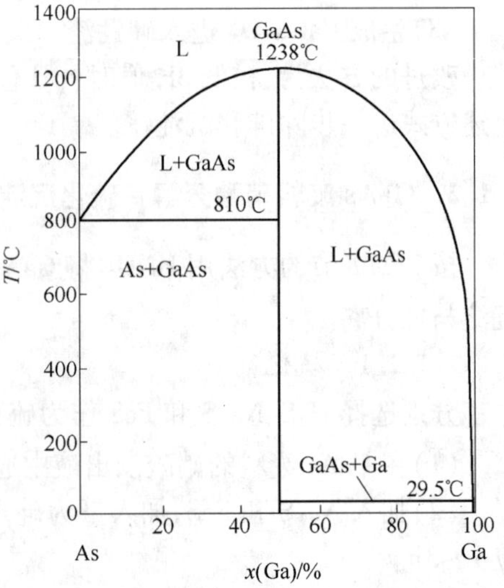

图 7－2 Ga－As 二元相图

砷、镓纯物质的蒸气压与实际的分离系数 β 值见表 7－3。

7.1.4.2 蒸馏

采用真空热分解的方法处理 GaAs 废料，是在真空、高温下将 GaAs 废料的砷蒸馏出来，而镓基本不挥发，留在蒸馏底料，实现金属镓的富集。在 810℃以下，固体的 GaAs 很稳定，真空蒸馏分离砷不能进行。而当温度高于 1100℃时，镓的部分挥发会影响回收率。

表 7 – 3 不同温度下砷、镓纯物质的蒸气压及分离系数

温度/K	973	1073	1173	1273	1373
砷蒸气压/Pa	4.11×10^5	1.60×10^6	4.90×10^6	1.28×10^7	2.87×10^7
镓蒸气压/Pa	1.93×10^{-4}	4.29×10^{-3}	5.47×10^{-2}	0.46	2.884
分离系数 β	2.13×10^9	3.73×10^8	8.96×10^7	2.78×10^7	9.95×10^6

确定蒸馏温度在 900 ~ 1000℃之间，将 GaAs 废料（含镓约 47%，含砷约 52%）破碎成小于 1mm 的颗粒，再压成 5 ~ 20mm 的团块。控制温度 900 ~ 1000℃，真空度为 0.1 ~ 10Pa，采用石墨真空炉处理团块。蒸馏过程中，砷升华到冷凝器凝集，镓则大部分以金属镓形式保留在坩埚中。

蒸馏的升华物成分为（%）：As86.10，Ga5.44；坩埚中物质成分为（%）：Ga99.95，As0.0025。镓的回收率为 70% ~ 80%。

真空热分解法流程短，可获得含砷量较低的粗金属镓，进一步电解精炼可制得产品级的金属镓，砷以金属砷状态回收危害性较小。真空热分解法是 GaAs 废料再生回收的有价值的技术，只是砷挥发物中含镓仍较高，需进一步处理回收。

7.2 废半导体元器件的再生技术

废半导体元器件主要是废旧半导体光电器件，除 GaAs 外，还有如 InGaAs、InGaP 和 GaN 等，用于回收其中的 Ga 和 In。对于废半导体元器件物料的处理，分 3 步完成。

（1）氯化焙烧将物料转变成氯化物，使其中的砷、磷以 $AsCl_3$、PCl_3 形式蒸馏脱除。

（2）蒸馏后的残渣用水溶解、调整酸度、再加入硫化剂，将 Sn、Pb、Cu 等重金属以硫化物形式除去。

（3）分步中和处理，得到 $In(OH)_3$ 和 $Ga(OH)_3$ 两种的沉淀物，分别提纯得到 Ga 和 In。

7.3 从半导体生产中的切屑、磨料再生技术

此类物料种类较多，一般各种废料混杂在一起，主要是半导体晶片的切屑与金刚砂抛光磨料，其中含有 Ga、In、Ge 及 Si 等物料。处理方法是：

（1）氧化焙烧去除油污等有机物质，所得焙砂用磁选法除铁；

（2）溶解焙砂得到 $NaGaO_2$ 与 $NaGeO_3$ 的溶液，铟不溶解留在渣中；

（3）萃取法或离子交换法从浸出液中富集提取镓和锗，再采用中和法得到镓和锗的沉淀物；

（4）氯化蒸馏分离出锗，在蒸馏残渣中再回收镓。

参考文献

[1] 苏毅，李国斌，罗康碧．金属镓提取研究进展[J]．湿法冶金，2003，22(1)：9 ~ 13.

[2] Mitsubishi Metal Corp. Recovering of High – purity Gallium[P]. Jpn Kokai Tokyo Koho. JP 01 04 434. 1989. 1.

[3] Abrjutin Vladimir N, Ezhkov Vyacheslav P, Ivanova Raisa V, et al. Process for Producing High – purity Gallium[P]. United States Patent, US 4362560. 1982. 12.

[4] Ioka Masayoshi. Purification of Raw Gallium[P]. Jpn Kokai Tokyo Koho, JP 63 270 429. 1988. 11.

[5] Yamamoto Kazutomo, Uematsu Toshikatsu. Recovery of Gallium from Semiconductor Scraps[P]. Jpn Kokai Tokkyo Koho,JP 2000 44 237, 2000.02.
[6] 邹家炎,陈少纯.稀散金属产业的现状与展望[J].中国工程科学,2002,4(8):86～92.
[7] 刘英俊,曹励明,李兆麟,等.元素地球化学[M].北京:科学出版社,1984.
[8] 周令治,陈少纯.稀散金属提取冶金[M].北京:冶金工业出版社,2008.

8 镓与新材料

镓广泛用于信息储存材料、光学材料、半导体材料和太阳能电池材料，在宇航、能源、卫生和通讯等领域已经成为支撑材料之一。在电子工业中，制作半导体材料 GaN、GaAs、GaP、GaAsP、GaAlP 和 GaAlAs 等，用于发光二极管、电视和电脑的显示器件；用氮化镓可制成高效蓝、绿、紫、白色发光二极管，用砷化镓单晶制作的二极管能发出强烈的红光，磷化镓单晶制作的二极管能发出绿光并能显示多种光彩；利用镓的低熔点、高沸点（2430℃）性质，可把镓充入耐高温的石英细管中制成高温温度计；镓与不同的元素组合，可得到不同的低熔点合金材料，如 Ga－In25－Sn13－Zn 熔点仅为 3℃，低熔点合金可用于自动化、电子工业及信号系统、金属性能改善和自动化防火装置等方面；镓可用作金属与陶瓷间的冷焊剂，适于对温度导热等敏感的薄壁合金；镓的卤化物有较高的活性，可用于聚合物和脱水等工业生产中。

8.1 GaAs 太阳能电池材料

GaAs 太阳能电池出现于 1956 年，初期研究的 GaAs 太阳能电池为同质结，其效率和成本均无法与硅太阳能电池竞争，直到 1970 年异质结 GaAs 太阳能电池研制成功，GaAs 太阳能电池才受到重视。目前 GaAs 太阳能电池的实验室最高效率已达到 24% 以上，用于航天的 GaAs 太阳能电池的效率在 18% ～19.5% 之间。实验室已制出了面积为 $4m^2$、转换效率达到 30.28% 的 $In_{0.5}Ga_{0.5}P$/GaAs 叠层电池和转换效率达 21.9% 的 p－$Al_xGa_{1-x}As$/p－GaAs/GaAs 三层结构异质结太阳能电池。

GaAs 是一种理想的太阳能电池材料，它与太阳光谱的匹配较适合、禁带宽度适中、耐辐射且高温性能比硅强。在 250℃ 的条件下，GaAs 太阳能电池仍保持很好的光电转换性能，光电转换效率高，因而特别适合于做高温聚光太阳能电池。

GaAs 太阳能电池的制备有晶体生长法、直接拉制法、气相生长法、液相外延法等。GaAs 太阳能电池在效率方面超过了同质结的硅太阳能电池，但其材料成本比硅昂贵。目前 GaAs 太阳能电池在降低成本和提高生产效率方面成为研究重点。

8.1.1 GaAs 太阳能电池工作原理

能量（$h\nu$）大于 GaAs 禁带宽（E_g）的太阳入射光子进入 p－n 结，GaAs 将在其体内把价带的电子激发到导带而产生光生电子－空穴对。当这些光生载流子扩散到 p－n 结时，将被 p－n 结的内建电场分开而产生光生电动势。若在 p－n 结的两个端面上分别制作电极，便构成了一个半导体太阳能电池，并将对其负载提供输出功率。

8.1.2 GaAs 太阳能电池的结构与性能

GaAs 太阳能电池的结构如图 8－1 所示。

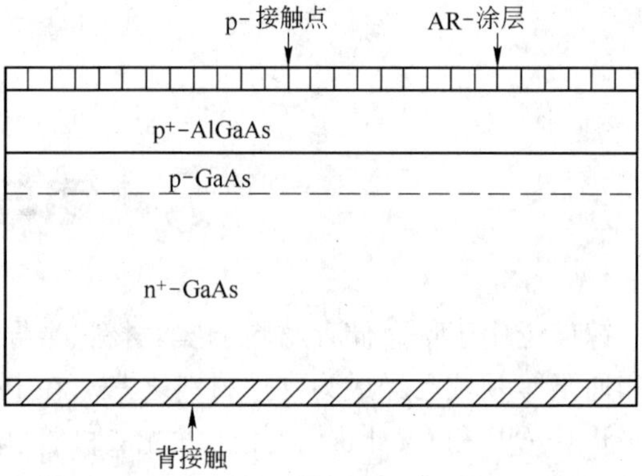

图 8-1　GaAs 太阳能电池的结构示意图

GaAs 太阳能电池的效率随温度升高而下降。主要原因是电池的开路电压随温度升高而下降,电池的短路电流则对温度不敏感,随温度升高还略有上升。在较宽的温度范围内,电池效率随温度的变化近似于线性关系。GaAs 电池效率的温度系数约为 -0.23%/℃,Si 电池的温度系数约为 -0.48%/℃。GaAs 电池效率随温度升高有比较缓慢的下降,可以在比较宽的温度范围使用。

GaAs 太阳能电池具有较好的抗辐照性能,经过 1MeV 高能电子辐照,GaAs 系电池的能量转换效率仍保持原值的 75% 以上;而同样的辐照条件下,硅电池的转换效率只能保持其原值的 66%。当被高能质子辐照时,两者同样有差异。以商业发射为例,对于 BOL 效率分别为 18% 和 13.8% 的 GaAs 电池和 Si 电池,经低地球轨道运行的质子辐照后,EOL 效率分别为 14.9% 和 10.0%,即 GaAs 电池的 EOL 效率为 Si 电池的 1.5 倍。

8.1.3　GaAs 太阳能电池的制备工艺

以 p - $Al_xGa_{1-x}As$ 层为例,将抛光和清洗好的 n - GaAs 基片竖插于外延生长石墨舟的生长室中,生长室的前室内有按设计要求配制好的溶液。石墨舟置于石英管内,待外延炉温升到设定值后恒温,将外延溶液推挤至生长室内与 n - GaAs 基片全接触。降温至预定温度后,将生长溶液放入后室,即可生长出合乎要求的 p - $Al_xGa_{1-x}As$ 层。同时进行 Zn 向 n^+ - GaAs 基片的扩散试验,形成反型的 p - GaAs 层。外延芯片在一次 LPE(液相外延)生长中同时形成,整个外延过程在 H_2 气氛保护下进行。预期的 p - $Al_xGa_{1-x}As$/n - GaAs 层中的 x 值、厚度、掺杂浓度要分别达到 $FF = 0.84$, $V_{OC} = 1020mV$。

光电子技术的进步促进了 GaAs 太阳能电池制备工艺迅速发展。液相外延(LPE)技术、金属有机气相外延(MOVPE)技术和分子束外延(MBE)技术等电池工艺的应用,加快了 GaAs 太阳能电池的开发。但 GaAs 太阳能电池是大面积器件,必须发展独特的工艺技术。目前 MOVPE 设备的规模已扩大到每炉生长 $0.25m^2$ 的均匀外延层材料,制备的 GaAs 层和 AlGaAs 层的厚度和组成均满足要求。

8.1.4　GaAs 太阳能电池的材料

GaAs 是一种典型的Ⅲ - Ⅴ族化合物半导体材料,它与 Si 都是闪锌矿晶体结构,不同之处是 Ga 和 As 原子交替占位。GaAs 具有直接能带隙,带隙宽度 1.42eV(300K)。GaAs 具有很高的光发射效率和光吸收系数,在光子能量超过其带隙宽度后,GaAs 的光吸收系数剧升到 10^4cm^{-1} 以上,也就是说 GaAs 材料的厚度只需 3m 左右,就可以吸收 95% 以上的阳光。通常 GaAs 太阳电池的有源区厚度选取 3m 左右。硅的光吸收系数在光子能量大于其带隙(300K 时 1.12eV)后缓慢上升,在太阳光谱很强的大部分区域,硅的吸收系数都比 GaAs 小一个数量级以上,因此硅太阳能电池的材料需要厚达数十微米才能充分吸收阳光。GaAs 的带隙宽度正好位于最佳太阳能电池材料所需要的能隙范围，所以 GaAs 比 Si 具有更高的理论转换效率。

GaAs 材料另一个显著特点是易于获得晶格匹配或光谱匹配的异质衬底电池和叠层电池材料，例如 GaAs/Ge 异质衬底电池、$Ga_{0.52}In_{0.48}P$/GaAs 和 $Al_{0.37}Ga_{0.63}As$/GaAs 叠层电池。这使电池的设计更为灵活，得以扬长避短，从而大幅度提高 GaAs 基系电池的转换效率并降低成本。

8.1.5　GaAs 太阳能电池的种类

8.1.5.1　超薄 GaAs 太阳能电池

超薄 GaAs 太阳能电池只有 5m 左右的有源层，但具有很高的单位质量比功率输出。例如，超薄(UT)GaAs 电池的比功率达到 670W/kg。相比之下，100m 的 Si 太阳能电池的比功率为 330W/kg。

8.1.5.2　多结叠层 GaAs 基系太阳能电池

材料组分单一构成的太阳能电池，只能吸收和转换特定光谱范围的阳光，能量转换效率不高。如果用不同带隙宽度 E_g 的材料做成太阳电池，按 E_g 大小从上而下叠合起来，选择性地吸收和转换太阳光谱的不同子域，就有可能大幅度提高电池的转换效率，这样的电池结构就是多结叠层电池。理论计算表明，如按 AM1.5 光谱和 1000 倍太阳光强计算，两结叠层电池的极限效率为 50%，最佳匹配带隙 $E_{g1}=1.56eV$，$E_{g2}=0.94eV$；三结叠层电池的极限效率为 56%，最佳匹配带隙 $E_{g1}=1.75eV$，$E_{g2}=1.18eV$，$E_{g3}=0.75eV$；超过三结以后，叠层电池效率的提高随子结数目的增加而变缓，如 36 结叠层电池的理论效率为 72%。

叠层电池一般分为两类。一类是单片多结叠层电池，只有两个输出端，各子电池在光学上和电学上都串联连接。另一类叠层电池有两个以上的输出端，各子电池在光学上是串联的，在电学上是各自独立的，只是在计算电池效率时把各子电池的效率相加。多结叠层 GaAs 基系太阳能电池的示意图如图 8-2 所示。

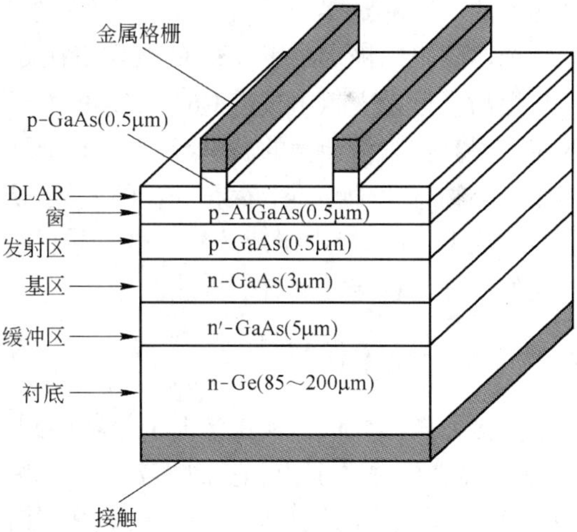

图 8-2　多结叠层 GaAs 基系太阳能电池的示意图

GaAs 叠层太阳能电池最新进展见表 8-1。

表 8-1　GaAs 叠层太阳能电池的电池效率

电池类型	面积/cm^2	效率/%	电池结构
多结叠层电池			
GaInP/GaAs	4	26.9	单片叠层双结太阳电池
GaInP/GaAs/Ge	4	25.5	单片叠层双结太阳电池
GaInP/GaAs/Ge	4	27.0	单片叠层三结太阳电池

续表 8-1

电池类型	面积/cm^2	效率/%	电池结构
多结叠层聚光电池			
GaInP/GaAs	0.25	26.4	单片叠层双结太阳电池
GaAs/GaSb	0.05	30.5	机械堆叠太阳电池

8.1.5.3 $Al_{0.37}Ga_{0.63}As$/GaAs 双结叠层电池

由于对 AlGaAs 合金材料及 AlGaAs/GaAs 异质结构的深入研究和在光伏电池领域里 $Al_{0.8}Ga_{0.2}As$ 层作为 GaAs 电池的窗口层普遍被采用，因此 $Al_{0.37}Ga_{0.63}As$/GaAs 双叠层电池开发成功，两者的带宽 $E_{g1}=1.93eV$，$E_{g2}=1.42eV$，正好处在叠层电池所需要的最佳匹配范围。$Al_{0.37}Ga_{0.63}As$/GaAs 双结叠层电池可以实现晶格匹配和光谱匹配。

GaAs 太阳能电池还有 $Ga_{0.5}In_{0.5}P$/GaAs 多结叠层电池和 GaAs/GaSb 叠层电池。

8.2 镓酸镧电解质材料

镍是目前中温固体氧化物燃料电池（SOFC）研究最广泛的阳极材料。由于纯镍在高温及高电流密度下极易发生烧结并且容易与电解质界面发生反应，镍阳极的活性与稳定性强烈依赖于电极的组成、制备条件以及电极/电解质界面的性质。

将镍与高氧离子电导率材料混合，制备镍金属陶瓷是一个有效地提高镍阳极活性及稳定性的方法。Ni-Y_2O_3 掺杂的 ZrO_2（YSZ）是目前研究最为广泛的一种负载于 YSZ 电解质上的镍金属陶瓷阳极。由于 YSZ 的电导率在低温下较小，Ni-YSZ 电极低温下的活性需要进一步提高。近来文献中报道 Gd^{3+} 掺杂的 CeO_2（GDC）或者 Sm^{3+} 掺杂的 CeO_2（SDC）是很好的用于提高镍阳极活性的高电导物质，然而 GDC，SDC 等氧化物的掺杂物与镓酸镧电解质在结构等物理化学性质上存在明显的差异，从电池长期运行寿命的角度考虑存在一定的问题。理论上，在电极中掺杂镓酸镧电解质材料应该是一种好的提高负载于镓酸镧电解质的电极的活性与稳定性的有效方法。

8.3 GaN 半导体材料

半导体元素硅（Si）已经在微电子领域得到广泛的应用，是微电子产业发展的基础。然而 Si 本身存在致命的弱点：它带隙较窄（1.12eV），限制了其使用温度；它是间接带隙半导体，因此在电子跃迁的过程中有动量的改变，使得它在光电子器件的应用方面受到了很大的影响。

GaAs 曾被认为是继 Si 之后的第二代半导体材料，但它的带隙宽度相对比较窄，在室温下为 1.4eV，这制约了其在高温及短波长器件方面的应用。

相比 Si 和 GaAs，GaN（氮化镓）材料在很大程度上克服了前两种材料的缺点。首先它是直接带隙半导体，这使得它在电子跃迁的辐射发光过程中有高的量子效率；其次它还具有较宽的带隙宽度（室温带隙 3.39eV），使得它很适合于制备高温、高频电子器件以及短波长（蓝光-紫外）光电子器件。

GaN 及其Ⅲ-Ⅴ族氮化物固溶体合金被认为是新一代半导体材料的重要发展方向，其在电子和光电子领域的潜在应用主要集中在短波长发光二极管、短波长半导体激光器和大功率高温半导体电子器件。

氮化镓在室温下(300K)其禁带宽度为3.39eV,属于宽带隙半导体。由于化合物的离子性越强,价电子被束缚在原子实上越紧,载流子定闽化程度就越高,其带隙宽度就越大。GaN的原子结合方式是属于具有一定离子性的共价结合,而且在Ⅲ-V族氮化物中其离子性最强,具有较强的化学键。

氮化镓存在三种晶体结构形式,分别为纤锌矿结构、闪锌矿结构和岩盐型结构。表1-18是GaN的一些基本性质。

8.3.1 GaN一维纳米材料

1997年,清华大学的范守善等人利用碳纳米管的模板限制反应首次成功合成出一维氮化镓纳米线以来,已经有多个研究组利用不同技术制备了GaN一维纳米线(或纳米棒)结构,这些技术包括:模板辅助法、激光烧蚀、催化电弧放电法、气相蒸发法、氧化物辅助合成法和催化剂辅助气相反应法等。

GaN的基本性质见表8-2。

表8-2 GaN的基本性质

性质列项	铅锌矿结构GaN	闪锌矿结构GaN
带隙 E_g/eV	3.39(300K) 3.50(1.6K)	3.2~3.3
晶格常数(300K)/nm	$a=0.3189$ $c=0.5208$	0.452
热膨胀系数(300K)/K	$\Delta a/a=5.59\times10^{-6}$ $\Delta c/c=3.17\times10^{-6}$	—
热导率 κ/W·(cm·K)$^{-1}$	1.3	—
折射率 n	2.33(1eV) 3.38(3.38eV)	—
介电常数	$e_o=8.9$, $e_i=3.35$	—

8.3.2 其他新型GaN低维结构

一些新型的GaN低维结构,包括纳米管、中空球、锯齿形纳米线等也相继问世,例如模板外延生长方法制备的单晶半导体GaN纳米管,首先在衬底上生长ZnO纳米线作为模板,然后采用气相沉积技术在ZnO上外延一层GaN薄层,最后使用热还原和蒸发过程除去ZnO模板,得到单晶GaN纳米管。还有在高温热还原条件下分别制备的六方GaN、立方纳米管和利用表面层吸附模板技术制备的单分散的Ga_2O_3和GaN中空球,均为这类成果。

GaN中空球的整个制备过程可以分为3个阶段:

(1)在溶液中的镓离子吸附在炭球模板的表面;

(2)在空气中烧结除去炭球核,获得氧化物中空球;

(3)在氨气气氛里原位转化得到氮化物中空球。

8.4　纳米金属镓

随着纳米技术的发展,人们对金属镓的研究不再局限在宏观形式上,近年来的研究发现纳米镓粒子表现出常规金属所不具有的性质,即金属镓颗粒越小,其熔点就越高,由39～40个原子组成的镓原子团簇,其熔化温度为550K,而由17个镓原子组成的镓原子团簇,直到800K时仍没有团簇熔化的任何迹象。但是到目前为止,还没有任何理论可用来解释小原子团簇具有高熔化点的原因。由于本体金属镓的熔点在常温范围,镓粒子更容易团聚。

制备纳米镓的装置图如图8－3所示。称取一定量的金属镓和PVP置于规格适当的容器中,水浴得到液态镓后,随即将反应器置于超声波场中,控制超声输出功率和控制体系温度在(40±2)℃之间。

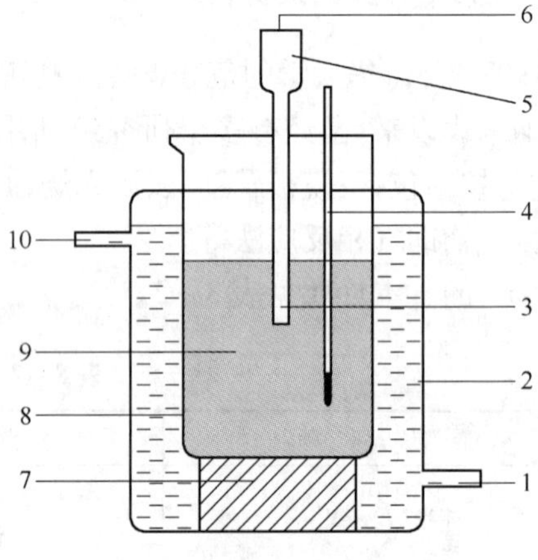

图8－3　纳米镓的制备装置图

1—入水口;2—水箱;3—探棒;4—温度计;5—传感器;6—超声发生器;7—垫板;8—反应;9—分散体系;10—出水口

在超声波的作用下,液态的镓被粉碎成细小的镓颗粒,并均匀的分散在体系中,数分钟后可获得灰黑色的纳米镓悬浮液。

金属镓在超声粉碎的作用下,大颗粒的金属镓被破碎成细小的镓粒子(纳米镓粒子)后,要借助PVP的分散稳定作用,将新生成的纳米镓粒子分散稳定,阻止其团聚。在乳化剂分子存在下,纳米镓粒子表面吸附的PVP分子的疏水端与乳化剂分子的疏水端之间发生缔合,形成双分子层吸附胶束。

胶束的增容作用会将一部分溶解在水中的单体由水相吸附到胶束中来,然后超声产生的自由基进入胶束,引发单体的链增长反应,生成的聚合物包覆在纳米镓粒子表面,形成纳米镓/聚甲基丙烯酸甲酯核壳结构复合粒子。可通过调整乳液体系配方及纳米镓粒子的表面性能,使这一聚合方式占主导地位。

在纳米镓粒子表面直接引发聚合反应MMA在水中的溶解度较大(1.59%,20℃),当乳化剂浓度很低时,体系中会有大量的单体液滴。由于超声波可清洗修饰纳米粒子的表面,可使其暴露出许多新鲜的活性更高的表面,所以在超声空化作用下,纳米镓粒子表面会产生许多活化点,进而直接引发纳米镓粒子附近的单体聚合。此外纳米镓粒子表面吸附的自由基,同样可使单体在粒子表面直接聚合。以上聚合方式虽不占主导,但仍会在一定程度下发生。

在乳化剂分子自身形成的胶束内聚合,该聚合方式与常规乳液聚合相同。在纳米镓粒子存在下,选择合适的反应条件,尽可能地避免此聚合方式的发生,以最大限度地生成纳米镓核壳结构复合粒子,仍需要进一步研究。

8.5　硅酸镓镧晶体

压电材料是当前人工晶体实用化的一个重要方面。α－石英(水晶)单晶的应用自二次世界大战以来经久不衰。当前,无线通信及无线网络技术已经获得巨大的发展,作为其核心,需要性质更优良和稳定的声表面波(SAW)和声体波(BAW)材料及器件。石英晶体具有良好的压电性及温度稳定性,但是因为机电耦合系数小、其器件插入损耗大和带宽窄,因此,多年来人们一直希望有比石英性质更为优良的压电单晶可以被利用。

磷酸铝具有与α-石英相似的性质,有一些方面超过α-石英,并且与α-石英一样具有零温度系数切型。人们曾对它的实际应用寄予厚望,但最终却因为其晶体生长条件苛刻,即使采用水热法也难以生长出大尺寸的优质单晶,很难实现实用化,所以难以成为α-石英的替代物。

硅酸镓镧($La_3Ga_5SiO_{14}$,Iangasite,简称 LGS)是一种性能优良的压电晶体。1982 年,苏联著名的激光专家 A. A. Kaminsky 首次报道了 Nd:LGS 晶体的激光性能。1986 年,S. A. Ssakharov 等人申请了单片 LGS 晶体滤波器的专利,开拓了 LGS 作为优良的压电材料的应用。其后该项工作受到美国、德国、日本和韩国等研究工作者的重视,各国相继对这一系列材料进行广泛深入的研究。俄罗斯、日本和我国的科学工作者相继开展了系列研究工作,实用化前景十分广阔。

8.5.1 LGS 晶体的结构

LGS 晶体是 $Ca_3Ga_2Ge_4O_{14}$ 的同构体,属三方晶系,点群为 32,其空间群为 P321(No. 150),其晶胞参数 $a = 0.8162nm$,$c = 0.5087nm$。这一类晶体的结构如图 8-4 所示。在这一结构中,有 4 种不同的阳离子位置(见图 8-5)。

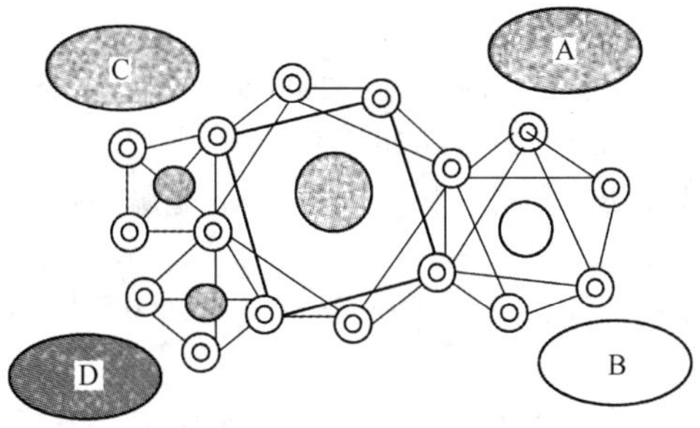

图 8-4 硅酸镓镧晶体结构示意图

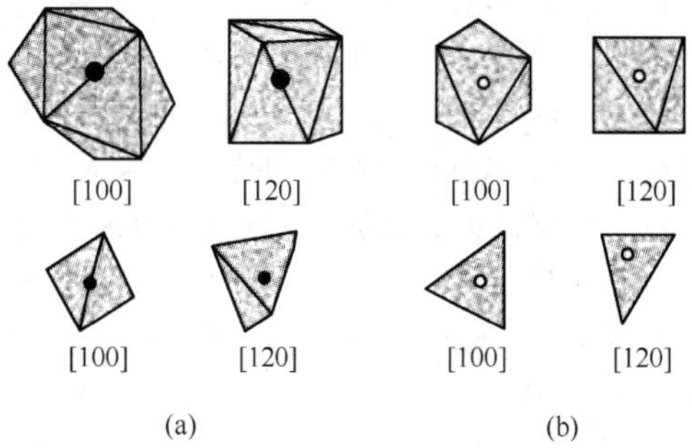

图 8-5 LGS 晶体中 4 种不同位置示意图

LGS 晶体的制备可采用射频加热提拉炉,借助于提拉法进行。所用的坩埚材料可为铂和铱。采用铱坩埚时,要注意用惰性气体保护。

由于 N_2 可能与 Ga 生成氮化镓,最好采用氩气气氛作为保护气体。采用铂坩埚时,可以调节生长炉内 O_2 的含量来控制晶体的颜色和质量。尽管铂坩埚不需要保护气氛,但是实验表明在高温下 LGS 熔体和氧气共同作用会使 Pt 溶于熔体而在 LGS 晶体中产生 Pt 包裹体。故通常采用 $Ar + O_2$(1% ~2%)的混合气体。

关于 LGS 晶体生长的参数一般采用较大的温度梯度,一般不使用后热器。提拉速度控制在 1.0 ~2.0mm/h 之间,转速约为 10r/min。所用籽晶一般都是 Z 方向,籽晶方向的准确定向对生长晶体质量有较大影响。

参考文献

[1] 化工百科全书编写委员会. 化工百科全书(冶金和金属材料卷)[J]. 北京:化学工业出版社,2001.

[2] 杨守春. 镓需求将于2004年以后恢复[J]. 现代材料动态,2003,(8):13.

[3] Mitsubishi Metal Corp. Recovering of High - purity Gallium [P]. J Pn Kokai Tokyo Koho. J Po1 04 434, 1989,1.

[4] Ioka Masayoshi. Purificattiou of Raw Gallium[P]. J PnKokai Tokyo Koho, JP 63 270 429, 1989.11.

[5] Yamamoto Kazutomo Uematsu Toshikatsu. Te Covery of Gallium from Semiconductor Scraps [P]. J Pn Kokai Tokyo Koho JP 2000 44 237. 2000.02.

[6] 石太宏. 液膜法从湿法炼锌系统中提取锌的研究[J]. 稀有金属,1998,22(1):1～4.

[7] 石太宏. P204 与 $C_{5\sim7}$ 羟肟酸液膜体系自湿法冶锌系统中同步迁移分别提取锌和锗[J]. 膜科学与技术,1999,17(4):34～38.

[8] 林奋生,周令智. 电解法从铁中提取锌和锗[J]. 有色金属(冶炼部分),1992,(1):18～20.

[9] 汤艳杰,刘建,刘建朝,等. 从铝土矿中提取镓的工艺研究[J]. 湿法冶金,2000,19(3):45～48.

[10] Mitsubishi. Chen. IND, Nip. Pon. Light Metal Co, Method for Recovering Gallium[P]. United States Patent, US4865823. 1989.09.

[11] Rhone Poutenc Chimie. Recovery of Gallium Vatues from Basic Aqueous Solution [P]. Unlted States Patent, U5204074, 1993.04.

[12] 方正. 煤烟尘中锗酸浸及一种泡沫海绵的提取[J]. 中南矿冶学院学报,1994,25(6):726～766.

[13] 姚保纲. 用萃取剂 Kele 100 提取镓[J]. 国际冶金动态(世界有色篇),1989,(6):4～5.

[14] 于敏丽,孟红秀. GaAs 叠层太阳能电池技术的研究现状及发展趋势[J]. 邢台职业技术学院学报,2007,24(3):41～43.

[15] 代世峰,任德贻,李生盛,等. 内蒙古准格尔黑岱沟主采煤层的煤相演替特征[J]. 中国科学 D 辑:地球科学,2007,37(增刊):119～126.

[16] 代世峰,任德贻,李生盛. 内蒙古准格尔超大型镓矿床的发现[J]. 科学通报,2006,51(2):177～185.

[17] 李裕后. 从烟化炉渣中回收镓的研究概况[J]. 有色矿冶,2004,20(5): 26～28.

[18] 尹书刚,陈后兴,罗仙平,等. 镓的资源、用途与分离提取技术研究现状[J]. 四川有色金属,2006(2):24～27.

[19] 刘建,闫英桃,赖昆荣. 用 TBP 从高酸度盐酸溶液中萃取分离镓[J]. 湿法冶金,2002,21(4):188～194.

[20] 刘建,闫英桃,邵海欣,等. CL - TBP 萃淋树脂吸附分离镓(Ga)研究[J]. 化学通报,2001(2):119～121.

[21] 谢访友,郭朋成,王纪. 用离子交换法从拜耳工艺溶液中提取镓的工业实践[J]. 湿法冶金,2001,20(2):66～71.

[22] 石太宏,汤兵,张秀娟. 液膜法从湿法炼锌系统中提取镓的研究[J]. 稀有金属,1998,22(1):1～4.

[23] 范家骅. 超纯镓的研制和产业化[J]. 广东有色金属学报,2006,16(2):92～99.

[24] 马向国,刘同娟,顾文琪. 液态金属镓离子源的制备[J]. 微细加工技术,2007(1):7～10.

[25] 王继扬,韩荣江,尹鑫,等. 硅酸镓镧晶体研究进展[J]. 功能材料,2003,34(1):9～16.

冶金工业出版社部分图书推荐

书　　名	作　者		定价(元)
熔池熔炼—连续烟化法处理有色金属复杂物料	雷　霆	等著	48.00
低品位硫化铜的细菌冶金	袁明华	等编著	22.00
锗的提取方法	雷　霆	等著	30.00
现代锗冶金	王吉坤	等著	48.00
湿法提锌工艺与技术	杨大锦	等编著	26.00
铟冶金	王树楷	编著	45.00
冶金熔体结构和性质的计算机模拟计算	谢　刚	等编著	20.00
硫化锌精矿加压酸浸技术及产业化	王吉坤	等著	25.00
冶金物理化学教程(第2版)	郭汉杰	编著	30.00
常用有色金属资源开发与加工	董　英	等编著	88.00
铬冶金	阎江峰	等编著	45.00
金属塑性成形力学原理	黄重国	等编著	32.00
金属及矿产品深加工	戴永年	主编	118.00
泡沫浮选	龚明光	编著	30.00
统计动力学及其应用	张太荣	编著	39.00
金属眼镜型材和加工工艺	雷　霆	等著	36.00
合金电子结构参数统计值及合金力学性能计算	刘志林	等著	25.00
锡	黄位森	主编	65.00
有色金属材料的真空冶金	戴永年	等编著	42.00
有色冶金原理	黄兴无	主编	25.00
湿法冶金	杨显万	等著	38.00
固液分离	杨守志	等编著	33.00
有色金属熔炼与铸锭	陈存中	主编	23.00
微生物湿法冶金	杨显万	等编著	33.00
电磁冶金学	韩至成	著	35.00
轻金属冶金学	杨重愚	主编	39.80
稀有金属冶金学	李洪桂	主编	34.80
稀土(上、中、下册)	徐光宪	主编	88.00
铝加工技术实用手册	肖亚庆	主编	248.00
有色冶金分析手册	符　斌	主编	149.00
现代有色金属冶金科学技术丛书　锑冶金	雷　霆	等编著	88.00
现代有色金属冶金科学技术丛书　碱介质湿法冶金技术	赵由才	等编著	38.00